# 하와이 렌터카 여행

# 하와이 렌터카 여행

2025년 3월 25일 초판 1쇄 펴냄

**지은이** 양인선
**발행인** 김산환
**책임편집** 윤소영
**디자인** 윤지영
**펴낸곳** 꿈의지도
**출력** 태산아이
**인쇄** 다라니
**종이** 월드페이퍼

**주소** 경기도 파주시 경의로 1100, 604호
**전화** 070-7535-9416
**팩스** 031-947-1530
**홈페이지** blog.naver.com/mountainfire
**출판등록** 2009년 10월 12일 제82호

**ISBN** 979-11-6762-115-3 (13980)

# HAWAII
## 하와이 렌터카 여행

양인선 지음

꿈의지도

알로하!

우연한 기회에 하와이로 여행 겸 출장을 가게 되었다. 그동안 이루었던 모든 것을 잠시 접고 꿈을 찾아보겠다는 생각만으로 무모하고 긴 여행을 시작했다.

첫 번째 하와이 여행만 3개월.

'어머나, 여긴 너무 내 스타일이네!'

한눈에 반했으나 처음 간 하와이 장기 여행은 쉽지 않았다. 마냥 빈둥거리며 놀기만 한다면 천국 같았을 텐데, 하와이와 나는 일로 만난 사이. 물가는 비싸고 영어는 어렵고 아는 사람도 하나 없던 섬과 지금처럼 가까워지기까지는 무척 시간이 오래 걸렸고 힘들었다.

두 번, 세 번, 네 번….

그 후로도 몇 번을 더 하와이에 갔고, 갈수록 지내볼수록 더 깊이 하와이에 매료되었다. 하와이에서의 경험 덕분에 다른 전 세계 휴양지에도 빠져들었다.

세계 곳곳 내로라하는 휴양지를 참 많이도 다녔다. 세계 어떤 휴양지를 가든 늘 어김없이 하와이와 비교하곤 하는 버릇도 생겼다. 그런데 늘 승자는 하와이였다. 다른 휴양지에는 '알로하~'가 없잖아!

내가 하와이를 그렇게 찾는 이유, 다녀와본 사람이라면 다들 고개를 끄덕이게 되는 바로 그 이유. 찬란한 햇살, 넘실거리는 푸른 바다, 숨만 쉬어도 꽃향기가 몸 속에 가득 차오르는 기분. 게다가 무엇보다 중요한 건 누구에게나 알로하를 보내는 따뜻하고 다정한 사람들이다. 하와이의 진정한 존재 가치는 알로하 스피릿이니까.

하와이의 첫 번째 긴 여행을 마치고 첫 번째 하와이 가이드북을 출간했다. 무모한 첫 여행의 결과물이었다. 그때는 하와이를 잘 알아서라기보다는 하와이에 대한 애정만으로 하와이를 담아냈다. 지금 다시 생각해 보면 '내가 하와이를 이렇게나 사랑합니다.' 라며 손발이 오그라드는 고백을 한 것 같다.

첫 책을 출간한 지 십여 년이 훌쩍 지났고 지금은 그때의 애정과 더불어 여행의 노하우까지 더해져, 마침내 자동차 여행 콘셉트의 가이드북을 출간하게 되었다. 하와이야말로 렌터카의 천국이고 자동차 없이는 여행의 절반도 채우기 어려운 곳. 그런데도 하와이 렌터카 여행에 대한 제대로 된 가이드북이 없어 안타까웠다. 이 책만 있으면 하와이 여행이 한손에 잡힐 것이다. 하와이 주요 섬 곳곳을 손쉽게 찾아다닐 수 있도록 주차장 정보와 운전에 필요한 핵심 팁까지 충실히 담았다. 마치 다정한 하와이언처럼 친절하게, 내가 겪었던 여행의 어려움을 독자들은 겪지 않도록.

이 책을 들고 여행을 떠난 누군가가 이 책 덕분에 하와이 여행이 참 편안했다고 느낀다면 나로서는 그것으로 충분하다. 여행자로서, 여행작가로서 할 일을 했다는 뿌듯함은 돈과 시간과 맞바꿀 수 없는 큰 가치로 남을 것이다.

하와이 여행을 하며 내가 찾은 소중한 '하와이 스피릿'을 부디 당신도 찾게 되기를 바란다. 그러면 아마 당신도 나처럼 하와이에서 더없는 행복을 경험하게 될 것이다.

모든 사람들에게 하와이 여행의 로망이 실현되기를 바라며.

---

### Special Thanks

언제나 제 여행에 새로운 경험과 영감을 주시는 투어넷의 미라 부사장님. 부사장님 덕분에 제 책이 세상에 또 나옵니다. 감사한 마음 백 번을 표현해도 모자라요! 하와이 갈 때마다 도움주시는 재학 부장님과 미정 차장님, 지연 씨, 소피아님, 카우아이에서 축복의 삶을 살고 계시는 알렉스 대표님, 늘 제 여행을 지지해 주시는 김충환 대표님, 블루 하와이, 라벨라 하와이, 팩림, 알로하 투어, 그 외 많은 호텔 매니저님들과 나의 동거견 예진에게도 감사의 인사를 전합니다.

# CONTENTS

## 1 FIRST STEP

### 하와이 렌터카 여행,
### 설레는 첫 걸음

## 2

## SECOND STEP

### 하와이 렌터카 여행,
### 차근차근 두 걸음

# 3
## THIRD STEP

하와이 렌터카 여행,
섬 속으로 한 걸음 더

**카우아이**
Kauai ✈

**오아후**
Oahu ✈

**기본 정보**

하와이는 크게 4개의 섬으로 이루어져 있다. 여행 일정에 따라 1~2개의 섬을 묶어서 가는 게
보통이고, 3주 이상의 긴 여행이 가능하다면 섬 4개를 모두 가는 일정도 가능하다. 섬과 섬은
비행기로 이동하며, 렌터카는 각 섬마다 각기 다른 차량을 예약해야 한다. 하나의 차량을 배에
싣고 바다를 통해 이웃 섬들을 오가는 경우는 없다.

# 하와이 전도

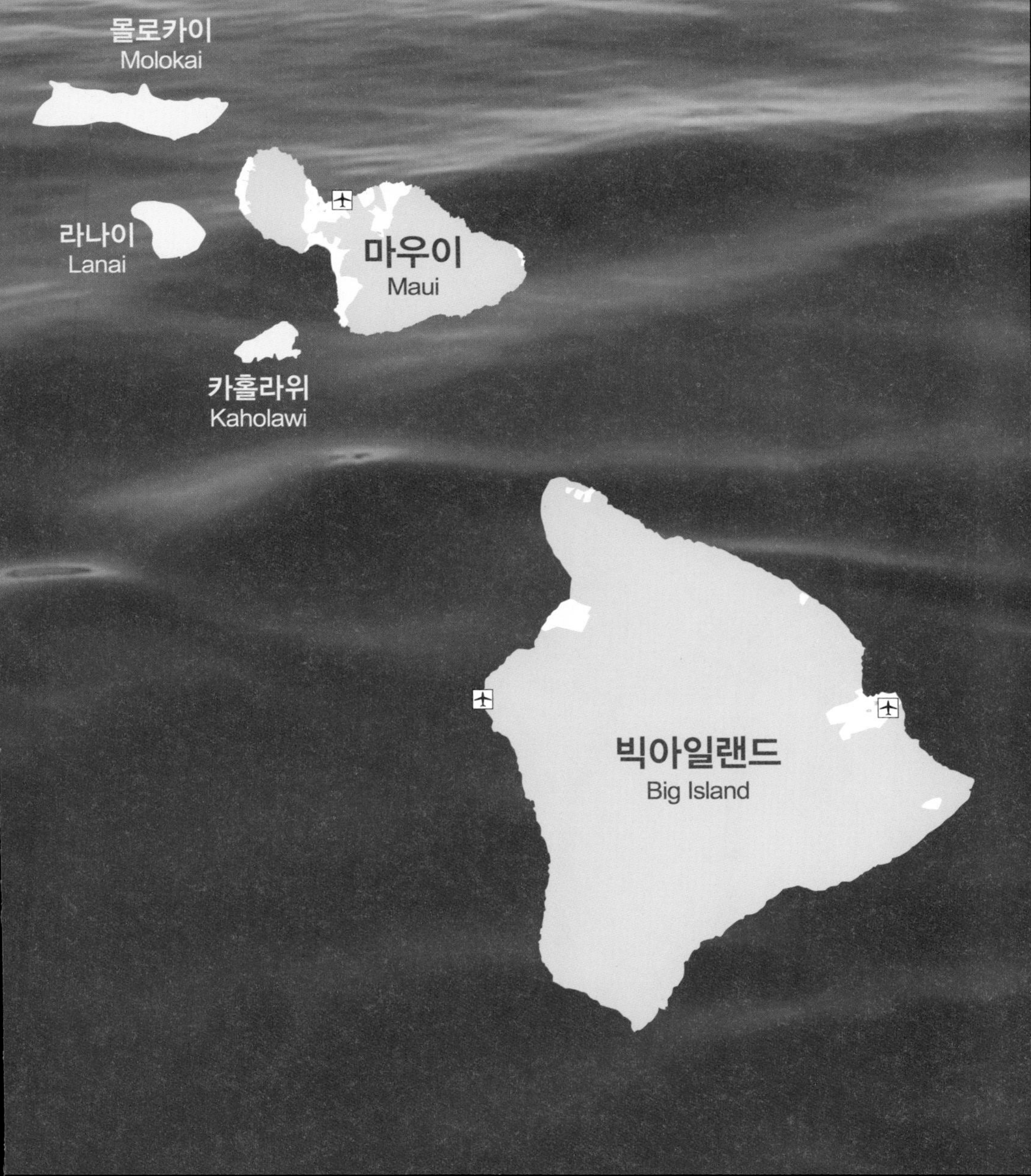
몰로카이
Molokai
라나이
Lanai
마우이
Maui
카홀라위
Kaholawi
빅아일랜드
Big Island

# 1

A Road Trip To Hawaii

# FIRST STEP

하와이 렌터카 여행,

## 설레는 첫걸음

# 하와이 렌터카 여행,
# 나도 할 수 있을까?

렌터카 여행에 최적화된 하와이!
운전이 어렵지는 않나요?

## 🔍 하와이 렌터카 여행 Q & A 10문 10답

### Q1. 도로가 복잡하지는 않나요?

하와이 메인 섬인 오아후의 와이키키만 빼면 복잡한 도로는 거의 없어요. 복잡하다 해도 몇 개의 일방통행 골목과 와이키키를 가로지르는 칼라카우아 에비뉴 하나뿐 이에요. 와이키키만 주의해서 운전한다면 나머지는 쉬운 도로예요.

### Q2. 차가 막히지는 않나요?

오아후의 동에서 서를 잇는 프리웨이 H1과 와이키키 주변은 오전 8시~9시, 오후 4 시~6시 출퇴근 시간에 트래픽이 발생해요. 그 시간만 피하면 나머지 시간은 괜찮아 요. 그 외 모든 섬의 도로에서는 차가 밀리는 일은 없어요!

### Q3. 운전이 어렵지는 않나요?

미국 사람들은 기본적으로 도로 교통을 잘 지키고 안전운전을 합니다. 운전 습관 이 젠틀한 편이니 안심하세요. 단순한 하와이의 교통법규만 잘 지킨다면 운전 중 곤란한 일이 생기지는 않을 거예요.

## Q4. 차에 작은 스크래치가 났다면 어떻게 하죠?

미국 렌터카의 필수 보험인 자차(LDW, CDW)와 대인/대물(SLI) 풀커버 보험을 들었다면 걱정할 필요 없어요. 차량 반납할 때 스크래치 정도는 크게 신경 쓰지 않고 반납해도 됩니다.

## Q5. 다른 차량과 접촉사고가 나면 어떻게 처리해야 하나요?

차량 간의 접촉사고라면 피해자와 연락처를 교환한 후, 렌터카 홈페이지 혹은 콜센터로 전화해서 사고 레포트를 제출하면 됩니다. 사고가 크다면 경찰서에 신고 후 폴리스 리포트를 받아 렌터카 회사에 제출해야 합니다.

## Q6. 운전 중 차량에 문제가 생겼다면 어떻게 하나요?

운전이 가능하다면 렌터카 영업소로 돌아가서 차를 바꿔 달라고 하세요. 그러나 연료, 타이어 등의 문제로 운전이 불가한 경우 우선 렌터카 회사에 연락을 해야 합니다. 차량 고장의 경우 렌터카 회사에서 나와 처리해 줍니다. 차 키와 견인은 필수 보험에 포함이 안 되기 때문에 보험 종류와 본인 과실 여부에 따라 견인 비용 등이 추가될 수 있어요.

## Q7. 영어를 못하는데 운전이 가능할까요?

운전은 한국에서 하는 것과 똑같으니 영어를 못해도 크게 문제가 되지 않습니다. 대형 렌터카 업체는 콜센터에 한국어 통역서비스도 제공하고 있으니 전화해서 한국어로 의사 소통도 가능합니다.

## Q8. 운전 중 티켓(딱지)을 끊었다면 어떻게 처리하나요?

21일 안에 온라인 납부를 하면 됩니다. www.courts.state.hi.us에 접속 후 Pay a Traffic Fine Online에서 신용카드로 납부할 수 있어요.

## Q9. 운전 초보도 렌터카 여행이 가능할까요?

한국에서 운전하는 데 어려움이 없었다면 하와이에서도 가능합니다. 그러나 한국에서 운전이 서툴렀다면 군이 외국에서 렌터카로 여행하는 걸 추천하지는 않습니다.

## Q10. 만 24세 이하의 운전자라도 렌터카 여행이 가능할까요?

가능해요. 단, 렌터카 회사마다 차이가 있지만 보통 만 20세~ 25세 이하는 영드라이버로 들어가요. 보험료가 조금 더 높고(하루 $10~20) 고급 차종은 제한될 수 있어요.

# 렌터카 타고 만나는
# 하와이 풍경 베스트 10

하와이야말로 자동차 여행에 최적화된 여행지다. 차만 있으면 원하는 곳 어디든
편하게 드라이브할 수 있다. 뚜벅이에게는 허락되지 않는 하와이 최고의 풍경!
자동차 여행자만 누릴 수 있는 하와이 풍경 베스트 10을 소개한다.

### 1. 와이피오 계곡 전망대 **빅아일랜드**
산, 폭포, 계곡까지 모두 눈에 들어온다. 빅아일랜드의 광활함을
느낄 수 있다.

### 2. 마우나 케아 **빅아일랜드**
4207m 하와이 최고봉이자 별 관측소. 선셋과 하늘을 가득 채운
별을 볼 수 있다.

### 3. 할레아칼라 **마우이**
지구상에서 가장 신비로운 땅. 구름이 걸쳐진 거대한 분화구까지
드라이브하는 맛이 꿀이다.

## 4. 누아누 팔리 전망대 **오아후**
팔리는 절벽이라는 뜻. 산도 바다도 다 조망이 가능한
절벽 전망대. 하와이를 통일할 때 최후 격전지였던
역사적 명소다.

## 5. 머메이드 케이브 자블란 비치 **오아후**
블랙핑크 제니가 방문하여 인스타 핫플이 된 머메이드 케이브
자블란 비치. 365일 아름다운 그곳에서 다이빙하는 젊은이들
의 모습이 싱그럽다.

© 하와이 관광청 Tor Johnson

7

### 6. 마카푸우 전망대 오아후

찬란한 바다, 예쁜 토끼섬, 겨울이면 고래까지 보이는 풍경이 장관이다.
CF 단골 촬영 장소.

### 7. 킬라우에아 등대 카우아이

55m 절벽에 세워진 등대. 누가 찍어도 엽서 같은 풍경이 나온다.

### 8. 하와이 화산 국립공원 **빅아일랜드**
경이로운 활화산을 드라이브하는 동안 살아 숨쉬는 산을
느낄 수 있다.

### 9. 사우스 포인트 **빅아일랜드**
하와이 최남단이자 미국의 최남단, 서정적인 풍경이 함께한다.
아찔한 절벽 다이빙을 구경하는 것도 꿀잼!

### 10. 칼랄라우 전망대 **카우아이**
카우아이의 가장 인상 깊은 풍경.
가슴 벅차도록 장엄한 협곡이 눈에 가득 찬다.

8

9

10

## 렌터카
## 예약하기

### 렌터카 비용
### 비교하기

렌터카를 예약하기 전 누구나 검색해 보는 것이 렌터카 가격 비교일 것이다. 여행 일정만큼 정확하게 올라가는 게 렌터카 요금이기 때문에 조금이라도 저렴하게 렌터카를 예약하는 게 일생일대의 미션! 이럴 때 우선 꼭 알아두어야 할 것이 렌터카 비용의 요금 구조다.

렌터카 요금은 차량요금+기본보험+기본세금+영업소별 부대 비용+공항 이용+추가보험+주행거리 요금+편도 렌탈비+추가 운전자 비용 등 여러 가지 항목으로 구성된다. 이중 견적 요금에 어디까지 비용을 포함시키느냐에 따라 금액 차이는 두 배 이상 벌어지기도 한다.

놀라울 정도로 싼 견적 요금을 보여주는 렌터카 회사가 사실은 필수적인 보험과 세금을 빼고 그냥 차량 요금을 제시하는 경우일 수도 있고, 다른 곳보다 비싼 요금의 렌트사는 위의 열거한 모든 비용을 다 포함한 금액일 수 있다. 금액만 단순 비교하다 보면 헷갈릴 수 있다.

그러나 견적서의 양식과 용어도 제각각이고 포함된 비용 내용도 제각각이어서 일반 이용자가 여러 렌트사의 견적서를 정확히 비교하기란 사실상 쉽지 않다. 가급적 이용자의 후기가 많은 곳, 믿을 만한 업체를 선정하는 게 최선이다.

### 유명 체인 렌터카 회사

대부분 새 차를 받을 수 있고, 세계 어느 곳에나 영업소가 있어서 픽업과 반납이 쉽다. 유사시 A/S도 즉각 받을 수 있다. 보험 보장이 완벽하며 픽업 반납 과정도 간편하게 신속 처리가 가능하다.

### 중저가 렌터카 회사

가격이 저렴하다. 그러나 저렴한 만큼 중고차를 받거나 연식이 오래된 모델이 나오기도 한다. 자칫 A/S에서 제약 사항이 있을 수 있다.

### 저렴한 현지 렌터카 회사

보험 요금으로 보장이 어디까지인지 꼭 확인해 보아야 한다. 리뷰도 꼼꼼히 살펴야 불이익을 피할 수 있다.

여행자의 입장에서는 안전하고 편리한 서비스를 받을 것인가, 저렴한 렌트 요금이 우선인가를 두고 결정해야 한다. 특히 한국 내에 사무소를 운영하는지의 여부도 렌트사 선택에 중요한 기준이 된다. 렌터카는 항공권이나 호텔과는 달리 예약 단계는 물론 여행 기간 내내, 더욱이 귀국 후에까지 처리해야 할 문제가 생길 수도 있기 때문이다. 해외 렌터카를 사용하다가 발생하는 문제를 외국 회사에 영문 메일을 보내어 해결하는 게 결코 쉬운 일은 아니다. 대응도 느리고 문제해결도 만족스럽지 않을 때가 많다. 휘발성 고객이 많은 로컬업체나 가격 비교 사이트는 여행이 끝난 후에 더 큰 문제가 드러나 힘든 경우가 종종 있다.
아래에 한국인 여행자들이 가장 많이 이용하는 하와이 3대 대형 렌터카 회사를 소개하니 참고하기 바란다.

**허츠 렌터카** www.hertz.com
**알라모 렌터카** www.alamo.co.kr
**달러 렌터카** www.dollarcarrental.co.kr

다른 렌터카 회사도 많지만 이 업체들을 선호하는 이유는 한국어 예약사이트와 한국 사무소가 있기 때문. 문제가 생겼을 때 일처리 하기가 수월하고 콜센터 한국어 서비스도 제공하고 있어 편리하다.

허츠 렌터카는 골드 멤버 무료 가입이 가능하다. 골드 멤버는 렌터카 비용 할인, 배우자 추가 운전자 무료 등록 가능, 오아후 공항처럼 규모가 큰 영업소에서는 오피스에 들르지 않고 바로 차량을 인수할 수 있는 특혜도 있어 이점이 많다. 시간도 절약되고, 동급 차량 중 맘에 드는 차종 선택이 가능하다. 다양한 혜택을 누릴 수 있으니 허츠 렌터카를 이용한다면 골드 멤버 가입은 필수이다.

## 렌터카
## 예약 방법

렌터카는 다양한 방법으로 예약할 수 있다. 보험료를 조정해서 가격을 조금이라도 저렴하게 제시하는 가격 비교 사이트에서 렌터카를 예약할 때에 기본 보험료를 뺀 가격이 보여지는 경우가 많다. 기본 보험료+여행자에게 꼭 필요한 보험료를 추가한다면 렌터카 예약사이트보다 가격이 높아지는 경우가 대부분이니 꼭 보험 종류를 확인하고 예약해야 한다.

### 후불 예약과 선불 예약
렌터카는 국내에서 예약만 하고 비용은 현지에 가서 신용카드로 결제하는 후불 예약 방식이 일반적이다. 예약 단계에서 비용을 지불하지 않기 때문에 변경이나 취소 시에도 부담이 없다. 노쇼(No Show)의 경우에도 별다른 불이익이 없는 것이 보통이다.

선불 예약은 국내에서 예약을 하고 비용까지 지불 완료하는 방식이다. 추가보험 등 필요한 모든 것을 예약 시 확정하고 비용 결제까지 끝내니까 홀가분하고 선금 지불에 따른 할인을 받기도 한다. 변경 취소가 자유롭지만 결제 후 취소 또는 노쇼 시에는 위약금이 있다. (예약처에 따라 3~5만 원)

### 예약 시 추가 옵션
추가 운전자가 있다면 예약 마지막 단계에서 추가 운전자를 신청할 수 있다.

### 카시트 렌트 여부
하와이 주는 법적으로 8세 미만, 키 145cm 미만의 어린이는 꼭 카시트를 사용해야 한다. 또한 1세 미만 혹은 9kg 미만의 어린이는 뒤쪽을 향한 카시트를 차에 고정해 두어야 한다.
렌터카 예약할 때 추가 옵션으로 카시트도 예약이 가능하다. 가격은 하루에 $10~20. 저렴하지는 않다. 가장 좋은 방법은 한국에서 사용하던 것을 가져가는 것. 카시트는 무료 수하물로 가져갈 수 있다.

### 차량 인수와 반납 영업소가 다를 경우
빅아일랜드 코나 공항에서 차량을 인수해서 힐로 공항에서 반납하거나 와이키키 영업소에서 차량을 인수해 호놀룰루 공항에서 반납이 가능하다. 인수 반납 영업소가 다를 경우 편도 반납비가 발생한다. 거리와 차량 종류에 따라 요금은 다르다. 대략 $70~100 정도가 보통이다.

### 연료 선 구입 옵션 FPO
렌터카는 기본적으로 기름이 가득 찬 상태로 수령하고 가득 채워서 반납하는 Full to Full 정책이 원칙이다. 연료를 채우지 않고 반납하는 경우 비싼 주유비와 인건비가 포함된 유류비가 청구된다. 예약할 때 FPO (업체마다 용어 약간씩 다름)를 선택하는 경우 기름을 채우지 않고 반납해도 된다.

### 전화 예약이 가능하다

허츠(1600-2288)와 알라모 렌터카(02-739-3110)는 전화로도 예약할 수 있다.

**tip**

렌터카 예약이 익숙하지 않다면 인기 여행 플랫폼 '클룩Klook'을 추천한다. 지역 이름만 넣으면 허츠, 알라모, 달러 등 인기 브랜드 렌터카 업체의 요금을 한번에 비교해 볼 수 있다. 포함된 보험도 쉽게 눈에 들어오도록 표시되어 있고 무료 취소도 가능하다. 종종 할인도 한다. 풀 커버리지를 선택하면 자기면책금 CDW와 도난보험 TP가 모두 포함되어 있어서 자기부담금이 없다. www.klook.com

## 렌터카
## 보험 종류

**대인/대물 보험 (필수)**
LI : 사고로 타인을 다치게 하거나 손상을 입혔을 경우 보상한다.

**대인/대물 확장 보험**
LIS : 보험의 보상한도를 $1,000,000까지 확장해 준다..

**자차 보험 (필수)**
CDW : 임차한 차량의 손상을 특정 금액 만큼 면제해준다. 본인 부담금 있음.

**손해 면책 보험**
LDW : 임차한 차량에 손상이나 도난에 대해 완전 면책한다. CDW보다 보장 범위가 넓다.

**상해 보험**
PAI : 차량과 관련한 사고로 상해를 입었을 경우 보상한다

**휴대품 도난 보험**
PEC : 차량털이를 당했을 경우 보상한다.

미국 보험은 기본적으로 LI 와 CDW가 법정 최소한의 보험이다. 하지만 사고가 났을 때 그것만으로는 보상 범위가 부족하기 때문에 LDW, LIS, PAI, PEC의 보험 가입을 권한다. 사고는 물론 차량을 통째로 도둑 맞거나, 병원에 입원을 했을 경우까지 모두 보상이 가능하다.

## 차량 종류

| 크기 | 명칭 | 대표 차종 |
|---|---|---|
| 소형 | Economy Car | Chevolet Spark, Ford Fiest 또는 동급차량 |
| 중소형 | Compact Car | Ford Focus , Nissan Versa 또는 동급차량 |
| 중형 | Intermediate Car | Toyota Corola, Chevolet Cruze, Hyundai Elantra 또는 동급차량 |
| 대형 | Fullsize Car | Chevolet Malibu, Toyota Camry 또는 동급차량 |
| 컨버터블 | Standard Convertible | Ford Mustang Convertible 또는 동급차량 |
| 사륜구동 | Four Wheel Drive | Nissan Rogue, Chevolet Equinox 또는 동급차량 |
| 7인승 미니밴 | Mini Van | Chrysler Pacifica, Dodge Grand Caravan 또는 동급차량 |

## 하와이 렌터카 섬 별 차종 추천

오아후와 마우이는 각 관광지 별 이동시간이 길지 않다. 여행 비용을 아끼고 싶다면 소형 차종인 이코노미 차량도 문제없다. 하지만 하와이 여행 중 꿈의 오픈카를 타고 드라이브를 만끽하고 싶다면 컨버터블을 추천한다. 한국 신혼여행자에게 가장 인기 있는 차종이 컨버터블이기도 하다.
마우이보다 오아후가 바닷길을 따라 달리는 도로가 더 잘 되어 있기 때문에 꼭한 곳에서만 컨버터블을 렌트하겠다면 오아후를 추천한다.

빅아일랜드는 섬이 넓어서 운전량이 많다. 또한 마우나 케아처럼 일반 승용차는 오르지 못하는 곳이나 사우스 포인트처럼 비포장 도로도 있다. 그래서 일반 승용차보다는 사륜구동 차량을 추천한다. 특히 마우나 케아를 가는 일정이 있다면 사륜구동 차량은 필수이다. 빅아일랜드의 모든 승용차 렌트 계약서에는 마우나 케아에서 사고 보장이 포함되지 않는다는 규정이 있다. 승용차로 정상을 오르는 것은 절대 금물이다.

카우아이는 비가 잦은 섬이다. 여행이 힘들 정도로 비가 많은 곳은 아니나 갑자기 비가 오는 경우에 대비가 필요하다. 그래서 컨버터블보다는 일반 승용차. 산을 따라 오르내리는 캐니언 전망대 드라이브가 주요 관광지이니 중소형 이상의 승용차를 추천한다.

## 섬 별 렌터카 픽업 & 반납

| 기본 정보 |
| :---: |
| I |

### 공항에서 차량 인수 시 필수 준비물

**_여권 :** 유효기간 6개월 이상 남아 있는지 확인. 렌터카 예약 시 여권에 있는 영문 이름과 똑같은지 확인(당연히 스펠링 틀리면 안 됨!).

**_한국 운전면허증 :** 국제면허증만 있으면 된다고 생각하는 사람들 의외로 많은데 절대 아니다. 한국 운전면허증도 꼭 챙길 것.

**_국제운전면허증 :** 한국에서 발급받은 영문 운전면허증과는 상관없이 국제운전면허증은 따로 발급 받아야 한다. 미국은 한국 운전면허증으로 렌터카 이용이 가능한 주가 있다. 주마다 규법이 다른데 하와이주는 국제운전면허증이 있어야 한다. 여행 출발 전 미리 발급받아두자.

**_렌터카 예약확인증 :** 한국에서 미리 렌터카를 예약했다면 이메일 등으로 예약확인증(일명 렌터카 바우처Voucher)을 받는다. 프린트를 할 필요는 없다. 이메일의 예약 번호나 예약확인증 페이지를 캡처해 둘 것. 차량 인수 시 예약 정보 확인을 위해 필요하다.

**_해외 사용 가능한 신용카드 :** 주 운전자(예약자) 명의로 된 신용카드가 필요하다. 신용카드에 적인 이름도 여권과 동일해야 한다. 렌터카 업체별로 승인되지 않는 카드가 있을 수 있으니 홈페이지에서 미리 확인할 것. (국내용 체크카드 등은 사용불가)

▸ **국제운전면허증 발급받는 법**
발급처 : 운전면허 시험장 또는 경찰서 / 공항 내 국제운전면허 발급센터 / 온라인 발급(단, 건수 제한이 있어 혹시 발급이 어려운 경우가 있을 수 있으니 미리 경찰서에서 발급받는 것을 추천함).

▸ **국제운전면허증 발급 시 준비물**
본인 신청 시 본인 여권(사본 가능), 운전면허증, 6개월 이내 촬영한 여권용 사진 1매, 수수료 8,500원

▸ **유효기간** 1년

## 기본 정보
## II

렌터카 픽업은 공항에서? 시내에서? 아리송하다면 주목!

오아후를 제외한 이웃 섬들은 여행 시작부터 끝까지 렌터카 전 일정을 추천한다. 대중교통으로 여행하기가 수월하지 않다. 택시나 우버 이용이 가능하지만 호텔까지만 이동해도 하루 렌터카 비용을 넘어선다. 공항에서 인수해서 공항에서 반납하는 것이 최선이다.

그러나 오아후섬은 고민을 해봐야 한다. 물론 전 일정 차가 있다면 여행은 편하지만 비용이 문제다.

와이키키의 숙소는 투숙객이라 해도 모든 주차료를 따로 지불해야 한다. 24시간에 $45~60이니 주차 요금이 꽤 비싼 편이다. 와이키키 여행을 할 때는 도보나 필요한 경우만 택시로 이동하고 와이키키 여행을 마친 후부터 렌터카를 빌리는 것도 경비를 절약하는 방법이다. 와이키키 시내에서 렌터카를 픽업해서 여행후 공항에서 반납하는 것으로 계획을 짜면 된다. 다만, 오아후섬 여행 시 와이키키가 아닌 다른 지역에 투숙한다면 전 일정 렌터카는 필수!

**오아후
공항**

### 호놀룰루 공항 인수

❶ 출국심사 후, 캐리어를 받아 Rental Car 표지판 따라 이동한다.
❷ 렌터카 영업소 건물로 가는 무료 셔틀버스를 탑승한다.
❸ 내리면 바로 렌터카 영업소가 있다.
❹ 예약한 렌터카 영업소에서 바우처 확인 후 바로 뒤 주차장 번호를 확인 후 차량을 픽업한다.

### 호놀룰루 공항 반납

❶ 공항의 Rental Car Return 표지판을 따라 주차장으로 이동한다.
❷ 각 렌터카 회사마다 주차 구역이 다르니 확인할 것.
❸ 주차장에 주차 후 키를 내부에 넣어놓고 내리면 반납 완료!
❹ 공항 터미널로 가는 무료 셔틀버스를 탑승한다.

### 와이키키 영업소 인수 · 반납 방법

❶ 영업소마다 위치가 다르니 위치를 확인하자.
❷ 영업소에서 예약바우처 확인 후 주차장에서 차량 픽업. 와이키키 영업소는 규모가 작아 오전 시간 줄이 긴 편이다.
❸ 영업소가 영업하는 시간에는 인수 시와 같은 주차장으로 반납, 그 외는 24시간 반납이 가능한 무인 반납으로 주차장 위치 확인할 것.

**빅아일랜드
공항**

### 코나 공항 인수

❶ 캐리어를 받아 게이트로 나간다.
❷ 렌터카 셔틀버스 탑승장에서 예약한 렌터카 회사의 셔틀버스를 타고 이동한다. 약 3분~5분 정도 소요된다.
❸ 영업소와 주차장이 함께 있으므로 바우처 확인 후 주차장에서 차량을 픽업한다.

### 코나 공항 반납

❶ 각 렌터카 공항 영업소로 찾아간다.
❷ 주차장에 주차 후 직원에게 키를 반납하면 완료된다.
❸ 영업소에서 공항 셔틀버스를 타고 이동한다.

### 힐로 공항 인수

❶ 캐리어를 받아 게이트로 나간다.
❷ 게이트 길 건너편에 각 렌터카 영업소가 있다.
❸ 영업소에서 바우처 확인 후 바로 뒤편 주차장에서 차량을 픽업한다.

### 힐로 공항 반납

❶ 공항의 'Rental Car Return' 표지판을 따라간다.
❷ 주차장에 주차 후 직원에게 키를 반납하면 완료된다.
❸ 길을 건너면 바로 공항이다.

## 마우이 공항

### 마우이 공항 인수

❶ 캐리어를 받아 게이트로 나간다.

❷ 길 건너편에 초록색 렌터카 무료 트램이 운행한다. 10분 간격으로 운행. 5분 소요.

❸ 트램을 탑승해서 렌터카 영업소에서 하차하면 모든 렌터카 영업소가 모여있다.

❹ 예약한 렌터카 회사에서 바우처 확인 후, 뒤편의 주차장에서 차를 픽업한다.

### 마우이 공항 반납

❶ 공항의 Rental Car Return 표지판을 따라간다.

❷ 주차장에 주차 후 차에 키를 두고 내리면 반납이 완료된다.

❸ 트램을 타고 공항 터미널로 이동한다.

## 카우아이 공항

### 카우아이 공항 인수

❶ 캐리어를 받아 게이트로 나간다.

❷ 길 건너편에 렌터카 셔틀버스 탑승장에서 예약한 렌터카 회사 셔틀버스를 탑승한다. 5분 소요

❸ 영업소에서 바우처 확인 후 주차장에서 차량을 인수한다.

### 카우아이 공항 반납

❶ 각 렌터카 공항 영업소로 찾아간다.

❷ 주차장에 주차 후 직원에게 키를 반납하면 완료된다.

❸ 영업소에서 공항 셔틀버스를 타고 이동한다.

**tip**

라나이섬은 공항에서 차량을 인수, 반납하지 않는다. 호텔에서 관광지 픽드롭 서비스를 운영하며, 렌트도 호텔에서 직접 진행한다.

한 뼘 지식

• • •

## 알아두세요, 차량 인수·반납 시 주의사항

◦ **준비물** 예약 바우처 – 이메일이나 캡처 화면도 OK! 예약자명의 한국운전면허증, 국제운전면허증, 신용카드, 여권을 필수로 지참해야 한다. 추가 운전자가 있다면 추가 운전자 명의의 한국운전면허증, 국제운전면허증도 실물이 필요하다.

◦ 인수 시 예약자의 신용카드로 보증금 $200~300 + 렌터카 요금을 결제한다. 반납 후 일주일 내에 보증금은 취소가 되므로 걱정할 것 없다.

◦ 렌터카 외 호텔에서도 보증금을 결제해야 하고 여행 중 사용하는 비용을 생각해서 신용카드의 한도는 넉넉한 것으로 준비하거나 여유분으로 신용카드를 한 장 더 챙겨가는 게 좋다.

◦ 인수 시 예약한 차량 등급이 맞는지 확인할 것. 등급은 같고 차종은 다르게 배정될 수 있다.

◦ 차량 인수할 때 차의 상태나 종류가 마음에 들지 않는다면 여유가 있을 시 동급으로 교환이 가능하다.

◦ 인수·반납 시간을 정확히 지킬 것. 업체에 따라 반납 시간이 30분~1시간만 초과되어도 하루치 요금으로 부과되기도 하므로 주의가 필요하다.

◦ 예약 날짜를 채우지 않고 반납해도 환불되지 않는다.

◦ 면허 취득 1년 미만인 초보자는 렌트가 불가능하다.

◦ 보험 LDW를 들어두었다면 차량 파손이 커버되므로 반납할 때 걱정하지 않아도 된다.

◦ 반납이 완료되면 이메일로 반납 확인 내역과 총 결제 영수증이 들어온다.

• • •

## 자주 사용하는 렌터카 관련 용어

◦ **렌터카 인수:** Pick up
◦ **렌터카 반환:** Drop off/Return
◦ **예약번호:** Confirmation number/ Reservation Number
◦ **무제한 주행거리:** Unlimited Mileage
◦ **인수, 반환 지역이 다름 – 편도 렌트:** One-Way Rental
◦ **차의 등급:** Car Class/Type
◦ **추가 운전자:** Additional Driver

◦ **렌터카 계약서:** Rental Agreement
◦ **신생아/어린이/카시트:** Infant/Child/Booster Seat
◦ **차량반납 시 기름에 대한 옵션:** Return Fuel Option
◦ **기름을 안 채우고 돌려주는 옵션:** Return Fuel at Any Level
◦ **자동차 번호판:** License Plate

내비게이션
준비하기

## 구글지도 하나면 끝!

외국에서 사용하는 다양한 내비게이션이 있지만 길이 단순한 하와이에서는 구글맵을 이용하는 것만으로도 충분하다. 렌터카에 있는 모니터에 폰을 연결해 카플레이 사용이 가능하다. 익숙한 내 폰으로 사용할 수 있어 더욱 편리하다. 블루투스 혹은 휴대폰 케이블 이용.

한국에서는 구글맵을 내비게이션으로 사용할 수 없지만 하와이는 스마트 폰에 기본적으로 설치되어 있는 구글지도를 내비게이션으로 사용할 수 있다. 구글지도를 열어 목적지만 입력하면 내비게이션 역할을 한다. 사용법이 매우 간단하고 한글로 목적지를 대부분 검색할 수 있다. 한국 음성 안내를 지원하기 때문에 누구나 바로 사용 가능하다. 구글지도에 익숙하지 않다면 여행 전 하와이 여행지를 찾아보며 익혀둘 것.

## 내비게이션 활용 방법

❶ **목적지 검색 방법** – 본 책에는 관광지마다 정보에 QR 코드가 삽입되어 있다. QR 코드에 휴대폰 카메라를 가져다 대면 바로 각 스폿에 해당하는 구글지도로 넘어간다.

❷ 구글지도에서 경로를 누르면 관광지까지 가는 내비게이션이 작동한다.

※하와이 관광지는 계절이나 요일에 따라 영업시간이 수시로 바뀐다. 업체 정보도 달라질 수 있으니, 구글맵에서 필요한 관광지 정보를 미리 확인할 것.

❸ 목적지가 여러 곳이라면 경유지 추가 검색이 가능하다. 총 9개까지 경유지를 추가할 수 있다. 첫 번째 목적지 검색 후 하단의 '경유지 추가'를 클릭하면 다음 경유지도 한 번에 검색 가능하다.

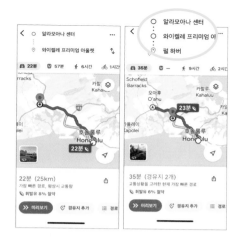

## 구글 오프라인 지도 다운로드하는 방법

구글맵은 데이터가 있어야 작동하지만 미리 지도를 다운로드해 두면 인터넷 안 되는 지역에서도 사용할 수 있다. 하와이는 대부분 데이터가 잘 잡히지만 간혹 접속 장애가 생기거나 산간, 국립공원이 있는 지역을 갈 때 작동을 안 하는 경우가 있으니 미리 받아두면 편리하다.

### 구글맵 다운로드 하는 방법

❶ 구글맵에서 검색창에 원하는 지역을 입력한다.
❷ 목적지 페이지에서 우측 상단 점 세 개를 클릭.
❸ 메뉴가 나타나면 오프라인 지도를 클릭하고 다운로드한다. 손가락으로 지도 범위를 조절해서 섬 전체를 모두 받을 수 있다. 다운로드한 지도는 30일간만 사용이 가능하다.

### tip

**주차장 찾는 법**

❶ 각 관광지 Info에 주차좌표 정보를 넣었다. 대부분의 관광지는 입구에 주차장이 있지만 그렇지 않은 경우도 있다. 관광지를 목적지로 검색하거나 본 책의 QR을 이용해 내비게이션을 찍고 이동했는데 주차장을 찾지 못했다면 주차좌표를 활용할 것. 주차표가 '74XQ+57 호놀룰루 하와이' 라고 되어 있다면 '74XQ+57'을 구글맵 내비게이션에 입력하면 주차장으로 이동할 수 있다.

❷ 주차장이 협소해서 자리가 없거나 다른 주차장을 찾아야 하는 경우에는 구글맵 내비게이션에 'Parking near me'로 검색해 보자. 내 주변의 주차장을 검색할 수 있다. near me는 주차장뿐 아니라 'gas station near me' 혹은 'Mart near me' 등 여행 중 필요한 곳을 검색할 때 다양하게 활용할 수 있는 단어다.

## 하와이의 운전 법규

## 알아두면 두고두고 쓸모 있는 교통법규!

하와이는 미국의 50번째 주State로 미국의 교통법규가 하와이도 동일하게 적용된다. 길이 단순하고 도시가 많지 않아서 운전하기 편하다. 여유 넘치는 현지인들이 양보도 잘해 준다. 하지만 표지판 수가 적고 글자의 크기 또한 작다. 구글 내비게이션이 잘 되어있어 길찾기는 문제 없지만, 구글이 알려주지 않는 몇 가지 운전 법규를 알고 가야 운전이 수월하다.

### ✔ 하와이 속도 단위는 마일Mile이다

1마일은 1.6km. 차의 계기판, 거리의 속도 사인Sign 모두 마일로 표시되어 있다. 운전을 할 땐 마일의 거리감을 익힐 필요가 있다. 과속카메라는 없지만 과속을 하게 되면 어느샌가 경찰이 따라붙고 엄청난 벌금을 부과한다.

대략적인 일반 도심의 제한속도 30mi/h=50km/h
고속도로의 제한 속도 55mi/h=90km/h
구글맵 설정에서 mi/h을 km/h로 변경이 가능하다.

### ✔ 스톱Stop 사인이 있는 곳에서는 무조건 정지한다

신호등이 없는 교차로에는 빨간색으로 'Stop' 사인이 있다. 바닥에 적힌 경우도 있다.

이곳에서는 차가 있으나 없으나 무조건 2~3초간 정지를 해야 한다. 앞차가 간다고 따라가면 안 된다. 앞차가 간 후 다시 Stop 정지선에 정차를 해야 한다. 차가 없다면 정지 후 진입하고 차가 있다면 직진 좌회전 우회전 관계없이 먼저 진입한 차량 순서대로 교차로를 빠져나간다. 한국인에게는 익숙하지 않은 법규로 티켓(딱지)을 가장 많이 받는 법규이니 항상 주의해야 한다. 미국의 교통 법규 중 가장 중요한 규칙 중 하나로 이를 어길 시 $300 이상의 벌금이 부과된다.

### ✔ 비보호 좌회전과 유턴

미국의 사거리는 기본이 비보호 좌회전과 유턴이 허용된다. 신호등이 있는 곳에 좌회전 신호가 있다면 신호에 따라가면 된다. 신호가 없다면 비보호 좌회전과 유턴이 허용된다. 미국의 법규는 안 되는 것들은 확실히 표기를 해두고 그 외에 안 됨 표시가 없는 것들은 허용이 된다.

### ✔ 스쿨버스, 엠뷸런스, 경찰차, 소방차

특수 차량의 사이렌이 들려오거나 달려오는 차량이 있다면 무조건 차를 멈추거나 비켜야 한다. 맞은편에서 오더라도 양방향 모든 차선 정지가 의무이다.

### ✔ 주차금지 지역, 토잉(견인) 표시가 있는 경우

표시가 있는 구역에 주차를 하면 100% 무조건 견인을 해가니 주차를 할 때엔 꼭 주차가 가능한 구역인지 확인을 해야 한다. 잠시 잠깐 주차도 안 된다. 주차 가능 구역은 초록색, 주차 불가능 구역은 빨간색 표지판 혹은 바닥에 라인이 있다. 주차가 가능한 곳도 주차 가능 시간이 표지판에 쓰여 있으니 시간까지 정확히 확인할 것.

견인되는 차량 모습

---

#### tip

▶ **불법주차로 견인이 되었다면?**

하와이는 불법 주차를 하거나 주차 시간을 초과하는 경우, 타인의 사유지 혹은 거주민 아파트 주차장 등에 주차를 했을 때는 가차없이 견인한다. 주차 공간이 있는 곳에 Towing 이라고 쓰여 있다면 80~90%는 견인된다고 보면 된다. 대부분 견인 사건은 주차장이 부족한 오아후에서 일어난다.

견인을 당하면 차가 있는 곳까지의 택시비, 견인비, 차량 보관료, 불법주차 딱지 등의 비용을 지불하게 된다. 보통 $500 정도의 비용이 든다고 생각하면 된다. 여행 중에 차가 견인되면 큰 스트레스를 겪는다. 렌터카를 되찾기까지의 노력, 비용과 시간의 허비, 여행 계획의 차질 등 많은 문제에 직면하게 된다. 좋았던 여행에 찬물을 끼얹는 일이 생기지 않도록 견인을 당하는 일은 절대 만들지 않아야 한다. 혹시라도 견인을 당했다면 경찰서로 가거나 911에 전화를 해서 도난인지 견인인지 우선 사태를 파악하자.

견인된 업체와 위치를 확인 후 신분증과 신용카드를 지참해서 차를 인수해 오면 된다. 견인된 채로 오래 놔둘수록 비용이 올라가니 당황스럽더라도 신속하게 차를 찾아올 것. 보통 견인업체는 호놀룰루 외곽에 위치해 있다.

차량 사고로 인해 견인을 해야 할 경우 견인비는 렌터카 보험에 포함되지 않는다. 여행을 마친 후 렌터카에서 청구 및 결제를 진행한다. 견인 비용은 보통 $100~150 정도다.

## 주차·주유 방법

## 안전하게 주차하기

하와이에서 주차가 가장 힘든 곳은 오아후 와이키키와 그 주변 도심이다. 주차 단속이 엄격하므로 주차가 가능한 곳이라 해도 주차 가능한 시간, 요금 지불 방법 등을 꼭 확인해야 한다. 주차장은 어디에나 안내 사인이 있다.

노상에 주차를 할 때엔 동전 혹은 신용카드로 미리 결제하는 스트리트 파킹 미터기를 이용한다. 노상 주차장은 위치와 시간 따라 시간당 50¢ ~$2. 내가 머무를 시간만큼 미리 주차요금을 정산하고 핸들 앞에 영수증을 올려놓고 가면 된다.

그 외 호텔이나 쇼핑몰 유료 주차가 가능하다. 유료 주차는 보통 1시간에 $4~6 정도. 호텔 레스토랑이나 쇼핑몰에서 쇼핑을 하면 주차 티켓을 주는 곳이 있으니 적극 활용하자. 와이키키의 로열 하와이안 센터, 할레쿨라니 호텔, 인터네셔널 마켓 플레이스, 비치 워크, 카할라, 프린스 호텔 등은 내부 시설 이용 시 무료 주차권을 발급해 준다.

호텔이나 호텔에 붙은 쇼핑몰은 주차장을 찾기가 힘든 곳도 있는데 발레 파킹을 맡기면 편하다. 차를 찾을 때 $2~3정도의 팁을 주면 된다. 와이키키와 호놀룰루 시내를 벗어나면 비치나 관광지 주차장은 대부분 무료이다. 이웃 섬은 호텔, 쇼핑몰 등 무료 주차가 가능한 곳이 대부분이므로 편하게 주차가 가능하다.

길거리 파킹 미터기

주차 가능 표지판

**tip**

▶ **하와이 주차 시 주의사항**

무료 주차장이라 해도 대부분은 주차 가능 시간이 표시되어 있다. 무료 주차 가능 시간에만 주차할 것. 특히 늦은 밤시간이나 밤새 세워두는 것은 금물이다. 하와이가 미국에 비하면 매우 안전한 도시이긴하지만 하와이 물가가 오르고, 본토에서 미국인들이 많이 유입되고 있다. 때문에 최근에는 차량털이범이 점차 늘어가는 추세이다. 주차를 할 때에는 주차 규정을 꼭 확인하고, 차 안 눈에 띄는 곳에 현금이나 어떤 물건도 두지 말 것. 주차할 때 차 내부는 깨끗이 비우고 움직이는 게 안전하다. 짐은 트렁크에 넣는 습관을 들이자.

## 길거리 주차 요금 셀프 정산하는 방법

하와이 주차장은 대부분 셀프 정산을 한다. 예전에 코인 정산만 가능했던 정산기를 지속적으로 바꾸고 있어서 기계마다 정산 방법이 다르다. 현재는 현금, 신용카드, 직불카드, Parking Smater 앱, 애플 페이, 구글 페이로 주차 요금을 지불할 수 있다.

주차 요금은 머물 시간을 예상해서 미리 결제해야 한다. 영수증이 나온다면 운전석 보닛 위에 잘 보이게 올려둘 것. 앱으로 결제하는 주차장은 직원들이 모니터링 하고 있다. 주차 가능 시간과 요금은 주차장 간판 혹은 정산기의 액정에 표시되어 있다. 차량이 많은 곳은 장시간 주차를 금지하기 위해 1~2시간씩 짧은 주차만 가능한 곳도 더러 있다. 주차를 길게 해야 한다면 요금 지불한 시간을 초과하기 전에 다시 차로 가서 추가 결제를 해야 한다. 주차 요금을 결제하지 않거나 주차가 가능하지 않은 곳에 주차를 하면 비싼 티켓(딱지)을 받거나 견인될 수 있으니 주의할 것.

### ✔ 코인 주차 정산기

동전을 넣는 만큼 주차 가능 시간이 올라가며 액정에 주차 가능 시간이 표시된다. 보통 주차 자리마다 정산기가 하나씩 위치해 있다.

### ✔ 파크 스마터Park Smater 앱과 코인 주차 정산기

파크 스마터Park Smater 앱을 이용해서 신용카드로 결제 가능한 정산기다. 코인 홀(동전구멍)이 있다면 동전으로도 정산이 가능하다.

휴대폰으로 정산기의 QR 코드를 이용해 파크 스마터 앱을 다운로드 한다(현지에서만 가능). 파크 스마터 앱을 이용하면 근처에서 가장 가까운 주차장 위치 검색이 가능하고, 주차 가능 시간을 초과했을 때는 앱으로 바로 결제가 가능하다.

**이용 방법**

❶ 주차 후 정산기의 위치 번호를 확인한다.
❷ 앱에서 위치번호를 클릭
❸ 차량 번호 입력
❹ 신용카드 결제 선택
❺ 원하는 시간 선택
❻ 스타트 파킹Start Parking을 누르면 완료

### ✔ 신용/직불 카드와 코인 주차 정산기

**카드 이용 방법**

❶ 카드 삽입 2~3초 후 액정이 활성화되면 카드를 제거한다.

❷ 파란색 플러스(+)와 마이너스(−) 버튼으로 결제 금액을 선택한다.

❸ 녹색 버튼 (확인)을 눌러 결제를 확인하거나 빨간색 버튼(취소)를 선택한다.

❹ 녹색 버튼을 눌렀다면 카드 승인이 되며 정산 완료된다.

## 주유 방법

미국은 기름을 'Gas'라고 한다. 구글맵에 주유소를 검색할 땐 'Gas Station'으로 검색할 것. 주유소는 대부분 마트와 화장실이 같이 있어서 누구나 이용할 수 있다. 거의가 셀프 주유소이고, 신용카드와 현금 모두 결제 가능하다. 현금을 사용한다면 결제를 먼저 한다. 주유소에는 마트가 함께 있는데 마트 카운터에 주유기의 번호를 말하고 결제를 한 후 주유하면 된다. 기름이 꽉 차서 결제한 만큼 안 들어간다면 주유를 마친 후 카운터에서 잔액을 돌려받을 수 있다. 주유비는 1갤런(1gal=3.78ℓ) 단위로 표시된다. 현금 결제가 저렴한 경우가 종종 있다.

신용카드도 마트 카운터에서 결제를 먼저 한 후 주유하면 된다. 주유기에서 직접 신용카드로 결제를 한다면 신용카드 사용 시 결제 전 Zip Code(우편번호)를 넣어야 하니 한국 주소의 우편번호를 알고 있어야 한다. 순서는 카드 넣고, Zip Code 입력 후 원하는 만큼 주유를 하면 결제가 된다.

### tip

▸ **주유소마다 휘발유 이름이 다르니, 알아두자.**

Diesel - 경유

Regular = Unleaded - 일반 휘발유. 옥탄 등급이 가장 낮음. 대부분의 렌터카가 주유하는 기름

Plus = Power Plus - 옥탄 등급 높음

Primium = Supreme - 고급 휘발유로 옥탄 등급이 가장 높음

주유소 입구에 보이는 요금은 1갤런의 가격이다. 렌터카는 SUV도 휘발유를 사용한다.

## 차량 사고 및 범죄 대처 방법

미국의 렌터카 비용은 차량 비용보다 보험료의 비중이 훨씬 크다. 대형 체인 렌터카 업체에서 LDW, PIA 보험이 포함된 렌터카를 예약했다면 모든 차량에 완전면책 보험이 기본으로 들어가 있다. 대인 대물 배상은 무제한에 가깝도록 충분하다. 만약 사고로 인해 병원 신세를 져야 한다 해도 비용 걱정이 없다. 모든 유형의 인사사고에 대해 보험이 적용되고 고객이 부담해야 할 금액이 없다. 미국의 병원비가 비싸다는 흉흉한 소문은 미국을 한 번도 안 가본 사람이라도 이미 다 알고 있을 터. 사고가 안 나서 병원 갈 일이 없어야 할 테지만 혹여라도 모를 사고에도 비용 부담이 없다는 것은 큰 장점. 일단 사고에서의 비용 걱정은 하지 말자. 사고로 사람이 다쳤다면 경찰서와 렌터카 회사에 필수로 연락해야 한다.

하와이에서는 거의 일어나지 않는 일이긴 하지만 차량을 통째로 도난당한다 해도 보험이 있다면 그것조차 커버가 된다. 차량 도난에 대한 신고 절차만 완료되면 아무 비용 부담 없이 새 차를 다시 받아 여행을 계속할 수 있다.

물론 보험 약관을 자세히 보면 차 키를 꽂아놓은 채 차를 잃어버렸다든지, 보험 적용이 되지 않는 비포장 험로를 주행하다가 차가 파손되었다든지. 본인 과실로 인해 차량에 문제가 생겼을 때에는 보장이 안 된다는 예외 조항이 있지만, 상식적인 선에서 운전하다가 불가피하게 일어난 사고에 대해서는 염려할 것이 없다. 고장이나 사고, 타이어펑크 등의 응급상황에 대비한 24시간 응급전화도 렌트사마다 마련되어 있고, 전화를 하면 대부분 한두 시간 안에 출동해서 문제를 해결해 준다. 허츠, 달러, 알라모 렌터카의 경우 영어가 어려운 사람을 위해서 한국인 통역 서비스도 제공한다.

**각 렌터카 회사 Emergency Road Service 전화번호**
- 허츠 (1) 800-654-5060
- 알라모 (1) 800-803-4444
- 달러 (1) 800-235-9393

• • •

# 오아후의 악명 높은 와이키키 주차장, 노하우를 알려주마!

와이키키 호텔은 거의 유료 주차장이다. 투숙객에게도 주차비를 받는다. 보통 $45~70로 헉 소리 나게 비싼 편. 길거리에 잠시 주차 가능한 스트리트 파킹은 저렴하지만 24시간 오버나이트가 안 되는 곳이 많다. 주차비가 부담스러운 여행자를 위해 24시간 주차가 가능한 공영 주차장을 추천한다. 호텔까지 걸어가야 하는 불편함은 있지만 안전하게 주차가 가능하고 여행비도 절약할 수 있다. 호텔까지 도보로 이동하는 거리와 호텔의 주차장 요금을 비교해 보고 선택할 것.

## 알라와이 보트 하버 파킹 Ala Wai Boat Harbor Parking

와이키키의 서쪽 끝자락, 힐튼 라군에 위치한 야외 공영 주차장이다. 시간당 $1로 와이키키 해변이나 금요일 힐튼 불꽃놀이를 보러 오는 여행자들이 주차하는 곳인데, 24시간 오버나이트 주차도 가능하다. 야외 주차장이지만 넓고 안전하다. 시간 단위로 주차요금을 계산하기 때문에 밤에만 이용하는 경우라면 매우 저렴하게 주차 가능하다.

**주변 호텔**
- 힐튼 하와이안 빌리지
- 프린스 와이키키
- 일리카이 호텔&럭셔리 스위트
- 모던 호놀룰루

**주차요금** 시간당 $1, 신용카드로 셀프 결제
**주소** 1651 Ala Moana Blvd, Honolulu
**주차좌표** 75M5+9R 호놀룰루

## 와이키키 반얀 파킹 Waikiki Banyan Parking

애스톤 앳 더 와이키키 반얀 호텔 건물의 실내 주차타워다. 안전하고 시설이 좋은 대신 요금이 비싼 편이다. 호텔 주차요금과 비교해 본 후 이용할 것.

**주변 호텔**

- 와이키키 비치 메리어트 리조트 & 스파
- 알로힐라니 리조트 와이키키 비치 호텔
- 애스톤 와이키키 선셋
- 힐튼 와이키키 비치 리조트 & 스파

**주차요금** 24시간 $43, 1주일 $230
신용카드, 직불카드만 가능
**주소** 2532-2520 Kūhiō Ave.,
Honolulu
**주차좌표** 75FH+QC 호놀룰루

## 낮시간에 이용할 와이키키의 편리한 주차장

### ◎ 호놀룰루 동물원 Honolulu Zoo

와이키키 비치 바로 앞이며 칼라카우아 에비뉴와 연결되어 위치가 좋다. 낮시간에 차가 많지 않고 시간 단위로 주차요금이 매겨져 저렴하다. 단, 오버나이트 주차는 불가하다.

**주차요금** 1시간 $1.5
**주소** 151 Kapahulu Ave, Honolulu
**주차좌표** 75CH+CC 호놀룰루

### ◎ 칼라카우아 에비뉴 Kalakaua Ave.

칼라카우아 명품 거리에서 남쪽으로 도보 약 15분 정도 걸으면 와이키키 수족관이 나온다. 카피올라니 공원과 와이키키 수족관 사이 한적한 도로는 낮시간에 주차가 가능하다. 시간과 위치에 따라 무료 주차 공간도 있으니 주차 가능 표지판을 확인하고 주차하자.

**주차요금** 1시간 $1
**주소** 2777 Kalākaua Ave, Honolulu
**주차좌표** 758H+88 호놀룰루

### ◎ 알라와이 에비뉴 Ala Wai Blvd.

무료 주차로 유명한 도로이다. 새벽 3~5시까지는 주차 금지라 오버나이트는 불가하다. 낮시간은 얼마든지 무료 주차가 가능한 곳. 다만, 와이키키 비치에서는 거리가 꽤 먼 편이다. 매주 월요일과 금요일 오전 8시 30분~11시 30분은 도로 청소를 하는 시간이다. 빈자리가 있다고 그 시간에 주차하면 바로 견인되니 주의할 것.

**주차요금** 무료
**주소** Ala Wai Blvd. Honolulu
**주차좌표** 75P9+Q83 호놀룰루

# 2

A Road Trip To Hawaii

# SECOND STEP

하와이 렌터카 여행,

## 차근차근 두 걸음

REQUIRED INFORMATION

≋ 하와이 필수 정보

## 🌴 이 정도는 알고 가라, 하와이

하와이, 이런 완전한 매력덩어리 같으니라고! 좋았어, 그럼 하와이로 떠나는 거야!
자, 뭐부터 시작할까? 아마도 비행기 표가 있어야겠지. 그리고 호텔이랑…….
가만, 하와이에 지하철이 있던가? 하와이가 제주도 같은 섬 하나가 아니었어?
이런! 진정하시라. 당신이 하와이로 떠나기 전 알아야 할 것들에 대해 지금부터 찬찬히
이야기해 주겠다.


# 하와이는 이렇게 생겨났다

하와이 바닷속 깊은 곳에는 마그마를 분출하는 뜨거운 열점, 즉 핫 스폿Hot
Spot이라는 장소가 있다. 130개가 넘는 하와이 섬들은 모두 4,400만 년 이상
계속된 핫 스폿의 화산활동으로 생겨난 것. 즉, 우리가 알고 있는 하와이는
거대한 화산섬의 머리 끝 부분이 바다 위로 솟아오른 것이다. 말만 들어도 살
아 숨쉬는 듯한 대자연이 경이롭고 신비로울 뿐이다.

기원전 6세기경, 하와이에는 동남아시아에서 건너온 폴리네시아인Polynesians
이 가장 먼저 이주해 살았다고 한다. 우리가 하와이 원주민이라고 흔히 알고
있는 이들이다. 10~12세기경에는 타히티인들도 대거 이주해 오면서 여러 사회
제도가 정착했다는 것이 현재까지의 정설. 그러나 이같은 내용을 문자로 기
록한 흔적은 아직 발견되지 않았다. 서구문명이 들어서기 전까지 하와이에는
문자가 없었으므로 구체적인 역사의 시작을 문서로 확인할 수는 없다.

이후 1778년 '캡틴 쿡Captain Cook'이라는 별칭으로 더 잘 알려진 영국의 항해
가 제임스 쿡 선장이 하와이를 발견하게 된다. 물론 이것은 발견일 수도 있고
침략일 수도 있어서 캡틴 쿡에 대한 평가는 늘 엇갈린다. 아무튼 하와이는 이
때부터 서구문명과 왕래를 시작했고, 1795년 카메하메하 대왕이 하와이 여러
섬을 통일하고 하와이 왕국을 수립하면서 국민적 영웅이 되기도 했다.

SECOND STEP

그러다 1893년 릴리우오칼라니 여왕을 끝으로 하와이 왕조가 몰락한 후 미국의 영토가 되었다.

1941년 일본군이 하와이의 진주만을 공습하여 태평양 전쟁이 도발된 것으로도 잘 알려졌으며, 1959년에는 비로소 미국의 50번째 마지막 주도가 되었다.

## 가슴이 훈훈해지는 하와이인의 알로하 스피릿

'안녕하세요', '안녕히 가세요', '사랑합니다' 등 다양한 뜻을 가진 단어! 하와이안들이 상대에게 따뜻한 마음을 전할 때 쓰는 바로 그 단어! '알로하'다.
하와이는 세계에서 가장 인종 간의 마찰이 없는 곳 중 하나로 알려졌는데, 이는 고대부터 타인을 생각하고 배려하는 '알로하 스피릿'이 깃들여져 있기 때문이다. 하와이가 지상 낙원이라고 칭송받는 이유는 아름다운 풍광과 따뜻한 기후뿐 아니라 이러한 하와이 사람들의 정서 덕분일 것이다. 이들은 알로하를 '샤카 사인'이라고 하는 손인사로도 표현하는데, 하와이 여행 중에 누군가 다가와 엄지와 새끼손가락만 펴보인다면 하와이식 인사를 건네는 것이므로 반갑게 응대하자.

또한, 하와이 사람들은 그들의 마음을 예쁜 꽃목걸이인 레이Lei로도 표현한다. 하와이 사람들은 어른이나 아이나 특별한 날이면 레이를 목에 두른다. 레이를 목에 걸어주며 뺨에 가볍게 키스를 하는 것이 그들에게는 환영 인사다. 꽃 외에도 나무나 깃털 등 레이의 종류는 다양하며, 매년 5월 1일에는 카피올라니 공원에서 대규모 레이 데이 축제가 열린다.

• • •

# 태평양의 낙원, 하와이의 어제와 오늘

세계에서 가장 많은 사람이 찾는 꿈의 휴양지 하와이. 태초부터 완벽한 휴양 섬으로 디자인된 것 같지만, 하와이가 대표적인 휴양지로 발돋움한 역사는 100여 년밖에 되지 않았다. 폴리네시아 원주민의 소박한 터전이었던 하와이가 미국의 마지막 주로 편입되기까지 흥미진진한 하와이 역사를 조금 더 자세히 살펴보자.

### 고요히 잠든 화산섬, 하와이의 발견

문명의 빛 하나 닿지 않던 하와이가 세상에 알려진 것은 폴리네시아 원주민이 터를 잡은 뒤로부터 수백 년 뒤. 1778년 영국의 제임스 쿡 선장이 남극으로 항해하던 중 카우아이섬을 발견하면서부터다. 그 후 유럽인 선교사들에 의해 신문물이 하와이 땅에 닿게 되었고, 카메하메하 대왕에 의해 1810년 처음으로 통일된 왕국의 모습을 갖춘다.

### 하와이는 어떻게 파인애플섬이 되었나?

1835년경부터 미국인과 유럽인들이 대거 유입되며 하와이는 농경지로 주목받기 시작했다. 토양이 워낙 좋았던 덕에 농장 생산량이 급속도로 늘어나자 이민자를 적극 받아들여 부족한 노동력을 충당했다. 이때 일본, 한국, 필리핀, 포르투갈인 등이 대거 유입됐다.

당시 라나이섬 전체가 돌Dole사의 파인애플 농장으로 이용될 만큼 파인애플과 사탕수수 경작

"하와이로 떠날 날만을 손꼽아 기다리는 당신,

당신이 하와이를 꿈꾸는 이유는?"

등이 크게 이뤄졌다. 파인애플섬이라는 별명이 붙은 것도 이 때문. 그러나 하와이가 미국으로 편입된 후에는 인건비 상승으로 경쟁력을 잃어 대부분 테마파크나 골프장 등으로 새롭게 개발되었다.

### 기회의 땅 하와이, 미국의 50번째 주가 되다!

미국인에게조차 이국적인 땅이었던 하와이. 이곳에 미국인이 대거 정착하게 된 것은 사탕수수 경작으로 호황을 맞은 19세기다. 나날이 느는 사탕수수 수확량만큼 번성하던 미국 이주민들의 제당 사업은 1890년 미국의 관세법 개정으로 큰 타격을 입게 된다. 이에 대한 대책으로 대두된 것이 바로 하와이령의 미국 합병론. 1897년 합병조약 체결로 미국의 주권하에 놓였던 하와이는 제2차 세계대전 후 1959년, 드디어 알래스카에 이어 미국의 50번째 주가 되었다.

### 하와이가 관광·서비스업의 메카가 되기까지

1902년 와이키키에 처음으로 모아나 서프라이더 웨스틴 리조트가 들어선 이후, 미국인들의 눈길을 끌기 시작한 하와이는 1992년 본격적인 리조트 단지로 개발되기 시작했다. 놀라운 건 지금의 와이키키 해변이 원래 습지였다는 사실! 오아후섬 북쪽에서 모래를 가져와 개발하면서 지금의 모습이 만들어졌다. 현재도 호주에서 모래를 수입해 와 꾸준히 섬을 관리하고 있지만, 아쉽게도 와이키키 해변은 계속 파도에 씻겨나가는 바람에 그 폭이 조금씩 줄어들고 있다고 한다.

그럼에도 여전히 아름다운 하와이. 일 년 내내 청명한 날씨와 물빛 고운 해변과 폭포와 열대우림에 화산까지 천혜의 자연환경이 어우러진 축복의 땅이다. 그 어디에서도 볼 수 없는 하와이만의 아름다운 자연은 신의 선물이라 부르기에 충분하다.

# 하와이 기본 정보

Basic Hawaii Information

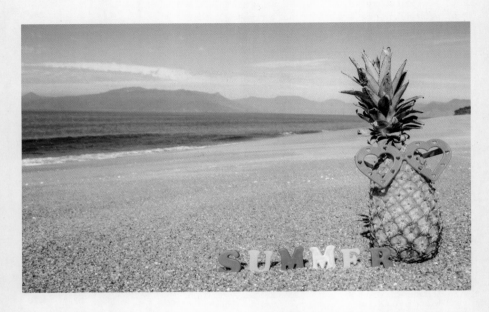

**명칭** 하와이 주 State of Hawaii

**주도** 오아후섬 호놀룰루

**위도** 북위 18–22

**환율** 1달러(USD, $) 약 1,457원(2025년 3월 기준)

**주화(하와이의 꽃)** 노란색 히비스커스

**인구** 약 142만 명 (2025년)

**면적** 2만 8,311㎢

**섬 구성** 137개 섬, 주요 섬 6개

**민족** 백인 약 25%, 동양인 약 40%, 하와이 원주민과 폴리네시아인 약 10%, 혼혈인 약 24%

**종교** 기독교, 불교 등

**언어** 영어(공용어), 하와이어

**시차** 우리나라와 19시간
(ex. 호놀룰루가 정오일 때 한국은 다음날 오전 5시)

**거리(비행시간)** 인천→호놀룰루 약 8시간, 호놀룰루→인천 약 9시간 30분

**전압** 110V

**비자** 비자가 없는 여행자라면 이스타ESTA – 미국 전자 여행 허가서 발급은 필수이다.

**날씨 정보** 여름은 덥고 건조, 겨울은 쾌적하고 알맞은 습도가 있는 날씨.

일 년 내내 바람이 부는 편. 겨울엔 좀더 센 바닷바람이 있어 서핑 대회가 겨울에 열린다.

연평균 온도는 20~30도 사이로 대부분 맑은 날씨를 유지한다.

**하와이 기상청**
www.weather.gov/hfo/

**긴급 연락처** 911

"ESTA 없으면
여행 못해요!"

## ESTA - 비자 면제 프로그램란?

하와이 여행에는 ESTA(이스타) 발급을 꼭 해야 한다. 여권처럼 이게 없다면 여행이 불가능한 필수 준비물이다.

ESTA는 미국의 비자를 면제해서 여행 허가를 내주는 '미국 전자 여행 허가서'로 미국 비자를 취득한 사람은 필요 없다. 미국에서 ESTA 발급을 허가한 국가는 총 39개국으로 한국도 그중 한 국가다.

ESTA발급은 여행 목적이 관광으로 하와이 입국 후 최장 90일까지 체류가 가능하며 발급일로부터 2년간 유효하다. 발급 비용은 USD 21, 발급 기간은 약 3일이 소요된다.

## ESTA발급 받기

esta.cbp.dhs.gov

발급 사이트로 접속을 하면 한국어를 지원해서 발급 받기가 어렵지 않다.

신규 신청서 작성을 클릭한 후 나오는 신청인 정보와 여행 정보에 대해 정확하게 입력을 하면 된다. 작성시간은 약 15분 정도 소요되며 신청서를 작성할 때 여권, 신용카드를 미리 준비해 놓는 게 좋다. 정보를 정확히 다 입력한 후, 신용카드로 발급 비용을 결제하면 된다. 대부분 무리없이 발급이 되지만 혹시라도 발급이 안 될 경우를 대비해 여행 출발 2주 전쯤 미리 발급을 받아두는 것이 좋다. 발급이 되지 않았다면 비용이 청구되지 않는다.

## 입국 심사

관광을 목적으로 입국하는 사람이 대부분이기 때문에 입국 심사가 까다로운 편은 아니다. 여권, 머무는 호텔, 리턴티켓(돌아오는 항공권) 정도를 확인 후 입국 허가를 내준다. 인터넷이 한국보다는 많이 느리지만 대부분의 유심 사용이 괜찮은 편이다. 호텔, 레스토랑도 모두 와이파이를 잘 갖추었다. 데이터 유심 AT&T, T-Mobile 통신사를 가장 많이 사용한다. 한국에서 미리 미국 유심을 구입해 갈 수 있다. 쿠팡이나 포털 등에서 검색하여 여행 전 미리 구매해 놓으면 편리하다. 요즘은 실물 심 카드 교체없이 QR코드로 데이터를 바로 사용하는 이심(eSIM)을 많이 쓴다.

· · ·

## 하와이 여행 짐 쌀 때 꼭 챙겨야 할 여행 준비물!

하와이는 여름 휴양지이므로 바다 여행 기본 준비물은 무조건 챙긴다! 물론 웬만한 것들은 하와이에서도 구입이 가능하지만 여행자가 소소한 물건을 사러 다니는 건 시간이 많이 필요하고 같은 물건도 한국보다 비싸니 기본적으로 필요한 준비물은 챙겨갈 것.

♥ 각종 비치웨어와 비치용품. 매일 입을 수영복은 여러 벌 준비하자. 평소 입지 않던 하와이 풍 비키니로 구입해도 좋겠다. 비치타올, 젖은 옷을 넣을 지퍼백, 비치샌들, 이것저것 짐이 많이 들어가는 큰 비치백은 매우 유용하다. 수영을 못하는 사람들은 가볍게 챙길 수 있는 암튜브도 가져가면 좋다. 태닝 오일과 선크림은 현지에서 구입해도 된다.

♥ 하와이 호텔은 일회용 어메니티를 최소한으로 사용하고 있다. 치약과 칫솔은 필수. 슬리퍼와 가운이 없는 곳도 있다. 실내 슬리퍼와 잠옷도 챙겨가자.

♥ 실내 냉방이 강하니 카디건 필수.

♥ 바다에서 사용할 수중 카메라 혹은 방수팩, 워터 프루프 백도 필수.

♥ 여행자 보험. 미국은 병원비가 상상을 초월할 만큼 비싸다는 걸 기억하자.

♥ 110V 플러그. '돼지코'라 부르는 110V 콘센트가 없으면 아무것도 할 수가 없다. 여행을 많이 다니거나 충전할 것이 많다면 다양한 국가에서 사용 가능한 멀티 어댑터를 구입하자.

♥ 환전할 때는 1$짜리를 넉넉하게 챙겨야 한다. 팁을 줘야 하는 경우가 많기 때문. 10$와 20$도 몇 장씩 챙겨가자.

♥ 트래블 월넛도 선택이 아닌 필수다. 수수료 없이 현지에서 신용카드처럼 사용하며 ATM에서 인출도 가능하기 때문에 많이 사용한다. 시중 은행이나 인터넷으로 발급받을 수 있다. 고환율에 조금이라도 여행비를 절약할 수 있는 방법이다.

♥ 차 안에서 사용할 폰 충전선. 렌트카는 차량 LCD를 미러링으로 사용한다. 차에서 사용할 충전선을 여유있게 가져가는 게 좋다.

### 그 밖의 기본 준비물

한국 운전면허증, 국제운전면허증, 신용카드, 유효기간 3~6개월 이상 남은 여권, 여권 사진 여유분. 운전면허증과 여권은 반드시 휴대폰으로 사진 찍어서 보관할 것. 혹시 분실했을 경우 큰 도움이 된다.

## 하와이의 팁 문화를 알아두자

하와이뿐 아니라 미국 전 지역에 팁 문화가 있다. 한국에는 없는 관례라 슬쩍 피하고 싶은 느낌도 들지만, 원래 지불해야 하는 서비스 비용이라 생각하고 아까워하지 말 것. 팁을 '안 내도 될 돈 낸다'라고 생각하면 은근 스트레스 받을 수도 있고, 자주 잊어버려서 매너 없는 사람이 될 수도 있다. 마사지, 레스토랑, 호텔 룸서비스, 룸클리닝, 택시 이용 등 사람이 직접 손으로 하는 모든 서비스는 팁을 내야 한다. (단, 마트, 식사 포장, 푸드코트는 팁 없음)

### 레스토랑에서 팁주는 방법

식사가 끝날 쯤이면 서버가 알아서 영수증 Check을 테이블 위에 놓는데 영수증 하단에 Service Charge 혹은 Tips라고 적힌 요금이 들어가 있다면 팁이 포함된 것이다. 꼭 영수증 내용을 확인하자. 포함이 안 되어 있다면 내가 계산한 금액의 15~20% 정도를 현금으로 테이블 위에 올려두면 된다. 혹시 현금이 없다면 Service Charge란에 지불하고 싶은 팁을 적자. 신용카드로 결제할 때 한꺼번에 계산해 준다. 팁을 줄 때 동전을 주는 것은 무례한 행동이다. 꼭 지폐를 사용할 것.

### 영수증의 추가금 이해하기

서버가 있는 레스토랑에서 식사를 하고 나면 늘 예상보다 높은 식사 비용이 나온다. 기본적으로 붙는 금액은 메뉴판 요금 + 세금 4.5~4.712% + 팁 15~20%. 예를 들어, 메뉴판에 $20짜리 메뉴를 주문한다면 식사 후 계산할 때 $20 + 세금 약 $0.9 + 팁 약 $3이 합쳐져서 약 $25 정도가 나온다. 결제 금액은 항상 메뉴 가격에 20~25% 정도를 더한 금액으로 예상하면 된다.

그 외 일부 레스토랑은 Kitchen Carge, Service 요금, Credit Card Surcharge, Non-Cash adjustment 등의 명목으로 약 3% 정도의 추가금을 받고 있다. 최근 들어 하와이 물가가 급격히 상승하며 경기가 안 좋아진 탓에 다양한 방법으로 손님에게 추가금을 붙이기 때문이다. 식사 비용을 아끼고 싶다면 서버가 없는 셀프 서비스 레스토랑을 이용할 것. 식비를 훨씬 절약할 수 있다.

### 지나치기 쉬운 여러 가지 팁

호텔에서 룸서비스나 풀바 등에서 오더를 했을 때는 '룸차지'라고 한 후 팁을 직접 적어 넣으면 된다. 호텔 룸클리닝을 할 때는 객실을 비울 때 침대에 $2~3 정도 놓고 나오면 된다.
호텔에서 짐을 옮겨주는 스태프에게는 보통 짐 1개당 $1~2 정도를 손에 쥐어주면 된다.
일반택시 이용 시에도 택시 요금 결제 후 15~20% 정도 팁이 필요하다. 우버나 리프트는 선택해서 팁을 줘도 된다. 캐주얼한 바에서 맥주나 위스키를 마실 때에는 한두 번 술을 주문 후 $1 정도를 주면 적당하다.

# 🌸 국경일 & 공휴일

**1월 1일**
New Year's Day 새해

**1월 셋째주 월요일**
Martin Luther King Jr. Day
마틴루터킹 기념일

**2월 21일**
President's Day 워싱턴 탄생일

**3월 26일**
Prince Kuhio Day
쿠히오 왕자 기념일

**3월 29일**
Good Friday 성 금요일

**5월 마지막주 월요일**
Memorial Day 메모리얼 데이

**6월 11일**
King Kamehamea Celebrations
카메하메하왕 탄생일

**7월 4일**
Independence Day 독립기념일

**8월 16일**
Statehood Day
하와이주 승격 기념일

**9월 첫째주 월요일**
Labor Day 노동절

**10월 둘째주 월요일**
Columbus Day 콜롬버스의 날

**11월 11일**
Veterans Day 재향군인의 날

**11월 넷째주 목요일**
Thanksgiving 추수감사절

**12월 25일**
Christmas Day 크리스마스

# 🌸 여행이 풍성해지는 축제 일정

**12~1월**
호놀룰루 시티라이드
(연말 & 새해전야 불꽃축제)

**2월**
그레이트 알로하 런
(마라톤 대회)

**3월**
호놀룰루 페스티벌
(공연 및 퍼레이드)

**4월**
스팸 잼 페스티벌
(맛있는 스팸 축제)

**5월**
레이 데이
(알로하 스피릿을 알리는 행사)

**6월**
프라이드 페스티벌
(성소수자 축제)

**7월**
프린스 랏 훌라 페스티벌
(하와이 최대 규모 훌라 대회)

**8월**
듀크 카하나모쿠 오션 페스티벌
듀크 추모 스포츠 대회

**9월**
알로하 페스티벌
훌라쇼 및 퍼레이드 민속축제

**10월**
철인3종 경기 아이언맨

**11월**
코나 컬처럴 페스티발

**최신 축제 정보 안내**
www.gohawaii.com/
trip-planning/events-
festivals

**알뜰 쇼핑 축제, 블랙 프라이데이를 놓치지 마세요.**
매년 11월 추수감사절 다음날과 크리스마스 다음날은 블랙 프라이데이! 최대 90%까지 세일을 하는 브랜드들이 많다. 사람이 몰리긴 하지만, 알뜰 쇼핑을 원한다면 도전해 볼 것. 아웃렛, 백화점, 마트 전 매장에서 동시에 시작된다. 날짜가 맞는 여행자라면 미리 자신에게 맞는 쇼핑 정보를 챙기자.

# 🌴🚐 렌터카 여행 추천 코스

# 오아후
# 세 가지 드라이브 코스

**오아후 코스 01**

## 72번 국도 코스

동부 해안 도로 오아후의 가장 예쁜 바다를 따라달린다!
72번 국도 하이킹과 전망대
바다의 절경이 어우러지는 코스

SECOND STEP

① 와이키키 → ② 다이아몬드 헤드 → ③ 카할라 전망대 → ④ 하나우마 베이 → ⑤ 라나이 전망대 →
⑥ 할로나 블로우 홀 → ⑦ 샌디 비치 → ⑧ 마카푸우 전망대 & 트레일 코스 → ⑨ 카일루아 비치 →
⑩ 라니카이 비치 & 필박스 하이킹 → ⑪ 누아누 팔리 전망대 → ⑫ 와이키키 (약 6시간)

**오아후 코스 02**

# 북쪽 노스 쇼어 코스

노스 쇼어 필수 관광지 찍기
이국적이고 다양한 풍경 맛집까지 하루가 꽉차는 일정

**①** 와이키키 → **②** 돌 플랜테이션 → **③** 할레이바 → **④** 거북이 비치 → **⑤** 와이메아 비치 →
**⑥** 샥스 코브 → **⑦** 선셋 비치 → **⑧** 카후쿠 새우트럭 → **⑨** 라이에 포인트 전망대 →
**⑩** 와이키키 (약 7~8시간)

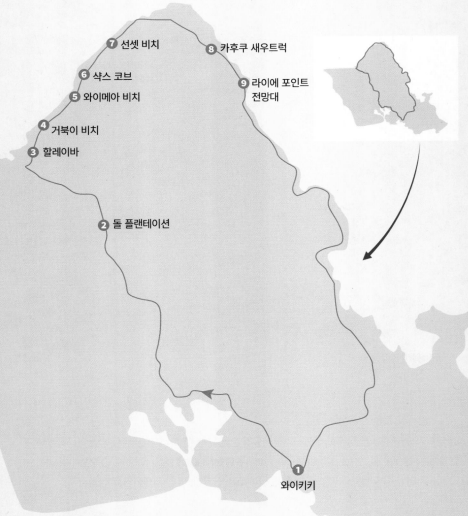

# 서쪽 코스

서쪽 드라이브 오아후에도 이런 곳이?!
웅장한 풍경, 야생의 하와이가 기다린다!

❶ 카에나 포인트 → ❷ 키와울라 비치 → ❸ 머메이드 케이브 →
❹ 파라다이스 코브 퍼블릭 비치 → ❺ 코올리나 라군 → ❻ 와이키키 (약 6~7시간)

❶ 카에나 포인트

❷ 키와울라 비치

머메이드 케이브 ❸

파라다이스 코브 퍼블릭 비치 ❹

코올리나 라군 ❺

❻
와이키키

SECOND STEP

# 빅아일랜드
# 세 가지 드라이브 코스

빅아일랜드 코스 01

## 북쪽 코할라 코스트 코스

외계 행성같은 용암지대를 신나게 드라이브 할 수 있는 곳

❶ 카일루아 코나 → ❷ 하푸나 비치 →
❸ 푸우코홀라 하이아우 내셔널 히스토릭 사이트 →
❹ 킹 카메하메하 동상 → ❺ 폴룰루 밸리 룩아웃 (약 6시간)

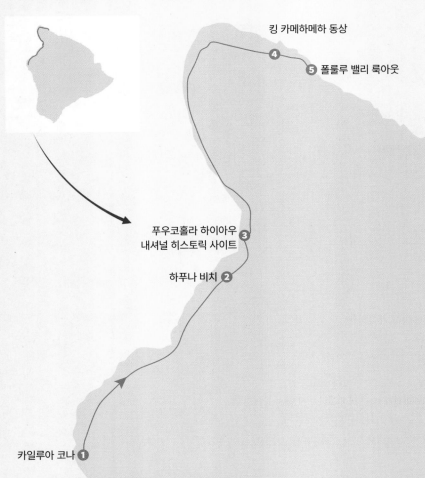

킹 카메하메하 동상

❹

❺ 폴룰루 밸리 룩아웃

푸우코홀라 하이아우
내셔널 히스토릭 사이트 ❸

하푸나 비치 ❷

카일루아 코나 ❶

# 코나 & 남부 코스

빅아일랜드 코나의 남부를 돌아보는 일정
코나의 유명인사 커피농장부터 미국 전역의
가장 남쪽인 사우스 포인트를 찍고 오는 일정이다.
빅아일랜드의 수채화 같은 풍경을 즐긴다.

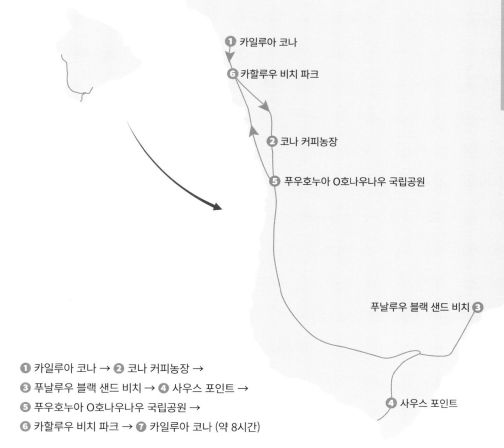

① 카일루아 코나
⑥ 카할루우 비치 파크

② 코나 커피농장

⑤ 푸우호누아 O호나우나우 국립공원

푸날루우 블랙 샌드 비치 ③

④ 사우스 포인트

① 카일루아 코나 → ② 코나 커피농장 →
③ 푸날루우 블랙 샌드 비치 → ④ 사우스 포인트 →
⑤ 푸우호누아 O호나우나우 국립공원 →
⑥ 카할루우 비치 파크 → ⑦ 카일루아 코나 (약 8시간)

# 힐로 & 동부 코스

빅아일랜드의 광활함을 온몸으로 느낄 수 있는 코스
빅아일랜드의 활화산과 힐로 지역 북부의 계곡 드라이브

❶ 힐로 → ❷ 화산 국립공원 → ❸ 힐로 레인보우 폭포 →
❹ 아카카 주립공원 → ❺ 와이피오 계곡 전망대 → ❻ 힐로 (약 8시간)

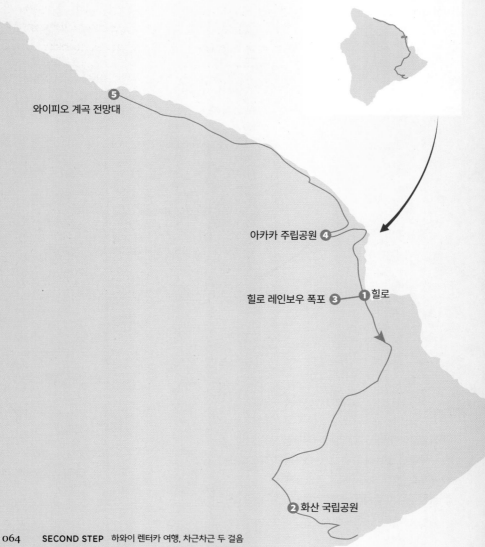

❺ 와이피오 계곡 전망대

아카카 주립공원 ❹

힐로 레인보우 폭포 ❸ ❶ 힐로

❷ 화산 국립공원

# 마우이
# 세 가지 드라이브 코스

## 할레아칼라 & 중산간 코스

할레아칼라부터 쿨라까지 내륙 중산간 도로
할레아칼라를 등지고 펼쳐지는 마우이의 드라마틱한 풍경

❶ 카훌루이 → ❷ 할레아칼라 정상 → ❸ 마카와오 마을 →
❹ 쿨라 알리 라벤더 → ❺ 컨츄리 팜스 →
❻ 마우이 와인 (약 7시간)

❶ 카훌루이

❸ 마카와오 마을

컨츄리 팜스 ❺ ❹ 쿨라 알리 라벤더

❷ 할레아칼라 정상

❻ 마우이 와인

# 북부 해안도로 코스

북쪽 해안도로 절경을 따라 드라이브
짧은 드라이브 코스이지만 마우이 절벽을 따라 달리며
즐기는 바다 풍경

① 카아나팔리 → ② 나카렐레 블로우 홀 → ③ 호놀루아 베이 →
④ 호놀루아 베이 룩아웃 → ⑤ 드레곤 티스 → ⑥ 카팔루아 베이 & 하이킹 (약 4시간)

드레곤 티스
카팔루아 베이
& 하이킹
⑥ ⑤ ④ ③ ② 나카렐레 블로우 홀
호놀루아 베이
호놀루아 베이 룩아웃
① 카아나팔리

# 공항 주변 & 동남부(?) 코스

하나 드라이브 구불구불 운전하는 꿀잼
작은 계곡, 바다, 정글이 어우러진 곳
구불구불 해안도로를 따라 운전하는 맛이 있다.

❶ 파이아 마을 → ❷ 하나 드라이브 → ❸ 와이아나파나파 주립공원 →
❹ 오헤오 굴치 → ❺ 파이아 마을 (약 7시간)

파이아 마을

❷ 하나 드라이브

❸
와이아나파나파 주립공원

오헤오 굴치 ❹

SECOND STEP

# 카우아이
# 두 가지 드라이브 코스

카우아이 코스 01

## 와이메아 밸리 & 남부 코스

와이메아 캐니언 전망대 장엄한 풍경 가득한 도로

**1** 리휴 공항 → **2** 와이메아 캐니언 주립공원 →
**3** 나 팔리 코스트 주립공원 → **4** 하나페페 타운 →
**5** 포이푸 비치 파크 → **6** 리휴 공항 (약 6시간)

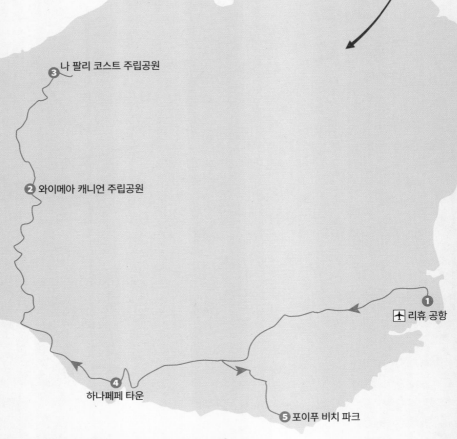

**3** 나 팔리 코스트 주립공원

**2** 와이메아 캐니언 주립공원

**1** ✈ 리휴 공항

**4** 하나페페 타운

**5** 포이푸 비치 파크

# 동부 코스

섬 동쪽의 크고 작은 비치를 따라 가는 드라이브

**1** 리휴 공항 → **2** 와일루아 폭포 전망대 → **3** 카파아 마을 →
**4** 킬레아우아 등대 **5** 아니니 비치 → **6** 프린스빌 →
**7** 하날레이 → **8** 케에 비치 (약 6시간)

SECOND STEP

케에 비치
**8**

프린스빌
**6**

아니니 비치
**5**

킬레아우아 등대
**4**

**7**
하날레이

카파아 마을 **3**

와일루아 폭포 전망대 **2**

**1**

✈ 리휴 공항

🌴 하와이 모먼트

Kauai

Oahu

Maui

Big Island

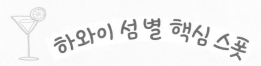

# 하와이 섬별 핵심 스폿

### 오아후 Oahu

전 세계 여행자들이 모이는 와이키키 비치와 주도인 호놀룰루가 있는 섬. 하와이 전체 인구의 80%가 이 섬에 살고 있다. 하와이의 얼굴이자 간판! 대형 쇼핑센터와 편의시설, 고급 호텔이 모두 집중되어 있어 하와이 여행의 중심이자 출발점이다. 우리나라에서 출발하는 모든 비행기 직항편은 오아후의 호놀룰루 국제공항으로 들어간다.

### 빅아일랜드 Big Island

이름에서 알 수 있듯이 제주도의 약 8배에 달하는 넓은 면적을 자랑한다. 그 크기만큼이나 다양한 기후와 풍광을 지니고 있다. 지금도 활동 중인 화산과 고대 유적지를 탐험하며 드라이브하기 제격이다. 특히 코나 지역에서 세계 3대 커피 중 하나인 코나 커피를 맛보는 재미를 놓칠 수 없다.

### 마우이 Maui

하와이에서 가장 사랑스러운 섬으로 알려졌다. 로맨틱한 허니문을 꿈꾸는 커플에게 특히 추천한다. 거대한 분화구 할레아칼라에서 보는 천상의 해돋이와 화산 트레킹, 맑은 물 속에서 즐기는 스노클링, 광활한 드라이브 길이 여행자를 유혹하는 곳. 신비로운 환상의 섬 하와이의 진면목을 보고 싶다면 이곳이 정답이다.

### 카우아이 Kauai

하와이에서 가장 먼저 사람이 정착한 섬으로, 나 팔리 코스트나 와이메아 캐니언 등의 웅장함이 여행자를 압도한다. 때문지 않은 원시의 매력을 그대로 품고 있어 영화 〈캐리비안의 해적〉, 〈쥬라기 공원〉 등 할리우드 영화 촬영지로도 인기가 높다.

### 라나이 Lanai

부자들의 휴양지로 조금씩 인기가 높아지고 있다. 고급 호텔과 레스토랑 그리고 아름다운 골프 코스를 즐기며 호젓한 휴양을 원하는 사람들에게 추천한다. 364㎢ 면적으로 하와이 제도에서는 여섯 번째로 큰 섬이나, 여행자가 찾을 수 있는 가장 작은 섬이기도 하다.

### 몰로카이 Molokai

사람들에게 거의 알려지지 않은 야생의 섬이다. 접근이 쉽지 않은 은둔의 섬으로 인적이 드문 편. 세계에서 가장 높은 해식 절벽과 가장 긴 사호초 지대가 있다.

# 하와이
# 베스트 비치

하와이에서는 어디든 눈 돌리면 예쁜 바다가
천지에 있지만, 그중에서도 특별히 예쁜 아이들로만 간추렸다.
예쁜 곳 중에서도 더 예쁜 곳만을 골라골라 다니자.
시간은 부족하고 예쁜 곳은 넘쳐나니까!
추리고 추려서 1등만 들러도  여행 일정은 너무나 빠듯해!

## ■ 라니카이 & 카일루아 비치 – 오아후

같은 위치에 있는 두 곳의 비치는 쌍둥이처럼
닮았다. 하와이의 가장 아름다운 비치로 여러
번 선정된 곳이다.

### ■ 하푸나 비치 – 빅아일랜드
미국 전체에서 최고의 비치로 종종 선정되는 곳. 젠틀한 파도, 투명한 바다, 하얀 모래로 평화로움의 극치를 선사한다.

### ■ 마케나 빅비치 – 마우이
이름처럼 드넓은 바다 풍경이 압권이다. 주립공원으로 지정되어 관리가 잘 되고 있다.

### ■ 쿠알로아 비치 – 오아후
늘 조용하다. 예쁜 바다색과 특이한 중국인 모자섬을 배경으로 이국적인 느낌의 인증샷 찍기 좋다.

### ■ 와이메아 비치 – 오아후
현지인에게도 여행자에게도 항상 인기 만점. 점프 바위가 있어 구경하는 재미가 더해진다.

# 선셋 포인트
# 베스트

하와이 노을에는 로열티가
포함되어 있다?
그 어느 곳에서도
볼 수 없고, 그 어느 곳과도 다르며, 해 질 녘의 낭만지수까지 MAX!
놓치면 벌 받을지도 모르는 하와이 선셋 포인트를 알려줄까?

### ■ 칼레폴레포 비치 파크 – 마우이
마우이 북부는 해안선 따라 화려한 선셋이 더해져 풍경
이 무척이나 아름답다. 리조트 지역과 조금 떨어져 있어
늘 고요하다. 선셋을 즐기는 데 큰 장점.

### ■ 코올리나 라군 – 오아후
오아후섬 최고의 선셋 포인트를 거론할 때 빠지지 않는
곳이다. 서 있는 위치에 따라 라군 뷰와 함께 다양한 선
셋 조망이 아름답다.

■ **알라 모아나 비치** – 오아후

와이키키도 선셋으로 유명하지만, 와이키키가 붉은빛으로 반짝이는 모습과 다이아몬드 헤드까지 더 다이나믹한 선셋 풍경을 볼 수 있다.

■ **쿨라** – 마우이

할레아칼라 중산간에 위치한 쿨라 드라이브 길은 마우이에서 알아주는 선셋 포인트. 마우이섬 서쪽이 모두 보이는 풍광은 진한 여운을 남긴다.

■ **포이푸 비치** – 카우아이

야자수가 하늘거리는 선셋 풍경은 감탄사를 자동 발사하게 만든다. 지는 노을이 아쉬워 "시간아 멈춰라!"라는 말이 저절로 나오는 곳.

■ **올드 코나 에어포트 주립 휴양지** – 빅아일랜드

빅아일랜드 코나는 선셋 포인트가 많지만 이곳은 더 멋지다. 굽어진 해안선과 바다 위로 고개를 내민 용암이 조화를 이룬 이색적인 선셋 풍경을 볼 수 있다.

# 로맨틱한
# 비치 웨딩

우리도 해볼까?
꿈꿔왔던 비치 웨딩
하와이에서는 판타지가 현실로!

## —— Hawaiian Wedding ——

대자연의 장엄함과 로맨틱함이 공존하는 이곳, 하와이에서의 웨딩은 누구에게나 로
망이다. 실제로 하와이 곳곳에서는 결혼식을 올리거나 웨딩 촬영을 하는 아름다운
신혼부부들의 모습을 쉽게 볼 수 있다. 하와이에서의 웨딩을 꿈꾸지만, 도대체 어디
서부터 어떻게 준비해야 할지 정보가 부족해 실현에 옮기지 못하는 사람들을 위해
하와이 웨딩을 파헤쳐 본다.

## 하와이에서 웨딩 촬영 네 가지 방법

하와이에서의 웨딩 촬영 방법은 크게 네 가지로 나뉜다. 해변을 배경으로 사진작가가 웨딩 사진만 촬영하는 '비치 웨딩 스냅', 스스로 소품이나 카메라 등 모든 걸 준비해서 직접 웨딩 촬영을 하는 '셀프 웨딩 스냅', 해변에서 웨딩 촬영과 더불어 작은 웨딩 세리모니까지 올리는 '스몰 웨딩', 그리고 리조트 사용 요금을 지불하고 리조트 내에서 결혼식을 올리는 '리조트 웨딩' 등이다.

### ① 전문 업체가 알아서 척척! 비치 웨딩 스냅

셀프 웨딩 스냅을 제외한 비치 웨딩 촬영은 약 3~4시간 소요되며 포토그래퍼와 촬영 코디네이터, 뷰티·하와이안 소품, 왕복 픽업, 보정 사진 70여 장, 기본 드레스, 턱시도 등이 기본으로 포함돼 있다. 요즘엔 하와이에 많은 웨딩업체가 있는데, 그중에서도 국내 셀럽들의 웨딩을 도맡아서 진행했던 전문 웨딩업체 '라벨라 하와이 웨딩'을 추천한다. 가장 처음 하와이 웨딩을 시작한 업체로 오랜 시간 개발해온 비치 웨딩 콘셉트를 가지고 있다. 하와이는 상업적인 비치 웨딩 촬영에는 퍼밋이 필요한데 모든 비치 웨딩 사진 퍼밋을 보유한 회사다. 한국과 하와이 현지 모두 오피스가 있다.

**INFO**

**라벨라 하와이 웨딩**

**주소** #C109 1888 Kalakaua Ave. Honolulu (하와이)
　　　서울시 중구 다동 92, 다동빌딩 608호(한국)
**전화** 02-318-3117
**운영시간** 09:00~18:00
**요금** $400~
**인스타** @labellawedding

## ② 하나부터 열까지 모두 내 마음대로! 셀프 웨딩 스냅

의상과 소품, 장소까지 모두 스스로 선택해야 하는 셀프 웨딩 스냅. 업체에 맡기는 것보다 과정은 번거롭겠지만, 저렴한 비용에 원하는 장소를 돌아다니며 둘만의 달달한 추억을 남길 수 있다. 일단 의상과 소품은 한국에서 미리 준비할 것. 취향에 따라 미니 드레스와 작은 화관, 햇빛을 가리면서 사진도 잘 나오는 양산과 챙이 큰 모자 등도 촬영 소품으로 활용하기 좋다. 촬영 시간은 오전과 늦은 오후가 좋다. 뜨거운 태양이 머리 꼭대기에 떠 있으면 날씨도 덥고, 얼굴에 그늘이 져 사진이 예쁘게 나오지 않기 때문. 여행자 바글바글한 와이키키 비치보다는 한적한 비치를 찾아가자.

> **INFO**
>
> **셀프 웨딩 촬영하기 좋은 오하우섬 히든 비치 스폿**
>
> 물빛이 예쁘고 사람이 적은 곳, 어떻게 찍어도 여기가 하와이구나! 싶은 바다.
> 사진을 찍어 벽에 걸어두면 굳이 설명하지 않아도 하와이 다녀왔다고 은근히 자랑을 할 수 있는 곳들이다. 비치 파크 자체가 주소이니 주소는 생략. 모두 무료 주차, 무료 입장이 가능하다. 그러나 와이키키처럼 여행자가 많은 곳 외에 인적이 드문 비치는 해가 진 후에는 방문하지 말 것. 예전에는 비치 입장 시간이 없었으나 현재는 홈리스가 늘어나며 안전을 위해 입장 시간을 정해 두는 곳이 늘었다. 입장 시간이 아니라고 해도 지키는 사람이 없으니 입장을 못하는 것은 아니지만, 주의하는 게 좋다. 아래 비치 가운데 처음 세 곳만 비치 파크로 가드가 있고, 영업 시간도 있다.
>
> **쿠알로아 리저널 파크** 07:00~20:00
> **알라 모아나 비치 파크** 04:00~22:00
> **카할라 와이알리아 비치 파크** 05:00~22:00
> **라니카이 비치**
> **할로나 비치 코브**

### ③ 스몰 웨딩

퍼블릭 비치에서 하객 없이 진행하는 웨딩이다. 웨딩 베뉴Wedding Venue (결혼식장) 비용이 없기 때문에 꼭 필요한 것들만 준비해서 합리적인 비용으로 간단하게 웨딩을 진행한다. 주례와 웨딩증명서도 발급해 준다. 드레스나 화장, 포토 등 필요한 것만 선택해서 업체에 의뢰가 가능하다.

### ④ 리조트 웨딩

리조트의 웨딩 베뉴를 렌트하고 하객을 초대해 실제 결혼식을 진행한다. 리조트 내의 프라이빗한 비치 웨딩을 주로 이용한다. 카할라 혹은 코올리나의 리조트가 가장 인기 있다. 다만 기본적으로 리조트 비용이 비싸다 보니 전체 비용이 높은 편. 숙박과 식사, 연출 옵션에 따라 추가 비용도 천차만별이다. 리조트에 직접 예약이 가능하지만 웨딩 패키지에 포함되지 않은 것들은 직접 준비해야 하는 번거로움이 있다. 웨딩업체를 통한다면 비용은 좀 높지만 촬영, 화장, 드레스와 연출, 리셉션 파티까지 모두 쉽게 준비할 수 있다.

# 🏄 하와이 액티비티 & 투어

**Activity 1**

거북이를 만날 확률 99.9%! 난이도로 보는
# 스노클링 포인트
·····················································

바다라고 다 같은 바다가 아니다. 거북이 열대어가 좋아하는 바다는 따로 있거든. 그중에서도 가장
쉬운 바다를 추천하니 하와이 가거든 거북이는 꼭 만나고 올 것!

오아후

선셋과 거북이 조합은 옳다
## 파라다이스 코브 퍼블릭 비치
Paradise Cove Public Beach 난이도 ■□□

오아후섬의 서쪽 코올리나 리조트 단지 내에 위치
한 퍼블릭 비치. 가장 편하고 안전하게, 가장 높은
확률로 거북이를 만날 수 있는 스노클링 포인트이
다. 열대어는 많지 않은 편. 거북이가 목표물이다.
저녁이면 선셋이 가장 예쁘게 물들어가는 서쪽 바
다이다. 스노쿨 장비와 비치타올은 꼭 챙길 것. 샤
워, 화장실 등 편의시설이 없다.

오아후

샥스 코브지만 상어는 없어요~
## 샥스 코브 Sharks Cove 난이도 ■□□

노스 쇼어 가는 날은 스노클링할 준비를 해야 한다.
샥스 코브는 꼭 들려야 하니까. 특히 어린아이들과
함께 여행하는 가족여행자에게는 필수 코스이다.
하와이에서 가장 수심이 낮고 잔잔한 바다에서 스
노클링을 할 수 있다. 수심이 낮은데 날카로운 바위
가 많으니 워터 슈즈는 필수. 화장실과 샤워시설 등
편의시설이 있다. 비치에 갈 땐 최소한의 짐만 가지
고 갈 것. 스노클링 장비만 들고 가면 더 좋고!

---

**주차좌표** 21.342000, -158.126226
**주소** Paradise Cove Public Beach, Kapolei
**요금** 입장료 무료, 주차 무료

**주차좌표** JWXP+5W 푸푸케아 미국 하와이
**주소** Sharks Cove, Haleiwa
**요금** 입장료 무료, 주차 무료
**추가정보** 샤워시설 있음, 화장실 있음

SECOND STEP

오아후

오아후 스노클링의 성지

# 하나우마 베이 Hanauma Bay 난이도 ■□□

오아후섬 최고의 산호바다, 최고의 스노클링 포인트로 알려져 있다. 이곳은 1967년부터 국가에서 관리를 하고 있는 수중 생태 공원이다. 또한 입장료가 있는 오아후의 단 하나뿐인 비치이기도 하다. 예약을 해야만 갈 수 있는데 워낙 인기가 많아 예약은 1초컷. 방문 2일 전 예약창이 오픈된다.

**주차좌표** 78F4+H6 호놀룰루 미국 하와이
**주소** Hanauma Bay, Oahu
**요금** 성인 $25 주차료 $3 12세 미만 무료
**운영시간** 수~일
**추가정보** 샤워시설 있음, 화장실 있음, 장비 대여소 있음, 대여료 $12~18
**주차요금** $3
**예약** pros12.hnl.info/hanauma-bay

마우이

스노클링과 절벽 점프를 동시에

# 블랙 락 Black Rock 난이도 ■■□

마우이를 대표하는 리조트 단지, 카아나팔리의 북쪽 쉐라톤 마우이 리조트 앤 스파 앞에 위치해 있다. 카아나팔리를 더욱 가고싶게 만들어주는 스노클링 포인트. 비치 바로 앞에 우뚝 솟은 바위가 블랙 락이다. 수심이 깊긴 하지만 신비로운 수중 세계가 한눈에 보이는 곳. 야생 바다거북은 물론 각종 열대어가 많이 서식한다.

**주차좌표** W8G4+2P 라하이나 미국 하와이
**주소** Black Rock Beach, Lahaina
**요금** 입장료 무료, 주차 무료
**추가정보** 샤워시설 있음, 화장실 있음

빅아일랜드

수영 못해도 괜찮아

# 카할루우 비치 파크 Kahalu'u Beach Park 난이도 ■□□

빅아일랜드는 어딜 가나 한적한 곳이 대부분이지만 카할루우 비치 파크만큼은 분위기가 다르다. 스노클링을 하지 않고도 거북이를 볼 수 있을 만큼 개체수가 많기도 하고 물이 얕으며 맑기까지 하다. 수영을 못하는 사람들이 바다거북을 만날 수 있는 최적의 장소이다.

**주차좌표** H2HM+P8 카일루아-코나 미국 하와이
**주소** Ali'i Dr, Kailua-Kona
**운영시간** 07:00~19:00
**요금** 입장료 무료, 주차 무료
**추가정보** 샤워시설 있음, 화장실 있음, 장비 대여소 있음

마우이

마우이 북쪽의 인기쟁이

# 카팔루아 베이 비치 Kapalua Bay Beach

난이도 ■■□

마우이 북쪽 비치 중에 가장 인기있는 곳이다. 하와이에서도 최고급 호텔인 몽타주 리조트가 차지하고 있지만 투숙객이 아니어도 누구나 드나들 수 있다. 둥근 해안선의 양쪽 바위가 있는 곳이 스노클링 포인트!

산호바다와 함께 여러 거북이를 만날 수 있다. 바닷속에서 수중 영상을 시청하는 것만큼 깨끗한 시야를 자랑한다. 수심이 3~4m로 꽤 깊으니 수영을 못한다면 라이프자켓 혹은 부기보드를 준비할 것.

---

**주차좌표** X8WM+XJ 라하이나 미국 하와이
**주소** Kapalua bay, Maui
**요금** 입장료 무료, 주차 무료
**추가정보** 샤워시설, 화장실 있음, 장비 대여소 있음

마우이

거북이가 모여 사는 동네

# 마케나 랜딩 파크 Makena Landing Park

난이도 ■■□

거북이가 모여 사는 터틀 타운 앞의 비치다. 파도가 거친 날이 잦다. 바다는 깊은 곳도 있고 얕은 곳도 있으니 스노클링 초짜라면 주의해야 한다. 파도가 잔잔한 날 바다에 뛰어들자마자 거북이를 볼 수 있다면 난이도 최하의 스노클링 포인트이겠지만 파도가 거친 날 조금 깊은 곳까지 수영을 해나가서 거북이를 보게 된다면 난이도 최상의 스노클링 포인트가 될 수도 있다. 작은 돌과 바위가 많으니 아쿠아 슈즈는 필수.

---

**주차좌표** +18088794364
**주소** 5083 Makena Rd, Kihei
**요금** 입장료 무료, 주차 무료
**추가정보** 샤워시설 있음, 화장실 있음

빅아일랜드

거북이와 함께 춤을

# 칼스미스 비치 파크 Carlsmith Beach Park 난이도 ■□□

힐로 타운에서 칼라니아나오레 스트리트로 5분 만에 도착하는 비치다. 바다라기보다 수영장의 느낌이다. 바다가 바위로 둘러싸여 호수처럼 잔잔한데, 수영장 사다리까지 설치해 두었다. 스노클링 초짜라면 수영장에서 스노클링 하는 기분. 물 밖에서도 거북이가 다 보인다.

---

**주차좌표** PXMC+CW 힐로 미국 하와이
**주소** Carlsmith Beach Park, Hilo
**요금** 입장료 무료, 주차 무료
**추가정보** 샤워시설 있음, 화장실 있음

# 하와이에서 볼 수 있는 동식물들!

※ 주의) 하와이에 서식하는 동식물은 객체수가 적어 극진한 대접을 받는 경우가 많다. 하와이 규정 중 바다 생명체나 식물들을 만지거나 훼손을 하면 큰 벌금을 물리기도 한다. 벌금이 아니더라도, 자연의 모습은 자연 그대로 놔두는 게 가장 아름다운 법이니 눈으로만 열심히 감상하자.

## 푸른바다거북 Green Sea Turtle

푸른바다거북은 전 세계에서 볼 수 있는 흔한 생명체 같지만 하와이의 푸른거북은 하와이 군도에만 존재한다. 하와이에서는 너무 흔하게 볼 수 있지만 하와이 해역에서 멸종 위기에 처한 동물이다. 하와이어로 호누 Honu라고 부르며 하와이 사람들에겐 신성한 존재이자 영적 수호자의 역할도 하고 있다. 만지면 벌금이 어마어마하다.

## 혹등고래 Humpback Whale

혹등고래는 매년 11~4월 하와이 바다에서 많이 볼 수 있는 해양 생명체이다. 여름엔 알래스카에서 살다가 겨울을 대비해 하와이로 무리지어 이동한다. 무려 4,800km 거리! 세상의 생명체 중 가장 먼 거리를 이동하는 동물로 알려져 있다. 겨울이면 수천 마리가 몰려와 하와이에서 새끼를 낳아 키우다가 다시 돌아간다. 이곳에서 태어난 아이들이 다시 와서 새끼를 낳으니 귀향을 하는 셈이다. 다 자란 혹등고래는 길이가 12~16m, 무게가 45톤 정도로 어마어마하다. 겨울 시즌 하와이에서는 혹등고래가 바다 위로 도약하는 풍경을 심심치 않게 볼 수 있다.

## 은검초 Hawaii Silversword (하와이 실버스워드)

하와이 고유식물이다. 할레아칼라에서만 볼 수 있는 희귀종으로 해발고도 2,100m이상에서 자란다. 수명이 20~90년으로 꽤 긴데 평생 한 번만 꽃을 피우는 것이 특징. 꽃이 핀 후 씨앗이 여물면서 생을 마감한다. 은색 빛깔로 반짝이는 이 식물은 특이하고 예쁘다. 오래전에는 관람객이 기념품으로 가져가기도 했다는데 현재는 엄격히 금한다. 기후변화로 인해 멸종위기에 처한 식물 가운데 하나다. 미국 연방정부로부터 보호를 받으며 객체 수를 늘리기 위해 노력 중이다.

## 네네 Nene

네네새, 하와이 거위라고도 부른다. 새가 우는 소리 'nene'에서 이름을 따왔다고 한다. 하와이에만 사는 고유종으로 관광객이 많은 오아후보다는 마우이, 카우아이, 빅아일랜드의 야생에서 볼 수 있다. 비치, 숲, 때로는 주차장에서도 보이며, 늘 한 쌍 혹은 여러 마리가 모여서 움직인다.

## 몽실 Monk Seal

하와이 몽크 바다표범이다. 하와이 제도 고유종으로 물범과에 속한 멸종 위기의 동물이다. 지구에 현존하는 두 종류의 몽크 물범 중 하나로 세 번째 몽크 물범은 카리브 몽크 물범이었는데 영영 지구에서 사라졌다고 한다. 현재 하와이에는 1,400여 마리의 몽실이 살고 있으며 몽실을 보존하기 위해 많은 노력 중이다. 카우아이, 빅아일랜드의 비치에서 낮잠을 자기 위해 출몰하는 몽실을 자주 만나게 된다.

## 리프 트리거피시 Reef Triggerfish

스노클링을 하다 보면 쉽게 볼 수 있는 열대어다. 하와이에서만 볼 수 있는 종은 아니지만 하와이의 전설과 관련된 특별한 의미가 있어 하와이 공식 열대어종으로 지정이 되었다. 하와이 현지 사람들이 부르는 이름은 후무후무누쿠누쿠아푸아아 Humuhumunukunukuāpua'a 라는 길고 재미있는 이름이다. 돼지 주둥이를 닮은 물고기라는 뜻이다. 이름만큼 생김새도 특이하다. 하와이 공식 열대어종인 만큼 하와이 노래에도 자주 등장한다.

## 만타 가오리 Manta Ray

코나 해안의 따뜻한 바다에 서식하는 만타 가오리는 바닷속에서 보면 헉 소리가 절로 난다. 길이 4~6m, 무게 1톤이 넘는 집채만 한 가오리가 큰 입을 쩍쩍 벌리고 날아다니듯 바다를 누비는 모습은 흔히 볼 수 있는 풍경이 아니다. 외모는 거대하고 위협적이지만 이빨이나 독이 없고 플랑크톤을 먹고 사는 순한 생명체이다. 아가미로 물을 통과시키며 호흡을 하기 때문에 끊임없이 움직이는 특징이 있다.

## 안장 놀래기 Saddle Wrasse

놀래기과의 이 열대어는 하와이에서 가장 흔하게 볼 수 있는 어종이다. 산호가 있는 곳에서 항상 볼 수 있다. 같은 어종 43종이 있는데 그중 13종은 하와이에서만 볼 수 있다. 화려한 컬러를 가진 열대어로 옆 지느러미로 하늘을 나는 것 같은 움직임이 특이하고 예쁘다. 하와이에서 부르는 이름은 히나에아 라우위리 Hīnāea Lauwili 이다.

## 너도 나도 가볍게 즐기다 엄지척하는
# 하이킹 코스

하와이 여행의 묘미가 바다에만 있다고 생각한다면 조금 억울하다. 하와이 여행을 다녀온 사람들 가운데 의외로 강추하는 게 하이킹 코스니까. 모든 트레킹의 끝은 뷰! 오르기 전에는 절대 상상할 수 없었던 풍경이 펼쳐진다. 바라보기만 해도 도파민 폭발이다. 발품의 수고로움 대비 최고의 풍경을 선사하는 코스만 모아 소개한다.

## ▼ 다이아몬드 헤드에 올라 내려다본 와이키키

오아후

# 다이아몬드 헤드 Diamond Head

멋진 전망을 위해서 약간의 체력 소모는 각오하자. 와이키키 동쪽 끝자락에 위치한 하와이 최고의 랜드마크이다. 10만 년 전 화산 폭발로 생겨났다. 높이가 232m밖에 되지 않는데 산 중턱부터 트레킹이 시작된다. 중간까지는 완만한 산길, 그 후로 지그재그로 오르막길과 동굴, 계단이 이어지니 가벼운 스니커즈와 생수 한 병 챙겨서 오르는 게 좋다. 정상은 하와이를 대표하는 와이키키 뷰가 펼쳐진다. 와이키키에서 가장 가까운 트레킹 코스이며 대표적인 관광지라 대부분 여행자들이 한번씩 들러가는 곳이다. 정상 뷰 인증샷은 필수!

▼ **잊지 못할 인생 하이킹, 여기 강추!**

오아후

# 라니카이 필박스 하이크 Lanikai Pillbox Hike

뜨거운 햇볕 아래서 잠깐 다리품을 팔면 보상이 확실하다. 하와이의 축복이다. 하와이에서 꼭 한 곳만 트레킹 한다면 라니카이 필박스(벙커)를 추천한다. 필박스는 2차 세계대전 당시 산 중턱에 만든 벙커인데 지금은 여행자에게 좋은 관광지 역할을 하고 있다. 여러 곳의 필박스 하이킹 코스 중 가장 쉽고 짧게 오르며 뷰가 가장 멋진 곳이 바로 이곳! 입구에서 시작해 약 5분만 오르면 비치뷰가 시작된다. 산 위에는 두 곳의 필박스가 있는데 첫 번째 필박스는 20분 내로, 두 번째 필박스는 30분 내로 도착할 수 있다. 전망대 역할을 하는 필박스 위에 앉아 사진을 찍는다면 단번에 하와이 인생샷을 건질 정도!

오르는 길이 짧지만 흙길로 험하다. 운동화와 생수는 필수. 땅이 젖은 날은 오르지 말 것. 주차 공간이 없다. 라니카이 비치 근처 골목길 혹은 카일루아 비치 주차장을 이용해야 한다.

## ▼ 열대 휴양림 속 하이킹 코스

### 와이메아 밸리 Waimea Valley

산을 오르는 게 어렵고 싫은 사람에게 추천한다. 하이킹보다는 산책에 가까운 코스이다. 한때 원주민들이 거주하던 마을이었는데 울창한 열대우림 휴양림이 되었다. 원주민이 거주하던 시기부터 신성한 장소로 여겨져 지금도 간혹 하와이언의 전통 행사가 열리는 장소로 사용되고 있다.

이국적인 열대 식물을 따라 산책을 하면 18m 높이의 폭포를 볼 수 있다. 여름에는 건기로 물이 마를 때도 있지만 봄, 겨울이면 우렁찬 물줄기를 볼 수 있다. 계곡에서 수영을 하거나 보트를 탈 수 있다. 구명조끼를 무료로 렌트해 준다. 계절에 따라 수심이 달라지니 수영을 못한다면 구명조끼 착용은 필수.

**추천 지수** ★★★☆☆
**정상까지 고저차** 70m
**소요시간** 왕복 60분 총 거리 왕복 3.1km
**난이도** 하
**등산로 입구**
**오픈** 09:00~16:00
**요금** 성인 $25, 4~12세 $14, 주차 무료
**위치** 와이키키에서 약 50분

## ▼ 태평양의 요세미티

### 이아오 밸리 주립공원 Iao Valley State Park

150만 년간 만들어낸 자연의 작품이다. 이곳은 태평양의 요세미티로 불릴 정도로 경관이 수려하다. 하와이에서 가장 비가 많이 오는 곳 중 한 곳으로 연간 강우량이 4,000mm를 넘는다. 하루에도 몇 번씩 비가 내렸다 그치기를 반복한다. 이런 기후에 오랜 기간 침식 작용과 화산활동이 지속되며 독특한 산세를 형성하게 되었다. 빨래판처럼 올록볼록 크고 깊은 계곡이 장관이다. 주립공원 안에는 길고 짧은 하이킹 코스가 있는데 슬리퍼를 신고도 갈 수 있는 가벼운 하이킹 코스를 추천한다. 10층 건물 높이로 뾰족하게 솟은 이아오니들을 볼 수 있다. 잠시 산을 걷고 계단 몇 개만 오르면 전망대가 나타난다.

**추천 지수** ★★★★☆
**정상까지 고저차** 39m
**소요시간** 왕복 30분 / 총 거리 700m
**난이도** 하
**등산로 입구** 케페니와이 공원 입구
**운영시간** 07:00~17:30
**요금** 입장료 $5, 주차비 $10
**위치** 카훌루이 공항에서 15분
**예약 페이지**
gostateparks.hawaii.
gov/iao-valley

## ▼ 원시의 숲 속에서 트레킹하기

카우아이

# 칼랄라우 트레일 Kalalau Trail

등산인들에게 세상에서 가장 아름다운 등산로라고 소문이 자자하다. 물론 그 말 뒤에는 가장 힘들고 위험한 등산로라는 말도 빠지지 않고 등장한다. 나 팔리 코스트를 볼 수 있는 코스이다. 칼랄라우 트레일 코스의 총 길이는 편도 17.8km(11mile)로 왕복 1박 2일이 소요된다. 등반자를 위한 편의점, 화장실 등의 시설이 없고 등산로조차 험한 원시적인 곳이라 텐트나 물 식량 조리기구까지 다 가지고 올라야 한다. 등산을 즐기지 않는 사람에게는 비극의 코스처럼 들리겠지만 등산 마니아들 사이에선 이미 유명해서 꼭 도전하고 싶은 코스라고 한다. 하지만 전체 코스를 완주할 필요는 없다. 0.25mile, 0.5mile, 2mile 등 아름다운 뷰포인트가 많아 짧은 하이킹을 즐기는 여행자가 훨씬 많다. 가볍게 다녀올 수 있는 0.5mile 코스를 추천한다. 흙길이지만 가파르지는 않다. 비가 잦은 곳이니 운동화와 우비가 있으면 더 좋다. 주차장이 협소하여 미리 주차 예약을 해야만 등산이 가능하다.

**추천 지수 ★★★★☆**
**정상까지 고저차** 120m
**소요시간** 1시간 / 총 거리 왕복 1.4km
**난이도** 중
**등산로 입구** 케에비치 입구
**운영시간** 07:00~18:30
**요금** 입장료 $5 주차 $10
**위치** 하에나 비치에서 4분
**홈페이지**
• www.gohaena.com
(주차장과 입장 예약)
• www.kalalautrail.com
(캠핑 허가받는 곳)

089

투어 아니면 볼 수 없는 풍경
# 하와이 스타일 투어
∙∙∙∙∙∙∙∙∙∙∙∙∙∙∙∙∙∙∙∙∙∙∙∙∙∙∙∙∙∙∙∙∙∙∙∙∙∙∙∙∙∙∙∙∙∙∙∙∙∙∙∙

남다른 자태를 뽐내는 하와이는 투어도 다르다. 다른 휴양지와 차별화된 하와이의 언아더 클래스.
하와이 아니면 할 수 없는 것들. 하와이이기 때문에 해야만 하는 투어를 만끽해 보자.

**오아후**

로맨틱이 필요한 순간
## 스타오브 호놀룰루 선셋 디너 크루즈

허니문 여행을 갔다면 필수 코스! 해 질 무렵 태평양에 둥실거리며 근사한 디너를 즐길 수 있다. 하와이에 다
양한 크루즈가 있지만 오랜 시간 변함없이 럭셔리한 인기 크루즈이다. 하와이에서 가장 큰 대형 크루즈로 4
층 데크에 1500명까지 승선이 가능하다. 대형 선박이다 보니 탑승해 있는 동안 흔들림이 없어서 멀미를 하
지 않으며, 식사하기도 편하다. 크루즈 투어는 탑승 층과 식사에 따라 등급과 요금이 달라진다. 가장 있기
있는 등급은 3스타. 높은 층, 넓은 야외 데크에서 원없이 사진을 찍을 수 있고 스타터, 랍스터, 스테이크, 디
저트와 알콜까지 훌륭한 식사도 포함 된다. 현지인들의 라이브 공연과 루아우 쇼도 펼쳐진다.
요금이 조금 더 비싼 금요일 밤은 힐튼하와이안 불꽃놀이를 선상에서 관람할 수 있는 선셋 크루즈의 하이라
이트이다. 금빛 선셋과 바다가 맞닿은 절경, 해가 진 후에는 밤하늘의 별처럼 반짝이는 와이키키의 야경. 하
와이의 모든 로맨틱이 집약되어 있다. 커플이라면 기대할 것.

**요금** 1스타 $119~ , 3스타 $179~,
와이키키 픽업 서비스 $25~30
**소요시간** 3시간
**투어 시작** 체크인 16:40 출항 17:30
**투어 장소** 알로하 타워 Aloha
Tower 선착장, 주차 요금 $3
**홈페이지**
www.starofhonolulu.com

SECOND STEP

마우이

마우이의 물 맑은 스노클링 포인트
# 몰로키니 요트 투어

하와이 전체를 통틀어서도 가장 맑은 물을 자랑하는 마우이. 스노클링도 단연 최고라고 말할 수 있다. 특히 마케아 앞바다에 떠 있는 몰로키니섬은 용암 분출로 인한 분화구가 바다에 가라앉으며 생겨난 초승달 모양의 섬으로 산호와 열대어가 가득한 하와이 최고의 천연 수족관이다.

스노클링으로도 좋지만 섬 자체에 의미가 크다. 선사 시대에 마우이섬을 형성한 7개의 화산 중 하나로 하와이 화산 유적지 역할을 하는 곳이며 1977년부터는 섬 일대가 해양생물 보호지구로 지정이 되었다.

투어는 몰로키니와 가까운 마케나 지역에서 출발한다. 세일링 하기에 적당한 파도, 바람과 거리로 요트를 즐기기 좋은 코스이다. 게다가 건너편에 라나이섬과 마우이의 할레아칼라까지 몰로키니를 둘러싼 풍경이 좋아 요트를 타기엔 최적의 장소라는 것.

투어는 몰로키니섬과 터틀 타운에서 두 번의 스노클링을 할 수 있고 조식과 여러 가지 간식, 칵테일이 포함되어 있다. 터틀 타운에서는 커다란 거북이와 유유자적한 시간을 보낼 수 있다.

요금 $279~
소요시간 3시간 30분
투어 시작 06:15~09:30, 09:45~13:00
투어 장소 말루아카 비치 Maluaka Beach, 무료 주차장 있음
홈페이지 www.kaikanani.com

---

오아후

서퍼들의 천국, 하와이를 부르는 또 다른 이름
# 서핑

서핑은 하와이에서 가장 사랑받는 스포츠다. 일 년 내내 모든 등급의 서퍼들을 위한 다양한 높이의 파도가 밀려오는 덕이다. 일도 하지 않고 매일 서핑만 하는 서핑 중독자를 뜻하는 '비치 범스Beach Bums'라는 단어까지 있을 정도. 서핑을 배우다 보면 이것이 얼마나 중독성 강한 스포츠인지 알게 될 것이다. 약간의 강습만 받으면 혼자서도 연습하며 탈 수 있고, 스노보드를 탈 줄 안다면 더 빨리 배울 수 있다.

파도가 잔잔해서 초보자들에게도 부담 없는 와이키키 해변에는 수많은 서프보드 대여점이 있는데, 이곳에서 강습도 받을 수 있다. 한인 강사에게 소그룹으로 레슨을 받을 수 있는 투어부터 외국인들과 뒤섞여 여러 명이 받는 투어까지 다양한 업체에서 서핑 강습을 진행한다. 강습 시간은 90분.

한인보다는 외국인 클래스가 더 저렴하다. 영어로 강습을 받는다 하더라도 'Chest up(가슴을 펴시오)', 'Paddle(헤엄치시오)', 'Stand up(일어나시오)' 등의 기본적인 영어 단어 위주다. 영어를 못 한다고 주저할 필요는 없다.

요금 외국인 그룹 강습 $98~, 한인 소그룹 강습 $120~
소요시간 90분
투어 시작 07:30~ 시간 선택 가능
투어 장소 와이키키 비치
홈페이지 www.hhsurf.com

**요금** $419~
**소요시간** 헬기 탑승시간 약 50분, 40분 전에 체크인
**투어 시작** 09:00~15:30 시간 선택 가능
**투어 장소** 빅아일랜드 힐로 공항 무료 주차장 있음
**홈페이지** www.bluehawaiian.com

빅아일랜드

인생에서 한 번쯤 봐야 할 풍경

# 화산 국립공원 헬기투어

용암을 볼 수 있는 가장 편한 방법이다. 단, 그만큼 비싼 것은 함정. 공항에서 출발해 하와이 화산 국립공원 Hawaii Volcanoes National Park을 가로지르는 헬리콥터 안에서 푸우 오오 분화구 Pu'u O'o Crater를 감상할 수 있다. 연기가 모락모락 나는 살아 있는 화산을 가장 실감 나게 체험할 수 있는 시간이다. 빨간 마그마가 끓어오르는 화산을 돌아 마카다미아 너트 농장, 힐로 근처의 폭포와 열대 우림까지 샅샅이 감상하자. 50분 정도 비행하는 동안 가슴 벅차고 진기한 풍경이 이어진다. 땅에서는 볼 수 없는 특별한 광경이다. 화산 투어는 하와이에서 가장 빛나는 순간을 선사할 것이다.

**요금** 14,000ft $245 (사진 촬영 $175)
**소요시간** 3~4시간 날씨에 따라 대기시간이 있을 수 있음
**투어 시작** 07:30~ 시간 선택 가능
**투어 장소** 딜링험 에어필드 Dillingham Air Field, 무료 주차장 있음
**홈페이지** www.skydivehawaii.com

오아후

하와이의 절경을 내려다보며 하늘에서 점프하기

# 스카이 다이빙

오아후에서 스카이 다이빙은 섬의 북서쪽에 위치한 딜링험 비행장 Dillingham Air Field에서 할 수 있다. 산과 바다로 둘러싸인 이곳에 도착하면 하늘 꼭대기에서 계속 쏟아져 내리는 스카이 다이버들을 보는 것만으로도 아드레날린이 마구 분출된다. 경비행기를 타고 약 15분 정도 구름을 뚫고 올라 12,000ft (3,700m) 높이에서 등 뒤의 다이버와 함께 공중으로 뛰어내린다. 200km 속도로 낙하를 하다가 낙하산이 펴질 때의 그 짜릿함은 세상 그 어느 것과도 비교가 안 된다. 안전에 철저하고 능숙한 다이버와 함께 즐기는 투어이니 온전히 짜릿함을 즐기기만 하면 된다. 스카이 다이빙을 딱 한 곳에서만 하라고 한다면 하와이를 추천한다. 풍경이 워낙 좋아서 두려움도 덜하다. 높이에 따라 요금이 다르고 홈페이지에서 미리 예약하면 할인도 받을 수 있다. 사진과 비디오 촬영은 추가요금을 지불해야 한다. (미성년자, 만 66세 이상, 체중 108kg 이상 참여 불가)

대자연과 함께하는 액티비티

# 쿠알로아 랜치 Kualoa Ranch

오아후섬 북동쪽에 자리 잡은 쿠알로아 목장은 문화체험 투어 단지로 여행자들에게 개방되어 있다. 미취학 어린이보다는 초등 고학년 이상의 자녀를 둔 가족 여행자에게 추천한다. 먼저 하와이를 찾은 영화광들에겐 인기 NO.1 '무비 사이트 투어'를 빼놓을 수 없다. 카네오헤 만 Kaneohe Bay과 코올라우 산맥 Koolau Range의 멋진 자연 풍광을 배경에 두고 〈쥬라기 공원〉, 〈고질라〉, 〈로스트〉, 〈진주만〉 등 할리우드 영화와 드라마의 주요 촬영지를 구석구석 돌아볼 수 있다.

집라인 투어와 UTV 투어 역시 해볼 만하다. 두 투어 모두 짜릿한 쾌감을 느낄 수 있어 기분이 한층 고조된다. 가이드가 동행하는 프로그램으로, 정해진 안전 수칙에 따라 진행되니 두려움은 떨쳐버리자.

부모님과의 여행 또는 신혼여행 중이라면 쿠알로아 목장을 통해서만 들어갈 수 있는 조용하고 호젓한 섬 시크릿 아일랜드 투어를 추천한다. 끝없이 펼쳐진 초원과 마주한 하얀 모래사장은 그야말로 신세계. 승마를 비롯한 2~3가지 액티비티를 묶은 다양한 패키지가 있어 취향대로 고를 수 있다. 목장 안쪽에는 기념품 숍과 카페테리아가 있어 간단한 식사도 가능하다.

**요금** 무비 사이트 투어 $54~, 시크릿 아일랜드 투어 $54~, UTV 투어 $150~
**소요시간** 액티비티에 따라 2~4시간
**투어 시작** 08:30~ 시간 선택 가능
**투어 장소** 쿠알로아 랜치, 무료 주차장 있음
**홈페이지** www.kualoa.com

SECOND STEP

093

아드레날린 폭발, 독보적인 바다 풍경

# 샤크 케이지 투어

**요금** $105~
**소요시간** 2시간
**투어 시작 시간** 07:00~11:00 (시간 선택 가능)
**투어 장소** 할레이바 보트하버 무료 주차장 있음
**홈페이지**
www.sharktourshawaii.com

작은 케이지에 스노클링 장비를 착용하고 물속에 들어가면 깊은 바다에서 다양한 상어를 볼 수 있는 투어이다. 상어를 먹이로 유인하여 케이지에서 구경하는 투어는 너무 인위적이지 않은가? 라는 생각으로 기대없이 들어갔다가 화들짝 놀랐다. 아무리 생선 냄새로 상어를 모았다지만 정말 많은 상어가 내 눈 앞, 발 아래, 먹이를 찾아 헤집고 다니는 걸보니 영화 '죠스'의 메인 OST가 짜잔~짜잔~ 저절로 귓가에 들려왔다.

노스 쇼어 할레이바에서 작은 배를 타고 5km, 20분 정도 바다로 나가면 갈라파고스 상어와 모래톱 상어 화이트 팁 상어의 서식지가 나온다. 바다 여행 초보자도 쉽게 볼 수 있고, 인간을 공격하지 않는 순한 상어이니 안전에도 문제 없다. 초등학생도 참여가 가능하다. 파도가 항상 있는 곳이니 멀미약은 필수. 투어에 스노클링 장비가 포함되어 있으나 본인 장비를 챙겨가면 더 좋다. 할레이바에 항구가 있으니 노스 쇼어 여행 하는 날로 일정을 잡으면 된다.

일생에 꼭 한 번은 봐야 할 바닷속 풍경!

# 코나 야간 만타 레이 투어

**요금** $135
**소요시간** 3시간
**투어 시작** 17:00 체크인 17:45 출항
**투어 장소** 카일루아 코나
호노코하우Honokohau 항구
무료주차장 있음
**홈페이지**
www.mantaraydiveshawaii.com

미국 트래블 채널에서 일생에 꼭 해 봐야 할 베스트 10 중 하나로 꼽은 투어이다. 2~3m가 넘는 거대한 만타(쥐가오리)를 볼 수 있는 코나만의 특별한 바다체험이다. 빅아일랜드 코나 지역은 세계에서 유명한 만타의 서식지이다. 다이버와 스노쿨러들이 합심해 밤바다에 들어가 아래 위에서 불빛을 쏘면 불빛을 따라 플랑크톤이 모여들고 플랑크톤을 먹고 사는 만타가 나타난다. 다이빙, 스노클링으로 볼 수 있는 바닷속 대어 중 대어. 사람에게는 관심이 하나도 없는 만타는 플랑크톤을 먹기 위해 춤을 추듯 아름답게 먹이사냥을 하는데 흔하지 않은 바닷속 광경에 입이 딱 벌어진다. 스노클링으로 물에 떠 있는 시간은 약 40분이다. 그 사이 물속 반짝거리는 플랑크톤과 만타, 셀 수 없이 많은 물고기, 유유히 사람 옆을 떠도는 몽실Monk Seal까지 실물 영접! 하와이에서만 볼 수 있는 특별한 바닷속 세상을 경험하는 시간이다.

© 하와이관광청

## 알아두면 쓸모있는 하와이 여행 관련 업체

자유여행이라 하더라도 티켓 발권이나 일일투어, 액티비티 등을 할 때 여행사를 이용하면 편하다. 안전하고 실속있게 여행을 다녀올 수 있도록 도와주는, 만족도 높은 여행사를 추천한다.

### 블루 하와이 www.bluehawaii.co.kr

하와이의 여행 상품을 가장 많이 보유하고 있는 여행사이다. 하와이에서 필요한 모든 것을 다 예약할 수 있다고 보면 된다. 규모가 큰 여행사라 직접 운영하는 일일투어도 많다. 운전을 하지 못하는 여행자를 위한 섬 투어, 일정이 빡빡한 여행자를 위한 이웃 섬 일일투어 진행을 체계적으로 하며 크루즈, 헬기투어 같은 고가의 투어도 저렴하게 예약할 수 있다. 인기 호텔 프로모션이 많은 것도 큰 장점이다.
한국과 하와이에 오피스가 있다. (카카오톡 : 블루하와이)

### 투어넷 하와이 www.tnhawaii.com

최대 회사 규모, 최신 차량, 최다 전문 가이드 인력으로 하와이를 대표하는 여행사 1위의 선도기업이다. 카할라, 힐튼, 페어몬트 등 대형 리조트와 제휴를 맺고 대형 기업 연수, 미디어 행사, 그룹 여행, 골프 트립 등을 주로 진행한다. 한국과 하와이에 모두 오피스가 있다.

### 알로하 투어 www.hawaiialohatour.com

카우아이섬에서 현지인으로 살아가며 여행사를 운영하는 곳이다. 가족 여행, 그룹 여행 등 하루만에 카우아이를 돌아보기 힘든 여행 구성원이라면 이용하기 좋다. 헬기투어, 골프투어, 맞춤 단독투어 등을 예약할 수 있다. (카카오톡 : alex620)

### 라벨라 하와이 www.labellahawaii.com

하와이 웨딩 전문 업체로 하와이 유일의 한국인 전용 토탈웨딩 컨설팅을 진행한다. 비치 스몰 웨딩부터 럭셔리한 리조트 웨딩, 리마인드 웨딩, 파티나  프로포즈이벤트까지 웨딩과 이벤트에 관련된 것들을 모두 문의 예약할 수 있다. (카카오톡 : 라벨라하와이)

### 하와이 스냅 www.hawaiisnap.com

신혼여행, 커플 여행에 필수코스인 하와이 스냅을 예약할 수 있다. 전문 포토그래퍼의 촬영으로 트렌디한 매거진 형식, 감성 넘치는 화보 콘셉트 등 취향에 맞는 사진을 찍을 수 있다.

**Activity 4**

태평양을 향해 나이스 샷!
# 하와이의 골프장

하와이 골프장을 고르는 기준은 '어느 곳의 시설이 더 좋은가?'가 아니다. '어느 곳이 더 멋진 풍경을 가졌는가?'라는 거. 풍경, 여유로움, 시설까지 그 어느 것도 한국과는 비교 불가다.

## 유명 골퍼들이 스쳐간 하와이의 골프장

전 세계 골퍼들이 줄지어 찾는 하와이에는 럭셔리한 골프 코스가 많다. 오아후를 비롯해 이웃 섬의 유명 리조트는 대부분 골프 코스가 함께 있다. 여행자들이 이용하는 골프장은 하나 같이 멋진 풍경이 함께하고 LPGA, PGA 등의 경기가 다수 열리는 곳들이다. 골프 코스 컨디션은 그 어느 휴양지에도 비교가 안 될 정도로 좋다. 다만 그만큼 요금도 비싸다.

## 하와이 골프는 혼자서도 가능해

티오프 타임이 30분 간격으로 길고 1인 플레이도 가능하다는 장점이 있다. 그래서 한국과는 비교도 안 되는 여유로운 골프를 즐길 수 있고, 한국과는 차원이 다른 그린의 질감과 무역풍의 영향으로 더욱 역동적이고 스릴 넘치는 게임을 즐길 수 있다. 각 골프 코스마다 지형을 이용한 특별한 코스를 자랑하고 있고 난이도 높은 코스도 많으니 예약 전에 사이트에서 골프 코스 사진을 잘 살펴보자.

## 눈 높은 사람은 이웃 섬으로!

오아후 골프장이 비교적 저렴하고, 이웃 섬은 요금이 조금 더 높은 편이다. 가장 럭셔리하고 풍경이 좋은 섬은 라나이와 카우아이로 골프 코스를 전세 낸 듯 독차지하여 즐길 수 있다. 골프장 이용 요금은 보통 $150~300이며 클럽 렌트도 가능하다.

---

### 각 섬 별 인기 골프장 리스트

**오하우**
코올리나 골프 클럽
www.koolinagolf.com
터틀 베이 골프
www.turtlebayresort.com
카폴레이 골프 클럽
kapoleigolf.com

**빅아일랜드**
페어몬트 오키드 골프 코스
www.fairmont.com
포시즌 후알랄라이
www.fourseasons.com

마카니 골프 클럽
www.makanigolfclub.com
마우나 라니 골프 클럽
www.aubergeresorts.com/
maunalani/experiences/golf

**마우이**
와일레아 골프 클럽
www.waileagolf.com
카아나팔리 골프 코스
www.kaanapaligolfcourses.com
마우이 누이 골프 클럽
www.mauinuigolfclub.com

**카우아이**
포이푸 베이 골프 클럽
www.poipubaygolf.com
마카이 골프 코스
www.makaigolf.com
더 오션 코스 앳 호쿠알라
www.hokualakauai.com

**리나이**
마날레 골프 코스
www.fourseasons.com

하와이의 음식

동서양의 조화로움
# 가지각색 하와이안 푸드

### 로코모코 Loco Moco

흰쌀밥 위에 햄버거 스테이크와 달걀 프라이를 얹고 그레이비 소스를 뿌려 먹는다. 달착지근하고 부드러운 소스가 음식의 맛을 좌우한다. 한 끼 든든한 음식. 현지 음식을 파는 대부분의 레스토랑에서 맛볼 수 있다. 빅아일랜드 힐로의 카페 100이 원조!

### 새우트럭

오아후 노스 쇼어 새우 양식장에서 시작된 음식. 여러 가지 소스의 새우 요리를 흰쌀밥과 먹을 수 있는 노스 쇼어의 명물! 갈릭 쉬림프와 칠리 쉬림프가 인기 메뉴다. 지오반니와 페이머스 새우트럭이 대표적.

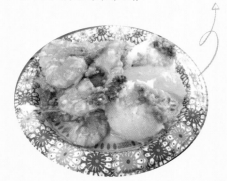

### 스팸 무스비 Spam Musbi

밥 위에 스팸 한 조각, 김으로 둘둘 싼 간편식은 누구라도 좋아할 맛! 해변에 나갈 때 간단한 간식으로 날개 돋친 듯 팔려나간다. 하와이 1인당 스팸 소비량은 전미 1위. 무스비가 한 몫 단단히 해낸다. ABC마트, 무스비 카페 이야스메 추천.

## 포케 Poke

참치회, 연어회, 새우 등을 깍둑썰기 해서 양념과 버무린
요리. 신선한 회를 저렴하게 먹을 수 있다. 대부분 도시락
포장을 한다. 다양한 양념이 있어 골라먹는 재미가 있다.
니코스 피어 38, 홀푸드마켓, 오노 시푸드 추천.

## 사이민 Saimin

하와이 스타일 라면. 맑은 국물에 각종 채소를 넣고 끓인다.
고기 혹은 스팸 한 조각과 반숙된 삶은 달걀을 동동 띄우는
게 포인트. 국물이 깔끔해서 우리 입맛에도 잘 맞는다.

## 마카다미아 너트 팬케이크
## Macadamia Nut Pancake

미국을 대표하는 아침식사 메뉴로 팬케이크에 부드러운
크림과 고소한 마카다미아 너트가 올라간 음식. 하와이 마
카다미아 너트는 고소함이 한 스푼 더 추가된다! 에그스
앤 띵즈, 하우트리, 플루메리어 비치 하우스가 대표적.

## 칼루아 포크 Kalua Pork

소금으로만 간을 한 통돼지를 바나나 잎에 싸서 땅속에 묻
어 오래 쪄낸 전통 음식. 고기의 결을 따라 잘게 찢어서 먹
는다. 담백하고 고소하다. 헬레나스 하와이안 푸드, 레인
보우 드라이브 인, 하이웨이 인 카카아코 대표적.

가장 인기 좋은 포케 맛집은 여기
# 포케 맛집 리스트

포케는 일반 레스토랑에서 에피타이저로 주문이 가능하다. 유명한 테이크아웃 전문점도 많아서 비치 갈 때 도시락 대용, 밤에 호텔에서 와인 한 잔 할 때 안주용으로 포장해 오기 좋다. 테이크아웃 전문점은 기본적으로 저렴하지만 팁이 없어서 더욱 만족스럽다.

### 니코스 피어 38 Nico's Pier 38

수산물 경매가 있는 항구에 위치한 시푸드 도시락 전문점. 넓은 홀이 있지만 음식은 대부분 도시락에 제공된다. 레스토랑 안쪽에 피쉬 마켓이 있는데 다양한 종류의 포케가 저렴하고 맛있다.

### 포케 & 박스 Poke & Box

밥 위에 여러 가지 포케와 과일 샐러드를 올려주는 포케 도시락집이다. 세트 메뉴처럼 2~3가지 포케와 밥 샐러드를 선택할 수 있는데 아보카도, 게살, 후리카케 등을 얹어 색다르게 즐길 수 있는 포케 도시락이다.

### 홀푸드마켓 Whole Food Market

종류가 많은 편은 아니지만 좋은 식재료를 파는 홀푸드마켓 제품은 언제나 믿음직스럽다. 최소한의 소스를 사용해서 회를 더 신선하게 맛볼 수 있다. 가격도 좋은 편.

### 오노 시푸드 Ono Seafood

밥 위에 두 가지의 포케를 골라 주문할 수 있다. 가격도 적당하고 양도 많아서 항상 줄을 서는 포케 맛집이다. 소유 포케와 스파이시 포케가 가장 인기 메뉴.

백악관에서도 꼭 마시는

# 코나 커피

하와이는 전설적인 세계 3대 커피 생산지다. 3대 커피는 자메이카의 블루 마운틴, 예멘의 모카 마타리 그리고 하와이의 코나 커피다. 특히, 미국에서는 오직 하와이에서만 커피가 생산되기 때문에 백악관 공식 만찬 등에 하와이산 코나 커피를 꼭 선보인다고! 아래에서 추천하는 코나 커피 전문점은 카페 자체도 핫하지만 커피 메뉴도 유니크하다. 한번 맛보면 후유증에서 빠져나오기 힘들 정도. 마셔보면 감탄사가 절로 나온다. 아, 이래서 세계 3대 커피구나 무릎을 치게 될 것.

## 나의 코나 커피 원픽은 여기!

### 코나 커피 퍼베이어스 B파티세리
### Kona Coffee Purveyors B Patisseri
진한 코나 커피 에스프레소에 부드러운 아이스크림의 환상적인 콜라보 아포가토.
**홈페이지** konaCoffeepurveyors.com/

### 호놀룰루 커피 Honolulu Coffee
깔끔하고 부드러운 코나 커피가 저렴하기까지. 굿즈가 예쁜 곳으로 소문났다. 호놀룰루 7개 지점, 빅아일랜드 2개 지점, 마우이 2개 지점으로 총 11개 지점이 있다. 와이키키의 모아나 서프라이더 호텔 1층에 위치한 매장이 가장 접근성이 좋다.
**홈페이지** www.honoluluCoffee.com/

### 아일랜드 빈티지 Island Vintage Coffee
코나 커피부터 아사히볼까지 양도 많고 맛도 좋고. 다크 초콜릿과 카라멜이 들어간 라바 모카가 인기. 와이키키, 알라모아나, 할레이바 매장과 마우이, 빅아일랜드까지 총 5개의 지점이 있다.
**홈페이지** www.islandvintageCoffee.com/

### 카이 커피 Kai Coffee
산미가 강한 코나 커피에 달달한 마카다미아 너트 시럽이 올라간 카이 라떼가 시그니처.
**홈페이지** kaiCoffeehawaii.com/

© 하와이 관광청 Heather Goodman

• • •

# 코나 커피

## 코나 커피 벨트 The Kona Coffee Belt

코나 커피가 가장 좋은 퀄리티로 재배되는 지역을 코나 커피 벨트라고 한다. 코나의 '황금 해안'으로 불리는 빅아일랜드의 웨스트 코스트와 평행하게 뻗어있는 땅으로 길이가 약 30마일(50km) 폭이 2~3마일 (3~5km)의 구간이다. 마우나로아 산맥의 낮고 습한 지역인 코나는 기후와 온도 비옥한 땅까지 세계 최고의 커피 자연 재배 조건을 갖추고 있다. 우리가 방문하는 코나 커피농장은 모두 이 코나 커피 벨트 안에 속한 곳으로 농장마다 커피 열매를 가공하고 로스팅하는 방법 수확량에 따라 가격과 맛의 차이가 난다.

## 코나 커피가 익어가는 계절!

코나에 방문하는 시기가 커피가 익어가는 계절이라면 커피 농장 구경에 볼거리가 하나 추가 된다. 키가 작은 커피나무에 빨간 커피콩이 가득 달려있어 가까이서 손으로 직접 만져볼 기회가 생긴다. 그래서 투어를 진행하는 농장은 이 시기에 방문자가 늘어 무척 바빠진다. 무료 농장 투어는 그린웰 팜스Greenwell Farms가 가장 전문적이고 투어시간도 많다.

## 커피 나무의 일 년

1~4월 휴식기
3~5월 꽃이 피는 시기
5~8월 열매가 자라는 시기
8~12월 수확시기
11월 코나 커피 축제 시기 (10~11월이 가장 수확량이 많다.)

## 코나 커피 어디서 살까?

코나 커피농장을 방문하면 농장의 이름을 붙인 코나 커피를 구입할 수 있다.

농장에서 판매하는 커피는 저렴하겠지?라고 생각하겠지만 작은 농장에서 판매하는 커피는 대형 수퍼마켓에서 판매하는 것보다 생산량이 작기 때문에 더 비싸다. 대신 더 신선한 원두를 시음해 보고 구입할 수 있다는 장점이 있다. 포장도 대량 판매하는 제품보다 더 고급스럽다. 가격이 워낙 비싸다 보니 코나 커피 원두를 10%만 넣어 블렌딩한 제품도 시중에 많이 나와 있다. $20 이하의 커피원두는 대부분 코나커피 10%만 들어가 있으니 구입할 때 가격과 블렌딩 비율을 확인할 것.

대량 생산 커피로 유명한 코나 커피 브랜드는 월마트, 돈키호테, 코스트코 등에서 구입이 가능하고 와이키키의 유명 코나 커피 카페에서 카페 브랜드로 커피를 판매하고 있다.

## 추천 브랜드

**라이언** 마트에서 구입 가능  7oz $29.95
**로얄 코나** 농장&마트에서 구입 가능
7oz $29.95.
**물바디** 마트에서 구입 가능 16oz $43.99
**그린웰 팜스 커피** 농장에서 구입 가능
8oz $28
**헤븐리 커피** 농장에서 구입 가능 8oz $44
**코나조 커피** 농장에서 구입 가능 8oz $55
**호놀룰루 커피** 카페에서 구입 가능
12oz $64.95

# 굿모닝!
# 하와이 브런치

브런치가 이렇게도 잘 어울리는 휴양지가 또 있을까. 휴양지에 가면 늦잠과 게으름이 기본이라지만 일분일초가 아쉬운 하와이는 새벽부터 브런치 맛집을 찾아다니느라 바쁜 사람들이 줄은 선다. 알려진 브런치 맛집은 아주 많지만 특색이 강한 브런치 맛집을 골랐다.

## 와이올리 키친 & 베이크 숍
**Waioli Kitchen & Bake Shop**

오아후에서 100년 넘게 자리를 지킨 오래된 카페. 미국식 브런치가 화사하게 서빙된다. 하와이의 화창한 풍경과 어울리는 브런치 메뉴가 가득하다.

**초콜렛 아몬드 크로아상**
Chocolate Almond Croissant

## 하우 트리
**Hau Tree**

카이마나 비치 앞에 바짝 붙은 레스토랑. 키 작은 나무가 감성을 더한다. 미국식 브런치 메뉴가 인기.

**에그 베네딕트** Egg Benedict

### 릴리하 베이커리
**Liliha Bakery**

코코퍼브로 알려진 유명 베이커리. 김치볶음밥부터 다양한 조식 메뉴와 네온 젤리에 찍어먹는 버터 롤 등 메뉴가 유니크하다.

그릴드 버터 롤 & 젤리
Grilled Butter Roll & Jelly

### 오키드 선데이 브런치
**Orchids Sunday Brunch**

할레쿨라니 호텔 오키드 레스토랑의 하이퀄리티 선데이 브런치 뷔페다. 일요일 09:00~14:30에만 운영한다. 할레쿨라니의 인기 있는 메뉴들과 더불어 고급 브런치 메뉴를 선보인다. 1~2달 전부터 예약이 마감되니 예약은 미리 서두를 것.

### 시나몬 레스토랑 카일루아
**Cinammon's Restaurant Kailua**

수십 년간 바뀌지 않는 팬케이크의 시크릿 레시피를 보유한 곳이다. 폭신한 팬케이크가 양도 많아서 만족스럽다. 본점은 카일루아에 있고, 최근 와이키키 일리카이 호텔에도 분점을 오픈했다.

**레드 벨벳 팬케이트** Red Velvet Pancakes
**구아바 쉬폰 팬케이크** Guava Chiffon Pancakes

 **tip**

### 하와이 레스토랑 예약하기
하와이 레스토랑 중 고급 레스토랑, 서버가 서빙을 하는 인기 레스토랑 등은 예약이 일반화되어 있다. 시간을 맞춰 레스토랑을 찾아가야 하는 번거로움은 있지만 여행자가 넘치는 곳이라 예약없이 입장이 안 되는 곳도 있고 워크인으로 가면 하염없이 웨이팅을 하게 될 수도 있다. 꼭 가고 싶은 인기 레스토랑은 미리 예약하는 게 여행 일정을 순조롭게 진행하는 최선의 방법이다.
예약 방법은 Open Table 어플을 이용하거나 구글에서 레스토랑 이름을 써넣어 검색하면 예약하기 URL이 연결된다. 고급 레스토랑은 예약 시 신용카드 정보를 넣어야 하며 노쇼를 하면 패널티가 청구되니 주의할 것.

오리지널 미국 스테이크 장인

# 하와이 4대 스테이크 하우스

'미국' 하면 스테이크가 바로 떠오른다. 미국에서 메인을 차지하는 비율이 가장 높은 메뉴로 고기를 굽는 아주 간단한 요리 방법이지만 고기의 품질, 굽는 방식 등으로 셰프의 실력이 섬세하게 드러난다. 미국인의 스테이크 부심을 느낄 수 있는 레스토랑에서 미국식 스테이크로 화려한 만찬을 즐겨보자.

맛도 분위기도 테마파크
**하이스 스테이크 하우스** Hy's Steak House

입장하는 순간 테마파크에 도착한 줄 알았다! 고풍스럽고 화려한 인테리어가 마음을 사로잡는다. 가격은 높은 편이지만 만족도가 커서 용서해 준다. 자리에 따라서는 직접 스테이크 굽는 모습을 직관할 수 있다. 그 또한 매우 즐거운 경험. USDA 프라임 비프를 맛볼 수 있다. 스테이크 부위와 종류가 다양하다.

프라임 숙성육으로 담백한 스테이크

## 울프강 스테이크 하우스 Wolfgang's Steak House

루스 크리스와 함께 가장 인기 많은 스테이크 하우스이다. 두 레스토랑은 가격이나 맛의 차이가 좀 있다. 사이드 메뉴 가격은 비슷하지만 스테이크 가격은 울프강이 월등히 비싸다. 프라임 등급 숙성육을 사용해서 고기 퀄리티가 한 단계 더 높기 때문. 육질이 훨씬 더 부드럽고 담백한 편이다. 기름기 적은 음식을 즐긴다면 울프강 스테이크를 추천한다.

캐주얼하게 즐기는 진짜 미국식 요리

### TR 파이어 그릴 TR Fire Grill

미국 본토에서 날아온 캐주얼한 다이닝 공간이다. 분위기도 맛도 완벽한 리얼 아메리칸 스타일! 그릴에 구운 고기나 시푸드가 주메뉴다. 적은 양으로 저렴하게 주문할 수 있는 게 이곳의 큰 장점. 사이드 메뉴도 $10 안쪽의 타파스 메뉴가 많아서 다양한 메뉴를 취향껏 맛볼 수 있다. 육즙 가득 품은 훈제 스테이크를 테이블까지 서빙해 주니 감동! 마지막 한 조각까지 질리지 않게 즐길 수 있다.

미국 가장 유명한 체인 스테이크 하우스

### 루스 크리스 Ruth's Chris

미국 스테이크 체인점 중에 가장 유명한 곳 중 하나. 입구부터 기분 좋은 버터 향이 간질간질 식욕을 자극한다. 필레미뇽Filet Mignon 안심 스테이크가 가장 유명하지만, 스테이크 초보라면 꽃등심 부위인 립 아이Rib Eye 스테이크를 미디움으로 주문하면 입에 잘 맞는다. 식사가 끝난 후 입 안을 개운하게 만들어줄 소르베 디저트까지 맛보면 완벽한 디너타임 완성.

# 스테이크 상식

## ● 드라이 에이징 Dry-aging은 뭔가요?

드라이 에이징은 고기 숙성 방법이다. 일정한 수분과 온도, 기간을 가지고 숙성을 시키는데 숙성을 하면 고기의 풍미가 향상되고 부드럽게 변해간다. 드라이 에이징은 기간이 길고 숙성 후 고기의 무게가 가벼워지며 산패된 고기의 바깥 부분을 두껍게 잘라내야 하기 때문에 고가의 비용이 든다. 그래서 고급 스테이크 전문 레스토랑에서 사용하는 숙성 방식이다. 숙성 방법은 스테이크 맛을 좌우하는 레스토랑의 비밀병기이다.

## ● 스테이크 어떻게 구워줄까요?

How would you like your STEAK?

굽기 정도의 용어는 블루 레어《레어《미디엄 레어《미디엄《미디엄 웰던《웰던이다. 웰던으로 갈수록 더 많이 굽는다.

부위나 요리에 따라 더 잘 어울리는 굽기 정도가 있으나 일반적으로 미디엄 레어를 선호한다. 미디엄 레어 정도면 한국인 입맛에 적절하니 기억해 두자. 미디엄 레어!

50% 정도 굽는 것으로 육즙을 잘 잡아주고 안쪽은 부드러운 식감을 만들어낸다. 더 탱탱한 식감, 핏기가 있는 스테이크가 싫다면 미디엄을 주문하면 된다.

## ● 내 입맛에 딱 맞는 스테이크 찾기

**텐더로인** Tenderloin, **필레미뇽** Fillet Mignon `안심`

지방이 적고 담백한 살코기이다. 소고기 부위 중 결이 가장 곱고 부드러운 부위. 기름기가 적은 음식을 좋아하는 사람들에게 추천.

**토마호크** Tomahawk

인디언의 손도끼에서 유래한 이름. 소갈비뼈를 따라 뼈와 고기를 길게 도려낸 부위이다. 꽃등심과 새우살, 늑간살 부위를 한번에 맛볼 수 있다.

**티본 스테이크** T-Bone `등심과 안심`

소의 척추뼈를 가로로 잘라 생긴 T자 모양의 뼈를 중심으로 안심과 채끝 등심이 함께 붙은 부위이다. 티본 중 안심 부분이 더 크게 붙은 스테이크는 포터하우스라고 부른다.

**립 아이** Rib Eye `꽃등심`

가장 지방이 많고 육즙이 가득해 부드럽고 누가 먹어도 맛있다. 스테이크 초보라면 가장 익숙하고 입에도 잘 맞는 메뉴이다.

**뉴욕 스트립** New York Strip `채끝등심`

소등심 중 기름기가 가장 적은 가운데 부위를 자르면 뉴욕주의 지도와 비슷하다 해서 붙여진 이름이다. 마블링과 육질이 조화로워 인기 스테이크 부위이다.

**써로인** Sirloin `채끝`

안심과 갈비 부위의 살을 두툼하게 커팅한 스테이크이다. 마블링이 적어서 안심보다 탄탄하고 담백한 부위이다.

# 명불허전!
# 하와이 명물 햄버거 체인 3

주머니 가벼운 여행자에게도 여행비가 두둑한 여행자에게도 언제나 고마운 메뉴는 햄버거이다. 식욕을 자극하는 화려한 비주얼에 얼굴만큼 커다란 햄버거를 누가 마다할까. 세상에 온갖 맛있는게 다 모인 하와이는 햄버거도 퀄리티가 남다르다. 개인적으로 나만의 빅3 순위를 매겨본다면 쿠아아이나 > 치즈 버거 인 파라다이스 > 테디스 비거 버거 순이다!

### 쿠아아이나 Kua'Aina

시그니처 메뉴인 아보카도 버거를 추천. 마요네즈 외 별다른 소스가 없어 신선한 재료의 맛으로 먹을 수 있는 건강한 버거이다. 얇게 슬라이스한 아보카도가 아니라 커다란 아보카도 반개를 툭! 던져놓은 두둑함이 맘에 쏙 든다. 짭쪼름한 맛을 즐긴다면 베이컨 버거에 파인애플 토핑($0.65)을 추가해서 먹는 것도 좋다. 치즈와 파인애플의 상큼한 밸런스가 좋다. 사이드 메뉴는 많지 않다.

할레이바에 위치 **홈페이지** kua-ainahawaii.com

## 치즈버거 인 파라다이스
Cheese Burger in Paradise

치즈버거가 기본이다. 두툼한 스테이크 하우스 치즈 버거 추천. 버섯과 스위스 치즈, 홈메이드 A1소스가 추가된다. 스테이크 패티의 굽기를 선택할 수 있는데 미디엄으로 구워 나온 패티에 치즈가 녹아 들어 있다. 치즈와 함께 육즙이 팡팡 터지고 보들보들한 식감의 패티가 일품이다. 다른 버거집보다 가격이 비싼 만큼 사이드 메뉴인 프렌치 프라이가 포함되어 있다. 추가 메뉴로는 코코넛 쉬림프를 추천. 탱글탱글한 새우에 크리스피한 코코넛이 입혀진 튀김인데 한번 먹으면 잊을 수 없는 맛이다.

와이키키에 위치
**홈페이지** www.
cheeseburgernation.com

## 테디스 비거 버거
Teddy's Bigger Burger

기본적으로 패티가 두껍고 바비큐 소스나 데리야끼 소스 등 소스가 가득 들어가 소스맛으로 먹는 버거이다. 모든 버거에는 상추, 토마토, 피클, 양파, 그리고 테디스 스페셜 소스가 들어가 있다. 베이컨, 체다치즈, 어니언 링에 매콤한 바비큐 소스가 들어간 킬라우에아 파이어Kilauea Fire 버거를 추천한다. 크기도 압도적으로 크지만 바삭한 어니언 링이 들어가 식감도 좋다. 크게 한 입 베어물면 맵짠의 정석을 느낄 수 있다. 음료가 무제한! 상큼한 프룻펀치 환타와 즐겨볼 것. 사이드 메뉴로는 어니언링이 프렌치프라이보다 압도적으로 맛있다.

총 6곳의 지점 모두 오아후에 위치
**홈페이지** www.teddysbb.com

# 이것이 오션뷰!
# 뷰 맛집 베스트

눈으로 맛보는 미식의 세계. 하와이는 워낙 세계적으로 유명한 스타 셰프가 많이 모인 곳이라 레스토랑의 요리들은 상향 평준화되어 있다. 여기에 뷰까지 더해져 눈으로 입으로 오감을 깨워주는 미식의 세계를 경험할 수 있다. 오늘의 맛집, 어디로 갈지 아직 못 정했다면 가장 예쁜 곳으로 픽! 예약은 필수이다.

## 오키드
Orchids

품격 있는 메뉴와 직원들로 인해 분위기가 더 매력적이다. 다이아몬드 헤드와 와이키키 비치가 보이는 곳이라 브런치 타임이 좋다. 정갈하게 나오는 해산물 요리, 파스타 등을 맛볼 수 있는데 특히 디저트로 코코넛 케이크는 꼭 주문할 것. 하와이 전역에서 최고로 꼽힌다. 할레쿨라니 호텔 1층.

## 아일랜드 브루 커피하우스
Island Brew Coffeehouse

하와이카이 보트가 지나다니는 바닷가 뷰가 펼쳐져 있다. 바다를 풍경 삼아 아기자기한 테라스 카페로 아침마다 강아지를 데리고 운동을 하다가 동네 사람들이 참새 방앗간처럼 들러간다. 아직까지 여행자에겐 히든 스폿! 오전 시간 가벼운 브런치를 하며 물멍하기 좋다.

## 플루메리어 비치 하우스
Plumeria Beach House

브런치, 런치, 디너로 나눠져 있다. 각 오픈 시간과 메뉴가 다르다. 오전에는 카할라 투숙객의 뷔페 레스토랑이라 바쁘긴 하지만 싱그러운 비치의 풍경이 가장 예뻐 오전 시간이 인기 있다. 마카다미아 너트 팬케이크, 아사히 볼 등 하와이안 스타일 브런치 메뉴를 추천한다.

SECOND STEP

## 브라운스 비치 하우스
Brown's Beach House

빅아일랜드 페어몬트 내에 위치한 비치 레스토랑. 다양한 메뉴 특히 해산물 요리가 일품이다. 하루 중 가장 예쁜 저녁 시간만 영업한다. 일몰 시간 이전에 도착해서 여유롭게 비치 산책을 즐기고 해넘이와 라이브 공연도 감상할 것.

## 100 세일즈 레스토랑 & 바
100 Sails Restaurant & Bar

캐주얼한 뷔페 레스토랑이다. 목~일요일만 오픈하는 디너 시푸드 뷔페는 현지인, 여행자 할 것 없이 모두에게 인기. 대게와 참치, 새우, 오징어 등 온갖 해산물로 다양한 요리를 갖춰놓았다. 비용까지 저렴해서 가성비 최고의 오션뷰 맛집으로 추천한다.

# 주머니 가벼워도 괜찮아
# 푸드코트

고급 레스토랑이 즐비한 와이키키지만 입맛 다른 여러 사람과 함께라면 푸드코트만 한 곳이 없다. 로열 하와이안 센터 2층에 위치한 파이나 라나이 푸드코트Pa'ina Lanai Food Court와 알라 모아나 센터 1층의 마카이 마켓 푸드코트Makai Market Food Court가 가장 인기가 많다.

### 한국 메뉴가 다양한 알라모아나 푸드코트
## 마카이 마켓 푸드코트 Makai Market Food Court

하와이의 모든 푸드코트 중 가장 큰 규모를 자랑한다. 모든 종류의 음식이 모여 있는데 냉면, 김밥, 치킨, 비빔밥 등을 파는 한식집이 눈에 띄게 많다. 총 37개의 레스토랑이 입점해 있다.

### 푸드코트도 트렌디하게
## 더 라나이 The Lanai

알라 모아나 센터 다이아몬드 헤드 윙 2층에 있다. 푸드코트의 후발주자로 밝고 트렌디한 인테리어에 쾌적한 테라스 자리가 매력적이다. 마할로 버거, 이야스메 무스비 카페 등 간단하게 포장하기 좋은 메뉴가 많다.

### 와이키키를 대표하는 푸드코트
## 파이나 라나이 푸드코트 Pa'ina Lanai Food Court

로열 하와이안 2층에 위치한 푸드코트이다. 와이키키에서는 가장 저렴하게 식사가 가능한 곳. 포케, 사이민, 말라사다 등 하와이 로컬 푸드가 많다. 총 14곳의 레스토랑이 입점되어 있다.

### 피자 파스타에 맥주 한잔
## 쿠히오 에비뉴 푸드 홀 Kuhio Ave. Food Hall

인터내셔널 마켓 플레이스 1층에 위치한 푸드코트이다. 다른 푸드코트에 비해 규모는 작은 편이지만 쿠히오 에비뉴 거리와 연결되어 있어 드나들기 쉽다. 8곳의 피자, 버거, 라면, 펍 등의 레스토랑이 모여 있다.

하와이에서만 즐기는

# 하와이 인기 맥주

살랑이는 바다 바람, 화려한 일몰, 하늘 높이 쭉쭉 뻗어 올라간 야자수. 하와이의 시그니처 풍경 안에서는 반드시 한 손에 맥주를 들고 있어야 비로소 작품이 완성된다. 하와이 왔으니 하와이 맥주를 즐겨야지. 하와이 맥주 브루어리에서 생산되는 인기 맥주를 소개한다.

### 비키니 블론드 라거 Bikini Blonde Lager

**Brewery** 마우이 브루잉 컴퍼니
**Taste** 산뜻, 부드러움, 가장 대중적인 맥주로 가볍고 부드러운 맛. 호불호 없이 인기 탑이다.
**ABV%** 5.2 / **IBU** 18

### 훌라 헤페바이젠 Hula Hefeweisen

**Brewery** 코나 브루잉 컴퍼니
**Taste** 바나나맛 허브 향. 양조 과정에서 사용되는 특별한 효모에 의해 독특한 향이 난다. 전통적인 바이에른 스타일 맥주이다.
**ABV%** 5.0 / **IBU** 16

### 코코바이젠 Cocoweizen

**Brewery** 호놀룰루 비어웍스
**Taste** 가볍고 트로피컬 아로마 향이 강하다. 구운 코코넛으로 양조한 독일식 에일이다.
**ABV%** 5.5 / **IBU** 14

### 키아위 허니포터 Kiawe Honey Porter

**Brewery**알로하 비어 컴퍼니
**Taste** 꿀과 볶은 초콜릿으로 맛을 낸 허니 포터. 크래프트 비어의 선구자로 불릴 만큼 독특한 맥주 맛을 낸다.
**ABV%** 6.0 / **IBU** 26

# 비치 가는 날!
# 하와이 TO GO!

하와이는 도시락 포장이 기본인 레스토랑이 많다. 대부분 로컬 음식을 판매하는데 하와이 음식은 동양과 서양 음식의 딱 중간 정도 느낌이다. 흰쌀밥 위에 서양 요리 반찬을 먹는 거라 생각하면 된다. 투박한 접시나 일회용기에 담아주니 고급스러움은 없지만 맛이 좋고 양이 많다.

 하와이에서 가장 유명하고 가장 사랑받는 **To Go** 전문점
## 레인보우 드라이브 인 Rainbow Drive in

하와이 로컬 맛집의 터줏대감이다. 이곳에서 영업한 지 100년이 훌쩍 넘었다. 하와이 사람들에겐 산 역사처럼 세월을 함께 해온 곳이다. 하와이 가면 한번씩 먹는 로코모코, 바비큐, 햄버거 등 하와이 음식을 플레이트에 두둑하게 얹어준다. 양은 많고, 가격은 저렴하니 누구나 만족한다. 와이키키에서 가장 가까운 카파훌루 지점이 본점이다. 오아후에 총 4곳의 지점이 있다.

 SNS 하와이 피드용!
## 호놀룰루 비스트로 알라 모아나
Honolulu Bistro Ala Moana

하와이를 상징하는 무지개빛 토스트. 토스트 하나로 하와이에 와 있다 자랑하기 딱 좋은 메뉴이다. 바삭바삭한 토스트 안에 무지개색 모짜렐라 치즈가 주르륵~ 인증샷은 식기 전에 찍는 게 포인트! 알라 모아나 비치 갈 때 도시락용으로 포장하기 좋다.

**tip**

## 인기 도시락 메뉴 3종

▸ **무스비** Musbi
우리에게도 익숙한 무스비! 삼삼 김밥처럼 다양한 재료를 올려서 먹기도 한다.

▸ **로코모코** Loco Moco
로코모코도 일등 메뉴 중 하나이다. 쌀밥 위에 얹어 먹는 햄버거 스테이크와 달걀 프라이는 양도 많고 맛도 있다. 하와이에서 꼭 먹어봐야 하는 현지 음식.

▸ **하와이안 바비큐** Hawaiian BBQ
내가 가장 좋아하는 것은 바비큐 립. 한국의 갈비와 똑같은 맛의 소스다. 보통 비프와 포크, 치킨 중 고를 수 있다. 익숙한 음식에 밥도 두둑하게 담아주니 한 끼가 든든하다.

성공한 체인 도시락집
## L&L 하와이안 바비큐 L&L Hawaiian BBQ

오아후뿐 아니라 모든 이웃 섬에서 가장 흔하게 찾아볼 수 있는 인기 도시락집. 70곳이 훌쩍 넘는 지점이 있다. 게다가 BBQ 비프, 치킨부터 돈가스, 햄버거, 새우튀김, 칼루아 포크 로코모코 등 도시락으로 쌀 수 있는 모든 메뉴가 스탠바이 하고 있으니 하와이 여행 중에 꼭 한 번은 들를 수밖에 없다.

무스비도 골라먹는 재미!
## 무스비 카페 이야스메 Musbi Cafe Iyasume

무스비의 정수를 맛볼 수 있다. 흰쌀밥에 스팸 한 조각만 올린 단순한 무스비 외에 장어, 아보카도, 연어, 계란, 해조류까지 기발하고 독특한 무스비 메뉴가 가득하다. 하와이에서는 잘나가는 무스비 전문점. 와이키키에서는 쿠히오 지점과 와이키키 비치 워크 지점이 들러가기 편하고 종류도 많다.

건강한 재료로 클래식한 하와이언 메뉴를 선보이는
## 하이웨이 인 카카아코 Highway inn Kaka'ako

깔끔하게 차려나오는 하와이안 푸드. 80년 전통의 맛집이다. 하와이 로컬 푸드를 정찬으로 맛볼 수 있다. 도시락으로도 인기가 좋은데 레스토랑에서 먹으면 더 예쁜 플레이팅으로 즐길 수 있다. 다른 곳보다는 조금 가격이 비싼 편이지만 로컬 음식을 세트메뉴처럼 주문해서 먹을 수 있어 편하다.

하와이안 한정식 한차림
## 헬레나스 하와이안 푸드
Helena's Hawaiian Food

칼루아 포크, 로미로미 살몬, 바비큐 립, 포이 등 하와이 전통 음식으로 유명하다. 한국의 한정식집과도 같은 곳이다. 오랫동안 운영하며 하와이 음식 어워드 수상 경력도 화려하다. 도시락으로 포장해가는 사람이 많은데 가장 인기 있는 메뉴가 '숏 립Short Rib'이다. 한국의 양념갈비와 맛도 생김새도 똑같은데 부들부들 아주 맛이 좋다. 쌀밥은 따로 주문해야 한다. 와이키키와 멀리 위치해 있지만 현지인들부터 여행자까지 웨이팅이 길게 늘어서는 곳이다.

# 어여쁜 하와이안 드링크

술을 못하는 사람도 술을 좋아하는 사람도 하와이에선 저녁마다 칵테일을 한잔 놓고 홀짝거리는 게 일이다. 특히 태양이 하루를 기념하는 사람들의 어깨 위로 사뿐히 내려앉는 시간. 선셋을 바라보는 당신에게 눈을 맞추며, '그대 눈동자에 건배!'를 외칠 타이밍이다.

## 파인애플 스무디
### Pineapple Smoothies

파인애플을 바나나 등 다른 과일과 걸쭉하게 그라인드해서 만든 트로피컬 음료. 파인애플의 속을 파내고 넣어주니 예쁘기까지 하다.

라바 플로우

마이 타이

## 라바 플로우 Lava Flow

화산에서 용암이 흘러내리는 모습을 형상화한 하와이 칵테일 럼베이스에 딸기, 파인애플, 코코넛 크림이 들어가 달콤함이 가득하다.

## 마이 타이 Mai Tai

세계에서 가장 유명한 칵테일 중 하나. 타이티 언어로 최고라는 뜻이다. 럼 베이스에 라임 오렌지 파인애플 등으로 열대의 맛을 내고 계절 꽃과 과일로 장식한다.

## 우베 콜라다
Ube Colada (보라색 시럽이 우베)

자색 고구마와 비슷한 우베Ube로 만들었다. 코코넛 밀크, 럼을 믹스해서 피나 콜라다와 비슷하게 묵직하고 달콤한 맛이 난다.

## 하와이안 선
Hawaiian Sun

하와이의 국민 음료. 릴리코이, 리치, 구아바, 오렌지, 망고 등 하와이의 과일 주스이다. 어느 마트에서나 볼 수 있고 가격도 저렴하다.

## 하와이 코코넛 워터
Wai Koko Coconut Water

전쟁 시기에는 수액으로 쓰일 만큼 몸에 좋다는 퓨어 코코넛 워터를 담았다. 맛은 밍밍하지만 해가 쨍쨍할 때 시원하게 마시면 수분 보충에 좋다.

## 콜로아 하와이 럼 펀치

사탕수수를 재배했던 하와이에는 럼이 들어간 칵테일이 많다. 하와이 프리미엄 럼에 트로피컬 과일 맛을 더했다. 슈퍼마켓에서 쉽게 구입해서 마실 수 있다.

# 🛒 하와이의 쇼핑

# Made in
# HAWAII

Made in Hawaii

우리 집에 쟁여놓고 싶은 하와이 쇼핑템들이 너무 많다. 하와이에서 자라는 온갖 것들로 만들어진 내추럴 제품들도 우리 집 주방에 가득 채워놓고 싶다. 곳곳에 위치한 마트, 편의점 등에서 쉽게 구입할 수 있는 하와이 쇼핑 아이템은 뭐가 있을까?

# 가볍게 선물하기 좋은 아이템

### 마카다미아 너트
하와이 빅아일랜드 마카다미아너트는 미국 전 지역에서 가장 맛있고 생산량이 많다.

### 구아바 팬케이크 가루
한국에서 보기 힘든 아이템. 가볍게 선물용으로 구입하기 좋다. 맛은 일반 팬케이크와 비슷하다.

### 마카다미아 너트 초콜릿
마카다미아 너트가 들어간 밀크 초콜릿. 너트보다 더 인기다. 마카다미아 너트 민트 초콜릿도 있다.

### 꿀
좋은 환경에서 자란 건강한 벌이 꿀도 잘 생산한다. 마노아 꿀은 순수한 프리미엄 꿀을 예쁜 곰돌이 병에 넣어 더욱 인기다.

### 마우이 와인
마우이를 여행한 사람만 구입할 수 있는 마우이 와인. 생산량이 많지 않아 구입할 수 있는 곳이 한정적이다.

### 코코넛 시럽
야자나무 꽃의 꿀로 만든 시럽이다. 천연 감미료로 베이킹, 커피, 칵테일 등 각종 요리에 활용할 수 있다.

### 망고 버터
꿀과 달걀, 망고를 넣어 부드러운 농도의 망고 버터. 상큼한 망고 향과 풍부한 버터의 풍미가 살아 있다.

### 오가닉 오일
하와이 식물, 꽃으로 만든 100% 천연 오일이다. 믿을 만하다.

### 네임텍
캐리어를 만질 때마다 하와이 여행 추억이 새록새록 되살아난다.

### 티 코스터
선물하기도 좋고 우리 집 주방에 놓기도 좋다.

### 크리스마스 오너먼트
하와이와 산타클로스가 합쳐진 하와이 산타. 보기만 해도 기분이 좋아지는 아이템이다.

# 명품부터
## 아웃렛까지
### 원하는 건 다 있다

## 대형 쇼핑몰

하와이 여행 준비할 때는 '쇼핑의 날'을 정해둘 것. 마음을 단단히 먹고 가지 않는다면 쇼핑의 늪으로 빠져버리는 일이 다반사. 곳곳에 화려함과 예쁨으로 똘똘 무장한 하와이는 구경하는 맛도 좋지만 우리의 지갑을 쉽게 털어가는 마법을 부린다. 탈탈 털리는 것도 행복이라면 어쩔 수 없지만 미리 준비하고 계획하면 더 알뜰하게 쇼핑할 수 있다.

온종일 돌아도 부족해!
## 알라 모아나 센터 Ala Moana Center

쇼핑만을 위한 하루를 원한다면 이곳으로! 하와이 최대 쇼핑센터라고 할 수 있다. 하와이 로컬 브랜드를 시작으로 중저가 브랜드, 샤넬, 티파니, 론진 등의 인기 고가 브랜드까지 80개의 레스토랑을 포함해 360여 개 매장이 입점해 있고, 무료 주차장은 11,000대 이상의 차를 수용할 수 있으니 그 크기를 상상하기도 힘들 정도. 주차를 했다면 주차 위치는 꼭 확인해 두어야 한다.

어떤 매장에 들를 것인지 미리 체크하지 않고 무작정 돌아다니면 물건을 사기도 전에 지쳐버릴 수 있으니, 로비 중앙에 있는 안내 데스크에서 쇼핑몰 지도부터 챙기는 것이 좋다.

쇼핑광이라면 주목!
## 와이켈레 프리미엄 아웃렛 Waikele Premium Outlets

쇼핑하라, 오늘이 마지막인 것처럼! 와이키키에서 북서쪽으로 약 40분 떨어진 와이켈레 프리미엄 아웃렛에는 오늘이 지나면 다시는 쇼핑하지 못할 것처럼 쇼핑에 열을 올리는 사람들이 많다. 하와이에서 가장 인기 있는 아웃렛 쇼핑센터. 할인에 할인을 더하는 빅세일에는 열정적인 쇼퍼들의 마음이 백번 이해된다.

짧은 일정으로 하와이를 방문할 때 온전히 하루를 쇼핑에만 투자하는 것이 부담스러울 수 있다. 이 경우 미리 방문할 브랜드의 매장을 체크하여 시간을 절약하도록 하자.

칼라카우아를 걷다 잠시 멈춤

# 로열 하와이안 센터 Royal Hawaiian Center

와이키키 칼라카우아 에비뉴 세 블록에 걸쳐 있는 쇼핑센터이다. 몰은 4층까지 있는데 1~2층은 명품 브랜드 매장, 2~3층은 유명 맛집, 4층은 공연장으로 구성되어 있다. 에르메스, 티파니앤코, 까르띠에, 페라가모, 펜디 등 최고급 명품 브랜드가 입점되어 있어 칼라카우아 에비뉴를 명품 거리로 만드는 데에 일조했다. 여행 중 한 번쯤 들러가는 울프강 스테이크 하우스, 아일랜드 빈티지 커피, 츄루 동탄 같은 유명 맛집도 모여 있고, 호텔과 몰이 붙어 있어 걷다 보면 와이키키 비치로 자연스레 연결된다. 커다란 나무 그늘 아래서 쉬어가기도 좋고 훌라나 우크렐레, 레이 만들기 등의 무료 클래스에 참여해도 좋다.

와이키키의 역사를 간직한,

# 인터내셔널 마켓 플레이스 International Market Place

2013년까지 하와이 현지 분위기를 간직한 재래시장이자 필수 여행 코스였던 인터내셔널 마켓 플레이스가 와이키키의 새로운 랜드마크이자 럭셔리한 쇼핑몰로 완벽 변신했다. 오래전 하와이를 방문했다면 가장 눈에 띄게 달라진 모습이 이곳일 터. 쟁쟁한 명품 브랜드로 가득한 와이키키 수많은 쇼핑몰 사이에서도 꿋꿋하게 현지 색을 가졌던 예전 모습은 사라졌지만, 1850년부터 몰 중앙에 자리 잡아 온 반얀트리만은 남아 있다. 쇼핑도 좋지만 매일 다양한 공연과 이벤트가 벌어지는 엔터테인먼트 장소로 자리매김했다. 릴라하 베이커리, 헤링본 등 유명 다이닝 레스토랑과 와이키키의 가장 핫한 브랜드가 입점해 있다. 좋으나 싫으나 한 번은 들러가는 필수 코스인 것은 예나 지금이나 마찬가지! 와이키키가 휴양지로 발돋움한 70년의 세월을 함께 해온 진정한 명소다. 몰에서 쇼핑이나 식사 후 주차도장을 받으면 주차 할인을 받을 수 있다.

# 할인에
# 할인을 거듭하는
# 아웃렛

미국 여행 좀 다녀봤다 하는 사람들은 다들 알 만한 소규모 아웃렛. 노드스트롬 랙, 타겟, 로스가 하와이에도 있다. 세 아웃렛은 모두 이월상품을 크게 할인하는 곳인데 각기 다른 특징이 있다. 공통점이라면 내 스타일에 맞는 제품을 잘 골라내는 능력이 필요하다는 것. 쇼핑의 기술을 발휘해 보자.

이 세 곳은 하와이뿐 아니라 미국 전역에서 사랑받는 진정한 아웃렛 쇼핑몰이다. 정상가의 50~80% 세일은 기본. 옷을 비롯한 신발, 가방, 시계, 향수, 주방용품, 소가구 등 품목도 없는 게 없다. 엄청난 양의 물건들이 진열대를 가득 채우고 있다. 아웃렛 쇼핑을 즐기는 사람들에겐 쉽게 보물을 찾을 수 있는 창고 같다. 갈 때마다 진열품이 바뀌어 있어 가도 가도 질리지 않는다. 타겟은 거의 아웃렛 백화점 수준이다.

이 세 곳에서 간단히 입을 티셔츠나 트레이닝복 혹은 가방류를 사기 좋다. 가장 찾기 쉽고 성공 확률도 높기 때문. 일반 매장에서 족히 $100은 줘야 하는 트레이닝복을 $20대 가격에 득템하는 행운을 누려보자. 노드스트롬 랙에서는 향수나 가볍게 사용할 저가 브랜드 가방, 그리고 아기용품 역시 눈여겨봐야 할 품목이다. 로스에서는 각종 간식이나 시즈닝 코너 등 생각지 못한 곳에서 기쁨을 누리기도 한다.

로스는 와이키키와 알라 모아나 센터, 다운타운 등에 지점이 있으며, 노드스트롬 랙은 와이키키와 워드 빌리지에, 타겟은 알라 모아나 지점이 가장 넓다. 와이키키에서 멀어질수록 여행자가 적고 물건 보유량이 많다는 것이 핵심이다.

### 노드스트롬 백화점 아웃렛
# 노드스트롬 랙 Nordstrom Rack

노드스트롬 랙은 미국 백화점인 노드스트롬의 이월상품을 판매하는 곳이다. 백화점에 들어갔던, 퀄리티가 꽤 괜찮은 브랜드 제품이 크게 할인되어 나온다. 이월상품이라 항상 일정하지는 않지만 버버리, 토리버치, 콜럼비아, 랄프로렌 등 한국 사람들에게 인기 있는 브랜드가 자주 등장하며 할인 폭도 40~70%로 크다. TJ 맥스, 로스 등 비슷한 몇 곳의 아웃렛을 비교하자면 비교적 신상품이 많고 브랜드도 다양해서 성공 확률이 가장 높다. 물건 회전이 빠른 것도 장점!

**Nordstrom Rack**
① **주소** 1170 Auahi St, Honolulu
② **주소** 2255 Kuhio Ave. Honolulu
**홈페이지** www.nordstrom.com

### 골라잡기 신공을 발휘하자
# 로스 Ross

명품이나 백화점 쇼핑을 즐기는 사람들은 로스를 갔다가 여기서 뭘 고르라는 말이냐 타박을 한다. 아웃렛 중에서도 가장 싼 제품이 산더미처럼 쌓인 곳이 로스이다. 아웃렛 쇼핑을 즐기는 사람들에겐 골라잡기의 신공을 발휘할 시간이다. 사람마다 쇼핑하는 아이템은 다르지만 성공 확률이 높은 제품은 트레이닝 복, 가볍게 들기 좋은 백, 캐리어 등이다. 그 외에도 간식, 주방용품, 신발 등도 둘러볼 만하다. 다운타운이나 알라모아나 지점이 쇼핑하기 더 좋다.

**Ross**
① **주소** 333 Seaside Ave, Honolulu
② **주소** 333 Seaside Ave, Honolulu
**홈페이지** www.rossstores.com

### 먹거리부터 기념품까지!
# 타겟 Target

아웃렛의 급을 따지자면 타겟은 노드스트롬과 로스의 중간 정도이다. 노드스르롬 랙보다 브랜드가 적고 가격은 더 저렴하다. 판매하는 제품의 폭은 더 넓다. 식품과 기념품, 의류, 액세서리 외에 주방용품, 가정용품까지 쇼핑이 가능하다. 의류 브랜드는 폴로, 타미, 나이키 아이다스, 유아복과 토이 브랜드가 많은 편인데 자질구레한 게 많아서 고르는 데 시간이 좀 걸린다. 애견용품도 많다. 알라 모아나 매장이 주차도 편하고 규모도 큰 편.

**Target**
① **주소** 1450 Ala Moana Blvd.
② **주소** 2345 Kuhio Ave.
**홈페이지** www.target.com

# 이런 브랜드
# 더 욕심나!
# 하와이 추천 브랜드

오로지 하와이에서만 구입이 가능한 것들 하와이에서 성장한 브랜드가 있다. 남들 다 있는 똑같은 물건 말고 나만 가질 수 있는 하와이 브랜드 숍에서 개성 있는 쇼핑을 즐겨보자. 홈데코 용품, 코스메틱, 의류, 소품, 먹거리까지 하와이 바이브 가득한 아이템이 많다. 쇼핑은 하와이 여행의 또 다른 묘미!

 **쇼핑 욕구 팍팍! 우리 집으로 다 옮겨놓고 싶은 것들**
**소하 리빙** Soha Living

하와이에서 생산되는 모든 제품을 판매한다. 인테리어 데코 용품이 가장 눈에 띄고 하와이 향기가 가득 담긴 작은 패션 제품과 간식, 티 등 먹거리도 있다. 거리에 늘어선 기념품 숍과는 한끗 다른 소하만의 디자인으로 하와이 쇼핑숍 최고의 인기를 누리는 중. 와이키키 외 오아후에 여러 곳 있고, 마우이, 카우아이, 빅아일랜드 등 이웃 섬까지 10개 지점을 보유하고 있다.

### 하와이에서 가장 인정 받는 천연 코스메틱
## 말리에 Malie

하와이의 희귀 식물 및 천연 자연으로 만들어진 스파&코스메틱 브랜드이다. 하와이 토종 식물의 순수함만 모아 럭셔리 올가닉 제품을 출시했다. 가격은 작은 오일이 $45 정도로 높은 편이지만 하와이에서 가장 뛰어난 코스메틱 등급으로 특급 호텔의 어메니티로 셀렉되기도 한다. 쿠쿠이, 히비스커스, 플루메리어, 코코넛 등을 이용한 오일, 샴푸, 향수, 바디폴리쉬 등이 주된 제품인데 샴푸와 오일이 가장 인기가 많다. 한 번 사용해 본 사람은 꼭 다시 찾게 된다.

### 가장 트렌디한 하와이안 셔츠
## 토리 리차드 Tori Richard

1953년 본토에서 성공한 디자이너 Mont Feldman가 하와이에 정착하며 생겨난 브랜드이다. 하와이에서 드레스업 하는 날 입는 하와이안 셔츠를 조금더 세련되게 만들어 보자고 시작한 일이 지금의 토리 리차드가 되었다. 가장 좋은 원단에 디테일을 살린 프린트로 한 장 한 장 만들어내는 셔츠. 독창적인 디자인과 톤 다운된 스타일로 한국에서도 입을 수 있는 하와이안 셔츠를 구입할 수 있다. 남성, 여성의류가 있지만 남성용 셔츠가 메인이다. 대형 쇼핑몰마다 대부분 입점되어 있다.

### 이건 꼭 사야 돼!
## 호놀룰루 쿠키 컴퍼니
Honolulu Cookie company

파인애플 쿠키로 이미 한국에도 입소문이 자자한 수제쿠키이다. 파인애플 모양도 예쁘지만 달달하고 부드러운 쿠키의 맛은 이미 하와이를 평정했다. 파파야, 코나 커피, 화이트 초콜릿 등 다양한 맛을 골라 담을 수 있고 선물용 틴박스가 너무 사랑스러워서 도저히 안 살 수가 없는 것! 먹어보면 손을 뗄 수 없는 마약 같은 쿠키로 욕심이 나는 쇼핑템이다. 와이키키에 가장 매장이 많다. 공항, 코스트코에서도 구입이 가능하나 종류가 적다.

스누피는 할레이바에서 휴가 중
## 스누피 서프 숍 Snoopy's Surf Shop

스누피 캐릭터 매니아를 위한 숍. 하와이 서핑의 성지인 할레
이바에 오픈한 이후 할레이바의 새로운 랜드마크가 되었다.
서핑을 하거나, 하와이 여행을 즐기는 스누피와 친구들 캐릭
터가 캐릭터가 너무 귀엽다. 안 살 수 없는 마성을 가졌다. 워
낙 일본인에게 인기가 많아 일본 지역에는 스누피 서프숍 차
가 스넥카처럼 일본 지역 곳곳을 돌아다닐 정도이다.

잘 팔리는 하와이 티셔츠!
## 크레이지 셔츠 Crazy Shirts

가장 유명한 하와이발 브랜드. 여행자가 모이는 곳이라면 어
김없이 크레이지 셔츠 매장이 있다. 1964년 창업 이래 하와
이 로컬 숍 중 가장 성공한 브랜드로 자리매김했다. 시즌마
다 새로 출시되는 신상과 스테디 셀러를 지속적으로 갖추어
놓다 보니 매장은 늘 잘 팔리는 디자인의 티셔츠로 가득하
다. 하와이의 천연 재료 코나 커피, 코코넛, 라벤더, 맥주,
블루베리 등을 이용하여 티셔츠의 색을 내는 게 특징이다.

하와이에 상륙한 무민
## 무민 숍 Moomin Shop Hawaii

핀란드를 대표하는 사랑스러운 캐릭터 무민이 하와
이에 상륙했다. 하와이에서만 볼 수 있는 리미티드
에디션 제품을 판매하는 숍이다. 지인이나 선물용
으로도 괜찮은 티셔츠, 에코백, 학용품 등 가볍게
살 수 있는 제품이 많다. 매장 안에 자유롭게 사진
을 찍을 수 있는 포토존을 만들어 두었다. 알라 모
아나 센터 3층에 매장이 있다.

### 엄마와 아이, 사랑스런 커플룩
## 블루 진저 Blue Ginger

블루 진저는 와이키키 비치 워크의 수많은 가게들 중에서도 단연 눈에 띈다. 밝은 컬러의 디자인과 시원한 소재의 원단을 사용하는 이곳은 특히 아이 옷이 예쁘다. 대부분 원피스는 엄마와 커플룩으로 출시되었다. 하와이에서 리조트룩으로 구입하기 딱이다. 힐튼 하와이안 빌리지점도 있으며, 마우이, 카우아이, 빅아일랜드에도 매장이 있다.

### 세상에 단 하나뿐! 커스텀 인테리어 소품
## 코코네네 CocoNene

로컬 예술가들이 만들어낸 하와이 브랜드. 유니크한 커스텀 인테리어 소품을 쇼핑할 수 있다. 기존에 만들어진 우드 캐릭터나 액자를 우드 보드판에 세워 나만의 디자인으로 만드는 것. 독창적이고 예쁜 기념품이라 선물용으로도 안성맞춤이다. 세상에 단 하나뿐인 나만의 기념품을 만들어보자. 인터내셔널 마켓 플레이스, 알라 모아나 센터, 카할라몰, 카폴레이 및 마우이에도 매장이 있다.

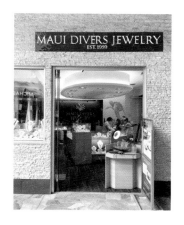

### 다이버들 주얼리에 담은 바닷속 세상
## 마우이 다이버스 주얼리
Maui Divers Jewelry

하와이에서 다이빙을 하던 다이버로부터 시작된 주얼리 브랜드이다. 다이빙과 주얼리, 교집합이 없어 보이지만 다이버가 경험한 바닷속 세상이 주얼리로 구현되었다. 만타, 거북이, 해마 등 바닷속을 시작으로 플루메리어, 몬스테라 등 하와이의 모든 자연을 담아낸 주얼리 브랜드이다. 여행 후 돌아와서 착용하면 어? 이런 건 어디서 살 수 있어? 라는 질문을 자주 받게 될 레어템이 많다.

# 먹거리부터
# 기념품까지,
# 슈퍼마켓 쇼핑

현지인처럼 쇼핑하는 방법! 슈퍼마켓의 꿀잼이다. 현지 사람들이 먹고 사는 일상의 모습도 구경할 수 있고 더불어 여행자들이 필요한 모든 것들이 저렴하게 구비되어 있으니 어찌 사랑하지 않을 수가 있겠어? 식품을 찾는다면 홀푸드마켓으로, 기념품과 간단한 먹거리를 찾는다면 돈키호테, 월마트로, 당장 필요한 것만 급히 산다면 편의점 ABC 스토어로 달려갈 것.

**tip**

마트나 슈퍼마켓은 섬마다 지점이 워낙 많아 QR코드는 생략한다. 자신의 여행 동선에서 가까운 곳으로 구글 검색하여 찾아가면 된다. 가급적 영문명과 섬 이름을 함께 검색, 확인하자.

### 하와이 슈퍼마켓의 대명사
## 돈키호테 Don Quijote

일본의 돈키호테? 맞다. 하와이 알라 모아나에도 같은 돈키호테가 있다. 다만 하와이 돈키호테는 하와이 색깔이 강하다. 대형 슈퍼마켓 느낌이다. 하와이 여행을 오면 누구나 구입하는 초콜릿, 너트, 팬케이크 파우더, 코코넛 시럽 등의 먹거리부터 엽서, 자석, 파우치 등의 기념품, 당장 하와이 여행 중 필요한 물건, 내일 아침에 조식으로 먹을 열대과일과 한식에 목마른 사람들을 위한 라면, 김치, 한식 조리식품까지 필요한 건 뭐든 다 있다. 게다가 종류도 그 어떤 슈퍼마켓보다 많다. 24시간 영업이라 밤에 한가로이 쇼핑하기도 좋다. 하와이에서 오래 지내다 보면 돈키호테가 있어 얼마나 고마운지. 하와이 생활에 생명수 같은 곳이다.

**여행자들의 천국!**

# 월마트 Walmart

하와이에서 새로운 사람을 만날 때마다 어느 슈퍼마켓을 다니는
지 묻곤 했는데, 그때마다 다들 월마트를 꼽았다. 작은 단위로 물
건을 살 때 가격이 제일 싸고, 많은 종류의 물건이 있다는 이유
다. 게다가 질 좋은 제품이 다양하게 진열되어 있으며, 약속 장소
로도 쓸모 있다.

하와이 최고의 기념품인 마카다미아 초콜릿과 코나 커피가 많이
팔린다. 하와이에선 어느 슈퍼마켓에 가나 이 두 품목이 가장 눈
에 띄게 진열되어 있지만, 많은 슈퍼마켓을 다니며 비교한 결과 작
은 포장 단위는 월마트가 가장 저렴하다. 하와이 향이 가득한 엽
서, 티 코스터, 악세사리 등 종류도 많다. 또 다른 추천 제품은 한
국에 비해 저렴한 헤어 용품과 바디로션. 아이가 있다면 디즈니 밴
드도 인기 상품이다. 도시락이나 채소, 정육, 과일 등 식품의 가짓
수가 적다는 점을 제외하고는 완벽한 쇼핑 장소! 월마트만큼 저렴
한 슈퍼마켓 타겟Target도 인기니 같이 들러보자. 오아후뿐 아니
라 이웃 섬에도 공항 근처에 위치해 있다.

### 창고형 대형 쇼핑몰

# 코스트코 Costco

우리나라에도 여러 지점을 가진 코스트코! 무엇이든 가장 저렴하
게 물건을 살 수 있는 창고형 마트다. 단, 연회비를 내고 가입하
는 회원카드를 소지하거나 회원카드가 있는 사람과 동행해야만
입장이 가능하다. 코스트코 회원은 아니지만 하와이에서 코스트
코를 갈 계획이라면 한국에서 미리 회원가입을 하고 가는 게 좋
다. 더 저렴하고 간편하다. 모든 관광객이 기념품으로 사는 마카
다미아 너트, 초콜릿 그리고 코나 커피를 큰 포장 단위로 판매하
기 때문에 월마트에 비해 할인율이 월등히 높다. 마카다미아 너
트와 초콜릿 같은 경우 20% 이상 저렴하다고 생각하면 된다. 코
스트코 옆에는 코스트코 주유소가 항상 같이 있는데 하와이에서
가장 저렴하게 주유할 수 있다. 시내 쪽보다 10% 이상 저렴하
다. 주유소 역시 코스트코 회원 카드가 있어야만 주유가 가능하
며 코스트코 마켓은 현금 혹은 VISA 카드만 결제가 가능하고 주
유소는 VISA 카드만 사용 가능하다. 카우아이, 마우이, 빅아일
랜드 공항 근처에도 매장이 있다.

오아후 4개, 마우이 1개, 빅아일랜드 1개, 카우아이 1개

### 뭘 골라잡아도 평균 이상
# 홀푸드마켓 Whole Food Market

미국 전역에 있는 유기농 푸드 전문 마트다. 하와이에서도 인기 푸드 마트로 자리를 잡았다. 마트의 분위기도 음식도 트렌디하다. 제품을 보면 유행하는 음식이 눈에 읽힌다. 홀푸드마켓의 음식은 다른 슈퍼마켓보다 좀더 비싸지만 무엇을 골라잡아도 퀄리티가 보장된다. 간단한 도시락부터 신선한 포케 비비큐 고기 케이크 반조리식품 등 모든 종류의 음식이 다 있다. 너무 종류가 많아서 뭘 골라야 할지 모르겠다면 'LOCAL'이라고 쓰인 하와이 식품을 공략할 것. 대부분 여행자들이 하와이에서 먹고 싶고 사고 싶어 하는 것들이다. 그 외에 '365'라고 적힌 브랜드는 홀푸드마켓 전용 상품이다. 웬만한 것들은 평균 이상의 맛과 퀄리티니 믿고 구입해도 된다. 알라 모아나 워드 센터, 카할라, 카일루아 그리고 마우이에도 지점이 있다. 오아후 4개, 마우이 1개

### 곳곳에 있어 편리한 베스트 마트!
# ABC 스토어 ABC Stores

ABC 스토어는 하와이 전역에서 쉽게 볼 수 있는 편의점이다. 특히 와이키키에는 블록마다 ABC 스토어를 끼고 있다. 대형 마트들에 비해 가격은 다소 비싸지만 비치에서 놀다가 목이라도 축일 생각이라면 이곳으로 뛰어들어가면 된다. 샌드위치, 주먹밥, 스시 같은 간식거리와 마카다미아 초콜릿, 코나 커피, 코코넛 와인, 비누 등과 같은 기념품, 현지에서 바로 사용할 수 있는 각종 비치용품과 수영복 등 실속 있는 쇼핑이 가능하다. 와이키키 비치 워크 임페리얼 호텔 아래 위치한 ABC 스토어 델리는 푸드 코너가 따로 있어 식사도 가능하고 제품 종류도 가장 많다. 오아후 43개, 마우이 10개, 빅아일랜드 5개, 카우아이 5개

# 하와이
# 로컬 스타일
# 파머스 마켓

하와이는 크고 작은 파머스마켓이 곳곳에 있다. 직접 키운 채소나 과일, 직접 만든 음식을 판다. 간혹 스왑(교환)마켓으로 중고 장터가 열리기도 한다. 딱 농촌의 정서가 담겨 있어 소박하고 즐겁다. 동네 사람들이 모여서 하는 마켓은 규모도 작고 단발성 행사가 많다. 오픈 시간도 짧은 편이니 시간을 잘 체크하자.

꿀잼! 하와이의 소소한 재래시장 구경

# KCC 파머스 마켓 KCC Famer's Market 오아후

오아후에서 가장 큰 규모의 파머스 마켓으로 60점포 이상이 참여한다. 일주일에 딱 하루 토요일 오전에만 열린다. 매주 토요일 오전이면 다이아몬드 헤드 입구 쪽인 카피올라니 대학Kapiolani Community College 내 주차장이 북적북적. 현지인에게는 한 끼 식사로 좋은 음식과 신선한 과일주스가 인기. 현지인들이 직접 키운 과일과 꿀, 채소 등을 팔고 사는 재래시장이다. 외국의 시장 문화를 구경하는 재미와 더불어 한 끼 저렴하고 맛있게 먹는 재미로 다녀오기 좋다. 일주일에 딱 하루 토요일 07:30~11:00 이 시간에만 열린다.

### 동네 아티스트들의 손맛 구경
## 마우이 스왑미트 Maui Swap Meet 　마우이

수공예품이나 동네 작가의 미술 작품이 돋보이는 곳이다. 아니 이런 곳에 있긴 아까운 작품인데? 라며 발걸음을 멈추게 하는 근사한 회화 작품부터 아기자기한 소품, 어딘가 동남아스러운 소소한 기념품까지 구경하는 재미가 쏠쏠하다. 현지 과일과 간단한 먹거리도 있는데 과일이 탐나게 저렴한 편. 꽤 넓고 볼게 많아 슬슬 걷다 보면 두어 시간이 후딱 흐른다. 주차는 무료이나 50¢의 입장료가 있다. 매주 토요일 07:00~13:00에 열린다.


### 착한 시골 장터
## 힐로 파머스 마켓 Hilo Farmer's Market 　빅아일랜드

빅아일랜드의 가장 활기찬 야외 시장이다. 힐로 타운 안에 위치해 있고 매일 오픈(07:00~15:00)해서 언제라도 가기 쉽다. 힐로에서 직접 재배한 채소, 과일, 마카다미아 등 먹거리를 판매한다. 옷과 액서서리 등도 있어 구경하는 재미가 좋다. 물가 비싼 하와이에서 가격까지 착한 시장. 일찍 갈수록 좋은 물건이 많다.

# • • •
# 환율과 관세가 관건이다

## 하와이의 명품 쇼핑, 할까 말까?

쇼핑을 즐기는 사람들이 가장 궁금해 하는 것은 '하와이 명품, 저렴한가?' 이다. 명품 브랜드 쇼핑한 여행자들의 여러 후기를 보면 브랜드에 따라 재미를 본 사람들, 환율 때문에 재미가 없었던 사람들, 신상품이 있어 행복했던 사람들 등 다양한 뒷이야기가 있다.

하와이 명품 쇼핑은 세일과 환율, 브랜드에 따라 할 것인지 말 것인지를 결정해야 한다.

## 하와이 명품 브랜드 쇼핑의 장점

### 체크포인트 1

한국처럼 오픈런을 하지 않아도 된다. 여유로운 쇼핑이 가능하다. 샤넬부터 루이비통까지 매장에서 자유롭게 제품을 구경할 수 있다. 원하는 디자인 모두 원하는 만큼 친절히 보여준다. 신상이 한국보다 먼저 들어와서 신상털이 쇼핑도 가능하다.

한국에서 대기 걸어야 하는 에르메스나 샤넬 백도 바로 구할 가능성이 크다. 또한 한국에서는 구하기 힘든 인기 디자인도 종종 있는 편이다. 제품 보유량이 한국보다 훨씬 좋다.

브랜드별 미국 공홈에 올라온 가격보다 약간 저렴한 하와이 프라이스가 적용되고 본토보다 주세(4.8%)가 저렴하다. 간혹 하와이 리미티드 제품이 출시된다.

## 체크포인트 2

장점을 잘 캐치해서 쇼핑을 한다면 남들과는 다른 명품 득템의 기회가 있으나 주의해야 할 사항도 있다. 환율이 치솟는다면 아무리 하와이 프라이스가 적용되었다 한들 한국보다 비쌀 수밖에 없는 현실. 환율을 잘 따져보고 쇼핑해야 한다. 또한 한국으로 입국할 때 관세를 내야 하는 것도 계산을 해봐야 한다.

### 관세 계산 방법

$800까지는 면세로 적용이 된다.

'쇼핑 금액-$800'에 20%가 관세인데 공항에서 자진신고를 한다면 관세의 30%를 감면해 준다. 예를 들어 $1,000의 쇼핑을 했다면, $1,000-$800=$200. $200에 관세는 20% 즉, $40이다. $40에서 30% 감면을 받게 되면 실제로 내는 관세는 $28 이다. 납부는 신용카드, 계좌이체, 현금 납부 등 원하는 대로 가능하다. 현지에서 자질구레한 것들을 사고 먹고 쓴 여행비는 포함이 되지 않는다. 고가의 제품들에 적용이 되는 것이고 자진신고를 하지 않을 시 원래 관세에 가산세가 붙어 나오니 명품 브랜드에서 쇼핑을 할 경우는 관세까지 계산을 해봐야 한다.

## 체크포인트 3

세일 기간을 확인하자. 하와이에서 쇼핑할 때는 세일 상품 혹은 세일 기간 위주로 공략하자. 명품 브랜드는 정식 세일 문구를 크게 걸지 않지만 시즌 오프, 연말 세일 등에는 세일 상품이 종종 있다. 세일 상품이나 할인율은 브랜드에 따라 다르지만 주얼리 10%, 슈즈 7% 등의 세일 상품이 종종 등장한다. 세일 기간에 방문했다면 세일 문구가 없어도 슬쩍 물어보자. 세일 상품이 있는지.

### 하와이의 세일 기간

1월 뉴이어, 2월 시즌 오프, 7월 독립기념일, 8월 시즌 오프, 11월 추수감사절과 블랙프라이데이, 12월 연말 세일을 대대적으로 진행한다.

## 체크포인트 4

바비브라운, 맥, 키엘, 에스티로더 등의 코스메틱 브랜드는 한국 면세점이 더 이득이다. 한국 면세점 할인과 쿠폰을 이용하는 것이 가장 저렴하다는 것. 한국 면세점 할인을 적극 활용하자. 하와이에서 막연히 명품 쇼핑을 상상하고 간 여행자들은 실망이라거나 살게 없다는 말도 종종 내뱉곤 한다. 그 마음을 아웃렛이 대신 해주고 있으니 하와에서 꼭 사야 하는 명품 브랜드가 있는 게 아니라면 눈높이를 살짝 낮춰서 쇼핑을 하라고 권하고 싶다. 아웃렛은 그 어느 곳보다 저렴한 쇼핑이 가능하다.

# 하와이의 숙박

클라우드 나인! 하와이에서도 못 참지!

# 럭셔리 호캉스

하와이 물가가 하늘 높은 줄 모르고 치솟는 요즘, 가장 폭넓게 오른 것이 바로 호텔 요금이다. 그 이유 중 하나는 럭셔리 호캉스가 여행 트렌드로 자리 잡으며 값비싼 호텔이 더 예약률이 높아졌기 때문이다. 그래서 평범했던 호텔도 앞다투어 여러 가지 리조트 시설을 추가하며 럭셔리 호텔 리스트에 이름을 올리고 있다. 호텔 요금은 비싸졌지만 그 이상의 고품격 시설과 서비스가 있다. 남다른 품격이 있는 하와이의 럭셔리 리조트는 천국을 걷는 듯한 기분, 그야말로 클라우드 나인이다.

**꿈꾸던 여행이 현실로~**

## 포시즌스 리조트
## 오아후 앳 코올리나

Four Seasons Resort
Oahu at Ko Olina

오아후섬의 서쪽 코올리나 지역에 위치한 럭셔리 리조트이다. 코올리나 지역에서도 가장 아름다운 코훌라 라군을 떡 하니 차지하고 있다. 그 이름만으로도 허니문의 로망이 되는 곳으로 신혼여행자들에게 가장 선호도가 높은 브랜드 파워를 가졌다. 숙박 요금이 높기는 하지만 럭셔리를 넘어 환상적인 특급 서비스로 호사를 누릴 수 있는 곳! 370개의 객실은 굳이 설명이 필요 없을 정도로 넓고 우아하다. 일반 여행자뿐 아니라 장애를 가진 여행자까지도 모두 편하게 여행이 가능한 최첨단 시설을 자랑한다. 객실 부지가 넓어 어디를 가든 여유가 넘치고 4개의 야외 수영장 중 2곳은 성인 전용이라 조용하게 시간을 보낼 수 있다. 서핑이나 부기보드, 스노클링 등 해양스포츠 용품을 무료로 대여해 준다. 파도가 잔잔하고 수심이 얕은 인공 라군에서 안전하게 바다를 즐길 수 있고 스노클링으로 거북이까지 만날 수 있다. 로맨틱한 루아우 쇼를 펼치는 파라다이스 코브로 도보로 이동이 가능하고, 럭셔리한 키즈클럽, 휘트니스, 스파 시설 등으로 리조트에만 있어도 하루가 금방이다. 특히 리조트가 위치한 코올리나의 골프 코스는 오아후에서 가장 알아주는 챔피언쉽 필드이다. 와이키키에서는 느낄 수 없는 하와이의 다른 모습을 볼 수 있는 호텔. 조금 사치스러운 여행을 꿈꾼다면 강력 추천한다. 꿈같은 하와이 여행이 현실로 다가올 것이다.

주소 92-1001 Olani St, Kapolei
요금 $1,500~
홈페이지 www.fourseasons.com

오아후

## 스타의 결혼식 단골 리조트

# 더 카할라 호텔 & 리조트
The Kahala Hotel & Resort

1964년에 오픈한 유서 깊은 호텔이다. 하와이 왕국을 모티브로 한 클래식한 객실 인테리어와 이국적인 화려함이 감도는 로비 그리고 정중한 직원들로 리조트는 격이 다른 럭셔리함이 가득하다. 카할라 비치를 독차지한 리조트는 비치 웨딩이 아름답기로 유명하다. 오픈 후 많은 스타와 유명 인사가 이곳에서 결혼식을 올리거나 휴가를 보내며 하와이 웨딩의 로망을 갖게 해준 곳. 와이키키에서 차로 약 10분 거리에 있어 위치가 좋으며 다이아몬드 헤드, 오션뷰, 가든뷰 등 다양한 객실뷰가 있다.

오션뷰 객실에서 내려다보면 야자수에 둘러싸인 라군과 수영장 그리고 긴 해변이 한눈에 들어온다. 라군에는 1991년에 카할라 리조트에서 태어난 '호쿠Hoku'를 비롯한 돌고래 가족 6마리가 살고 있어 아침마다 돌고래와 인사를 나누며 하루를 시작할 수 있다. 풀장의 규모는 작은 편이지만, 넓은 비치 앞 원하는 곳에 선베드를 비치해 주는 세심한 서비스가 있다. 하얀 꽃이 가득한 플루메리아 나무 그늘 아래서 맛보는 천국. 흐르는 시간이 야속할 뿐이다. 리조트 1층 비치 레스토랑인 플루메리어 레스토랑은 하와이 최고의 인기 브런치 레스토랑으로 유명하다. 숙박을 하지 않더라도 레스토랑에서 브런치는 꼭 즐겨볼 것.

---

**주소** 5000 Kahala Ave, Honolulu
**요금** $900~
**홈페이지** www.kahalaresort.com

**프라이빗하게 즐기는 럭셔리**

# 페어몬트 오키드
# 하와이

Fairmont Orchid
Hawaii

페어몬트 오키드는 한국의 미래에셋 기업이 인수하며 한국 여행자에게 인지도가 높다. 지점마다 주변 환경의 특색을 잘 살려 설계를 하는데, 빅아일랜드 페어몬트는 화산 지형과 바다의 특징을 한껏 활용해서 광활한 빅아일랜드를 느낄 수 있는 호텔이다. 드넓은 화산 지대인 코할라 지역, 포오아 베이Pauoa Bay를 끼고 13만 평방미터 규모로 자리해 있어 빅아일랜드의 거대함과 신비로움을 모두 담아냈다. 이웃 섬의 리조트들은 기본적으로 오아후의 리조트와는 비교할 수 없는 대형 리조트 규모를 지니고 있는데 페어몬트는 이웃 섬 리조트 평균 규모보다도 훨씬 큰 부지를 차지하고 있다. 리조트의 어느 곳이든 앉으면 내 세상이 되는 한적함. 프라이빗한 여행을 즐기는 사람들에겐 제격이다. 6층 규모의 540개 객실은 우아하고, 스위트 객실은 98㎡의 압도적인 규모를 자랑한다.

골드 익스피어리언스 객실은 발렛 파킹, 프라이빗 체크인과 골드 라운지가 포함되어 있어 조식과 티타임, 저녁 간식 등을 이용할 수 있다. 호텔 내에서 카누, 카약, 스노클링, 서핑까지 다양한 해양 스포츠와 마사지, 객실 바로 옆에 붙은 골프 코스까지 리조트 내에서 모두 할 수 있다.

---

주소 1 N Kaniku Dr, Waimea
요금 $950~
홈페이지 www.fairmont.com

**전미 1위 럭셔리 리조트 우승자!**

# 몽타주 카팔루아 베이

Mongtage Kapalua Bay

Forbes Travel Guide, Travel & Leisure, U.S. News & World Report 등 미국의 럭셔리한 여행지, 리조트를 다루는 매거진에서 빠짐없이 전미 1위를 거머쥔 베스트 오브 더 베스트이다.

마우이 북서쪽, 인기 비치인 카팔루아 베이에 위치해 있다. 거북이가 가득한 비치 스노클링부터 절벽을 따라 하이킹을 할 수 있는 카팔루아 하이킹 코스가 있어 리조트를 둘러싼 환경도 이곳을 돋보이게 만드는 데 일조했다. 리조트 부지는 3만 평이 넘지만 객실이 140여 객실밖에 되지 않는다. 모두 3~4베드룸으로 이루어진 레지던스 객실로 예약 인원에 따라 룸을 오픈해 준다. 기본 객실이 116㎡로 객실마다 대형 주방, 리빙룸, 드레스룸, 세탁기와 건조기까지 들어가 있다. 마치 미국 대부호의 별장에서 휴가를 보내는 기분이다. 럭셔리 호캉스의 정수를 맛볼 수 있다. 객실에서 보이는 몰로카이섬과 라나이섬의 풍경, 폭포가 있는 스파 시설 등 리조트의 모든 시설에 감탄이 절로 나오지만 가장 특별한 것은 야외 수영장이다. 계단식 라군을 이루는 야외 수영장은 프라이빗하게 구역이 나눠져 있다. 풀장은 24시간 오픈한다. 저녁이면 따끈하게 온도를 맞춘 풀장에 몸을 담그고 쏟아지는 별을 보며 인생 낭만의 순간을 맞이해 보자.

주소 1 Bay Dr, Lahaina
요금 $1,300~
홈페이지 www.montagehotels.com/kapaluabay

**하와이의 핫한 신상 호텔**

# 르네상스 호놀룰루 호텔 & 스파

Renaissance Honolulu
Hotel & Spa

2024년 핫하게 오픈한 하와이 신상 호텔이다. 알라 모아나 센터 바로 뒤에 위치해 있다. 하와이는 와이키키 비치에 역사가 깊고 럭셔리한 호텔이 많다. 그러나 한두 번 하와이 여행 다녀오면 곧 깨닫게 된다. 와이키키보다 알라 모아나가 더 좋다는걸! 위치나 객실 컨디션, 인테리어, 스파 등 와이키키의 다른 럭셔리 호텔에 뭐하나 밀리는 게 없다.

39층 높이로 총 187개의 객실과 스위트룸, 112객실의 레지던스가 있다. 객실 인테리어는 하와이의 유명 작가 아트워크로, 하와이 분위기는 충분히 살리면서도 내추럴 & 모던을 충분히 구현했다. 모든 객실은 통창으로 시원한 뷰를 볼 수 있고 고급 가구, 예쁜 욕실이 있어 여심 저격! 스튜디오, 1베드룸 스위트, 프리미어 오션뷰 펜트하우스 등 객실 타입도 다양해서 취향에 맞는 객실을 고를 수 있다. 특히 오아후에 길게 머무는 여행자와 가족 여행자에게는 레지던스를 추천한다. 주방과 넓은 욕실, 세탁기와 건조기까지 구비되어 있어 내집처럼 편하게 머물 수 있다. 17세 미만 자녀는 추가금 없이 입실 가능한 것도 큰 장점. 비치 바로 앞에 위치해 있지 않아도 오션뷰 객실은 알라 모아나 해변이 화려하게 펼쳐진다. 알라 모아나 비치는 도보로 이동이 가능하고 와이키키까지는 무료 셔틀버스가 운행한다. 알라 모아나 센터, 돈키호테, 월마트 등이 모두 호텔 건물을 둘러싸고 있어 쇼핑도 편하다. 와이키키의 번잡함을 피해 하와이의 여유와 낭만을 더하기에 최적인 신상 호텔이다.

주소 1390 Kapiolani Blvd, Honolulu
요금 $300~
홈페이지 www.marriott.com

**천국의 집**

# 할레쿨라니
Halekulani

할레쿨라니, 천국의 집이라는 의미를 가진 호텔이다. 와이키키 비치를 끼고 있는 호텔 중 가장 럭셔리하며 역사와 전통도 가졌다. 도착해서 떠나는 순간까지 감동 서비스를 받을 수 있다. 그만큼 숙박 요금은 높지만 다녀오면 천국의 분위기를 맛본 듯 여운이 오래간다. 객실이나 오키드 타일이 새겨진 풀장, 그리고 야외 정원까지 호텔 분위기는 우아하며 기품이 넘친다. 비치바 '하우스 위드아웃 어 키'와 '오키드' 레스토랑도 와이키키의 고급 레스토랑으로 손꼽힌다. 신혼여행자들에게는 로맨틱한 여행과 미식을 모두 즐길 수 있는 곳으로 인기가 높다. 2024년 한 해만 해도 AAA(전미 자동차 협회) 4다이아몬드, 포브스에서 4스타, 미슐랭에서 2스타 등을 받았으니 전 세계 럭셔리 여행자들에게 확실한 검증을 받은 호텔. 정원을 감싼 5개 타워로 이뤄져 있고 453개 객실 모두 테라스를 갖추고 있다.

주소 2199 Kālia Rd, Honolulu
요금 $600~
홈페이지 www.halekulani.com

**노스 쇼어의 온전한 휴식처**

# 리츠칼튼 오아후 터틀 베이
The Ritz-Carlton O'ahu, Turtle Bay

오아후에는 노스 쇼어와 와이키키 두 곳에 리츠칼튼이 있다. 노스 쇼어 터틀 베이에 위치한 리츠칼튼은 터틀 베이 리조트였는데 리츠칼튼이 인수해 리오프닝했다. 여행자가 많지 않은 비치에 위치해 있어 조용하고 프라이빗하다. 와이키키에서는 느낄 수 없는 극강 힐링을 경험할 수 있는 곳. 어느 객실에 머물러도 최고의 오션뷰를 볼 수 있으며 바다를 전세낸 듯 이용할 수 있는 게 무엇보다 큰 강점. 거북이를 볼 수 있는 스노클링은 물론 서핑, 스쿠버 다이빙, 카약, 요트 세일링 등 바다에서 즐길 수 있는 모든 것을 마음껏 누릴 수 있다. 객실은 리츠칼튼의 단정하고 클래식한 면모가 돋보이며 직원들의 정중한 서비스도 품격 있다. 무료 주차장 제공.

주소 57-091 Kamehameha Hwy, Kahuku
요금 $900~
홈페이지 www.ritzcarlton.com

# • • •
# 알아두면 쓸모있는 하와이 숙소 팁!

### 체크인 할 때 신용카드로 디파짓을 결제해요

호텔 체크인할 때 신용카드와 신분증을 확인하고 신용카드로 디파짓(보증금)을 결제한다.
호텔마다 약간씩 다르지만 보통 $200~300 정도를 결제하고 체크아웃 시 객실 미니바나 레
스토랑 등에서 이용한 금액을 차감한 후 되돌려준다. 아무것도 결제할 것이 없다면 전체 금
액 카드 취소를 한다. 카드 취소는 1~2주 소요된다.

### 하와이 호텔 & 리조트는 리조트 피 Resortfee 가 있어요

호텔이나 리조트 전체 금액을 결제했어도 현지에서 결제할 것이 있다. 리조트 사용료를 뜻하
는 리조트 피이다. 1객실당 1박에 $40~50 정도. 체크아웃 시 머문 날짜만큼 신용카드로 결
제한다. 리조트 피는 '퍼실리티 피Facility Fee'라고도 한다.

## 하와이 호텔 & 리조트 주차장은 투숙객도 주차요금이 유료예요

오아후섬은 모든 주차장이 유료. 발레파킹과 셀프 파킹 요금 중 선택이 가능하다. 이웃 섬 숙소는 주차 무료, 발레파킹 비용만 유료인 곳이 있으니 예약할 때 확인하자. 주차 요금은 24시간 기준으로 $40~50 이다.

## 체크인할 때 짐을 객실로 옮겨준다면 팁을 줘야 해요

하와이에서 남의 손을 거치는 것은 공짜가 없다는 걸 염두에 두자. 호텔에 도착하면 입구에서 짐을 가져다줄까? 라고 묻는다. Yes 라고 하면 짐을 객실로 보내준다. 스스로 가져가도 상관없다. 짐을 가져다줬다면 가방 당 $1~2를 지불한다.

## 룸 클리닝 서비스를 미리 예약해야 하는 호텔도 있어요

인력이 모자라고 인건비가 비싼 하와이라, 룸 클리닝을 매일 하지 않는 호텔이 많다. 호텔마다 클리닝 서비스 조건이 다른데 전날 예약을 해야만 하는 곳도 있다. 체크인할 때 미리 정보를 알아두면 편하다. 클리닝은 안 해도 수건이나 샴푸 등 필요한 어메니티는 요청하면 가져다준다.

## 와이키키 내에서 비슷한 이름의 호텔이 있으니 정확한 호텔 명을 알아두세요

호텔이 빡빡하게 들어찬 와이키키는 힐튼이라는 이름을 달고 있는 호텔만 해도 3~4곳이다. 같은 계열사 호텔은 비슷한 이름을 사용하는 곳이 많으니 정확한 풀네임을 확인해 두면 택시나 셔틀을 이용할 때 수월하다.

## 호텔 내에서 이용한 레스토랑이나 유료 서비스는 룸차지 Room Charge 하시면 돼요

호텔에 머물며 수영장에서 음료를 주문하거나 레스토랑에서 식사를 할 때 결제를 하지 않아도 괜찮다. 룸차지 플리즈~ 라고 하면 요금을 객실에 달아 두었다가 체크아웃할 때 한 번에 계산할 수 있다. 팁을 줘야 하는 상황이라면 팁만 현금으로 두면 된다. 현금이 없다면 팁도 영수증에 올려둘 수 있다.

## 장기 여행 숙소는 에어비앤비나 부킹닷컴에서 예약하면 좋아요

장기 여행이나 어린아이가 함께하는 여행이라면 개인이 렌트하는 숙소에 머무는 것도 좋다. 리조트 피가 없어서 호텔보다 저렴하게 렌트할 수 있는 게 가장 큰 장점이다. 에어비앤비나 부킹닷컴에서 예약이 가능하다.

만족도 높은
# 섬 별 인기 호텔 추천 리스트

## 오아후 베스트 숙소

### 모아나 서프라이더 웨스틴 리조트 & 스파 와이키키 비치

Moana Surfrider,
A Westin Resort & Spa
Waikiki Beach

하와이에서 가장 오래된 호텔로 전통과 명성이 있다. 로맨틱한 인테리어로 웨딩을 많이 진행한다. 커플에게 추천. 와이키키 비치 중심부에 위치해 있다.

**주소** 2365 Kalākaua Ave, Honolulu
**요금** $500~
**홈페이지** www.marriott.com

### 힐튼 하와이안 빌리지 와이키키 비치 리조트

Hilton Hawaiian Village
Waikiki Beach Resort

가족 여행자에게 추천. 하와이에서 가장 많은 객실 보유. 빌리지 안에 다양한 레스토랑과 풀장, 바다와 라군이 있어 아이들과 휴양하기 좋다. 워낙 인기가 많아 조식 레스토랑이나 체크인 체크아웃 웨이팅이 많은 건 단점.

**주소** 2005 Kālia Rd, Honolulu
**요금** $450~
**홈페이지** www.hilton.com

### 홀리데이 인 익스프레스 와이키키

Holiday Inn Express
Waikiki

3성급 호텔. 객실이 좁은 편이다. 대신에 요금이 저렴하고 조식이 포함되어 있다. 리조트 내 코인 세탁이나 게임룸, 작은 수영장과 체육관 등 리조트 시설은 다 갖추고 있다. 관광을 위한 장기 여행자에게 인기가 많다.

**주소** 2058 Kūhiō Ave., Honolulu
**요금** $270~
**홈페이지** www.ihg.com

### 쉐라톤 와이키키

Sheraton Waikiki

한국인 커플에게 가장 유명한 리조트이다. 와이키키 비치 앞 인피니티 풀이 있다. 호텔 내 호놀룰루 커피, 럼파이어 바 등 유명 카페와 레스토랑이 입점되어 있다.

**주소** 2255 Kalākaua Ave, Honolulu
**요금** $600~
**홈페이지** www.marriott.com

### 힐튼 와이키키 비치

Hilton Waikiki Beach

와이키키 비치에서 한 블럭 안쪽으로 위치해 있다. 리조트를 즐기기보다는 주변 관광을 원하는 여행자에게 맞는 숙소이다. 근처에 저렴한 맛집이 많다.

**주소** 2500 Kūhiō Ave., Honolulu
**요금** $360~
**홈페이지** www.hilton.com

### 알라 모아나 호텔

Ala Moana Honolulu by
Mantra

알라 모아나 센터 옆에 자리해 있어 맛집, 쇼핑 등의 편의시설이 최고이다. 객실은 낡은 편이지만 편의성이 우선이라면 괜찮은 호텔.

**주소** 410 Atkinson Dr, Honolulu
**요금** $280~
**홈페이지** www.
alamoanahotelhonolulu.com

## 빅아일랜드 베스트 숙소

### 아웃리거 코나 리조트 & 스파
Outrigger Kona Resort & Spa

3성급 호텔. 객실이 좁은 편이다. 대신에 요금이 저렴하고 조식이 포함되어 있다. 리조트 내 코인 세탁이나 게임룸, 작은 수영장과 체육관 등 리조트 시설은 다 갖추고 있다. 관광을 위한 장기 여행자에게 인기가 많다.

**주소** 2058 Kūhiō Ave., Honolulu
**요금** $270~
**홈페이지** www.ihg.com

### 와이콜로아 비치 메리엇 리조트 & 스파
Waikoloa Beach Marriott Resort & Spa

객실 컨디션과 풀장의 만족도가 높은 숙소이다. 근처에 와이콜로아 퀸즈마켓 플레이스가 있어서 식사, 쇼핑 등 편의시설이 좋다. 호텔에서 다양한 액티비티를 즐길 수 있다.

**주소** 69-275 Waikōloa Beach Dr, Waikoloa Beach
**요금** $880~
**홈페이지** www.marriott.com

### 마우나 라니 베이 호텔 & 방갈로
Mauna Lani, Auberge Resorts Collection

4성급 호텔. 만타 레이가 출몰하는 코나 바다에 위치해 있다. 세탁기와 전자레인지가 있고 풀장에 워터슬라이드가 있어 아이들과 함께 머물기 좋다.

**주소** 78-128 Ehukai St, Kailua-Kona
**요금** $450~
**홈페이지** www.outriggerkona.com

SECOND STEP

---

**tip**

### 하와이 호텔 예약 잘하기

하와이 호텔은 대부분 규모가 큰 편이지만 비수기가 없고 각종 행사가 많은 휴양지라 객실이 빨리 차는 편이다. 여행이 결정되었다면 예약을 서두르는 게 좋다. 미리 예약할수록 객실 선택의 폭이 넓다. 현지 여행사 프로모션을 찾아보는 것을 추천한다. 여행사는 인기 좋은 호텔만 골라서 판매하니 선택하기 쉽고 룸 업그레이드나 공항 무료 픽업, 호텔 푸드 바우처 등을 제공하기도 한다. 호텔 예약 사이트는 2~3곳 정도 비교해 보고 예약하면 된다. 사이트마다 객실 보유량이 다르기 때문에 같은 호텔이라도 각기 다른 객실을 가지고 있거나 프로모션으로 더 저렴한 객실을 발견할 수도 있다. 결제 전 세금 포함인지, 현지에서 추가로 결제해야 하는 항목이 있는지 꼭 확인할 것.

**블루 하와이** www.bluehawaii.co.kr
**부킹닷컴** www.booking.com
**호텔스닷컴** www.kr.hotels.com
**아고다** www.agoda.com

### 더 웨스틴 마우이 리조트 & 스파 카아나팔리

The Westin Maui Resort & Spa, Ka'anapali

마우이의 리조트 단지 카아나팔리에 위치해 있다. 객실은 낡은 편이지만 카아나팔리에서 가장 인기 많은 리조트이다. 바다, 쇼핑센터, 블랙락 등을 이용하기 좋다. 아이들 시설이 많지 않은 편. 커플 여행객에게 추천한다.

**주소** 2365 Kaanapali Pkwy, Lahaina
**요금** $900~
**홈페이지** www.marriott.com

### 하얏트 리젠시 마우이 리조트 & 스파 카아나팔리

Hyatt Regency Maui Resort And Spa Kaanapali

복잡한 카아나팔리지만 안쪽으로 위치해 있어 프라이빗하게 비치를 즐길 수 있는 호텔이다. 근처에 무료 주차장이 있어서 주차 요금도 아낄 수 있다. 객실은 노후된 편이나 풀장이나 리조트 시설이 좋은 편.

**주소** 200 Nohea Kai Dr, Lahaina
**요금** $900~
**홈페이지** www.hyatt.com

### 와일레아 비치 리조트 메리어트 마우이

Wailea Beach Resort Marriott, Maui

인피니티 풀과 산책로가 잘 조성되어 있다. 선셋이 낭만적인 해변을 차지하고 있으며, 어느 시간이라도 좋은 곳. 더 샵스 앳 와일레아가 있어 쇼핑도 가능하다. 룸 사이즈가 넉넉한 편이다.

**주소** 3700 Wailea Alanui Dr, Wailea
**요금** $950~
**홈페이지** www.marriott.com

### 안다즈 마우이 앳 와일레아 리조트

Andaz Maui At Wailea Resort

객실 요금이 높지만 객실과 리조트 시설이 모두 훌륭하다. 세탁기, 건조기, 고프로 대여, 요가, 카약, 근처 셔틀 차량 등 무료 포함 서비스가 많으니 모두 활용할 것. 신혼여행 숙소로 추천한다.

**주소** 3550 Wailea Alanui Dr, Wailea
**요금** $1,350~
**홈페이지** www.hyatt.com

### 그랜드 하얏트 카우아이 리조트 & 스파
Grand Hyatt Kauai Resort & Spa

카우아이를 대표하는 리조트이다. 프라이빗 비치와 슬라이드가 있는 라군 수영장, 호텔에 식물원 같이 넓고 훌륭한 조경으로 투숙하는 동안 만족도가 높다. 아시아인 이용객이 거의 없는 편.

**주소** 1571 Poipu Rd, Koloa
**요금** $1,380~
**홈페이지** www.hyatt.com

### 메리어트 카우아이 비치 클럽
Marriott's Kauai Beach Club

리후에 공항 바로 옆에 위치해 있어서 공항을 오가기 편한 숙소이다. 무료 공항 셔틀 서비스가 있다. 비치와 하이킹 산책로가 다양하게 있어서 가벼운 액티비티를 즐길 수 있다.

**주소** 3610 Rice Street Kalapaki Beach, Lihue
**요금** $560~
**홈페이지** www.marriott.com

### 와이메아 플랜테이션 코티지
Waimea Plantation Cottages

와이메아 해안가에 위치한 작은 시골집 형식의 숙소. 하와이 옛 가옥 느낌의 단독주택으로 집 한 채를 통으로 사용한다. 호텔 서비스는 없지만 주방과 거실, 파티오를 갖춰 집처럼 편하게 머물 수 있다. 야외 풀장, 무료 주차장 있다.

**주소** 9400 Kaumualii Hwy, Waime
**요금** $400~
**홈페이지** www.coasthotels.com

### 쉐라톤 카우아이 리조트
Sheraton Kauai Resort

카우아이의 리조트 단지인 포이푸 비치에 위치해 있다. 스노클링으로 가장 유명한 바다를 제집처럼 드나들 수 있다. 객실은 낡은 편이지만 위치와 리조트 시설이 좋은 편.

**주소** 2440 Hoonani Rd, Koloa
**요금** $800~
**홈페이지** www.marriott.com

# 3

A Road Trip To Hawaii

# THIRD STEP

하와이 렌터카 여행,

## 섬 속으로 한 걸음 더

# OAHU

오아후

하와이 여행을 처음 가는 사람이라면 가장 먼저 만나게 될 하와이의 메인 섬이다. 한국에서 하와이로 향하는 비행기는 모두 오아후에 도착한다. 우리에게 익숙한 와이키키도 이 섬에 있다. 배우 페트릭 스웨이지가 출연한 영화 〈폭풍 속으로Point Break〉가 노스 쇼어North Shore에서 촬영되었고, 스티븐 스필버그의 〈쥬라기 공원〉도 이곳 오아후에서 부분 촬영되었다. 또 역사적으로도, 영화 제목으로도 유명한 〈진주만〉은 호놀룰루 서쪽 10km 지점인 오아후섬 남쪽 해안에 있다. 오아후는 관광지로 집중 개발되어 고급 호텔, 명품 쇼핑, 세계 유명 셰프들의 다채로운 미식까지 여행 기분을 한껏 누릴 수 있는 곳이다. 돈만 많다면 그야말로 돈 쓰는 맛(?)을 만끽할 수 있는 곳! 그러나 화려한 분위기를 타고 열심히 지갑을 열다 보면 여행 후 곤란을 겪을 수도 있으니 오아후에서 지름신은 각별히 주의할 것!

오아후에 처음 왔다면 꿈꾸는 필수 코스가 있다. 하얏트, 포시즌스, 힐튼, 쉐라톤…. 이름만 들어도 럭셔리함이 뚝뚝 묻어나는 리조트에서 하룻밤 묵으며 와이키키 해변 누리기. 알라 모아나 쇼핑센터에서 눈으로라도 실컷 쇼핑하기. 하나우마 베이에서 스노클링하며 거북이와 인사하기. 다이아몬드 헤드에 올라 풍경 감상하기. 노스 쇼어에서 서퍼들 구경하기. 머릿속으로만 꿈꾸던 하와이 로망이 실현되는 섬, 오아후! 그러나 오아후에서 무엇보다 중요한 코스는 잃었던 설렘을 회복하는 것이다. 오아후의 바다와 바람과 햇빛이 메말랐던 당신의 피를 뜨겁게 데워줄 테니까.

# ■ 어서 와~ 호놀룰루 공항은 처음이지? ■

호놀룰루 공항은 Terminal 1, 2, 3이 있다. T1은 하와이안 항공 전용 터미널이고 T3는 모쿨렐레Mokulele 항공, 그 외 나머지 항공사는 모두 T2를 사용한다. T1과 T2는 도보로 약 5~10분 정도 소요된다.

## 주차장 정보

주차장은 게이트 맞은편 주차 빌딩에 있다.

### 공항 주차 요금

• 최초 15분 무료 • 30분까지 $1 • 60분까지 $3
• 120분까지 $5 • 일일 요금 $18

## 오아후 호놀룰루 공항에서 렌터카 인수 하기

입국심사 후 캐리어를 받아 게이트로 나온다. 'Rental Car Shuttle'을 따라 간다. 게이트 바로 건너편에 셔틀버스 정류장이 있다.

공항 렌터카 인수 장소는 T2 주차 건물에 위치해 있다. T2로 도착을 했다면 도보로 이동이 가능하다. T1으로 도착했다면 렌터카 셔틀 표지판을 따라나온 후, 렌터카 셔틀 정류장에 보이는 셔틀을 타고 이동하면 된다. 5분 간격으로 순환하고 있어 바로 탑승이 가능하다. 렌터카 회사 구분 없이 같은 셔틀 이용.

공항 렌터카 영업 시간 중에는 항상 운행한다. 렌터카 영업소는 영업소마다 조금씩 운영시간이 다르지만 보통 06:00~23:00이다.

셔틀을 타고 약 3~5분이면 렌터카 주차동에 도착한다. 예약한 렌터카 영업소로 가면 된다. 오피스는 한눈에 다 보이므로 예약한 렌터카 오피스는 찾기 쉽다.

하와이 렌터카는 공항에서 인수 · 반납하는 것도 가능하고, 와이키키에서 인수 · 반납하는 것도 가능하다. 어디에서 인수하고 반납하는지에 상관없이 렌트 요금은 비슷하다. 단, 인수 · 반납하는 지점이 다르면 반납 비용(편도 비용)이 약간 추가된다. 차량마다 반납비도 조금씩 다르다. 공항 영업소가 와이키키 영업소보다 보유 차량이 많다. 영업소 보유 차

량이 많으면 인수한 차량이 마음에 들지 않을 때 교환할 수 있는 기회가 있다.

호놀룰루 공항의 렌터카 인수 · 반납 시스템은 매우 간편하다. 본인이 예약한 렌터카 회사 오피스에서 차량 인수증을 받는다. 운전자 본인의 여권, 한국 운전면허증, 국제 운전 면허증, 신용카드는 필수. 추가 운전자도 여권과 한국 면허증, 국제운전 면허증이 필요하다.

본인이 예약한 차량 등급, 보험 등이 잘 들어가 있는지 확인한다. 플랫 타이어 (타이어 펑크)와 키 관련 보험을 추가로 들 것인지 묻기도 한다. 본인이 원하는 대로 선택하면 된다. 인수증을 받을 때 자신이 렌트할 차가 주차된 곳의 번호를 알려준다. 오피스 바로 뒤쪽이 주차장이다. 차를 인수한 후 가지고 나가며 주차장 출구에서 바코드로 차량 확인 작업만 하면 끝.

## 오아후 호놀룰루 공항 렌터카 반납하기

공항 구역으로 들어서면 'Rental Car return' 표지판을 따라간다. 공항 렌터카 주차장에 도착하면 각 렌터카 회사마다 주차 구역이 다르니 화살표를 확인하고 위치를 확인한다. 본인의 렌터카 주차장에 주차 후 키를 차 안에 두면 반납 완료!

LDW 손해면책보험, LIS 대인 대물 확장보험을 들어둔 차량은 차량 확인을 하지 않고 반납한다. (미국의 대부분 대형 렌터카 회사는 LDW와 LIS 보험을 든다.)

차량 반납 후 건물로 들어가면 오피스가 나온다. 공항으로 가는 셔틀은 한층 아래로 내려간다.

대한항공(T2)과 하와이안 항공(T1) 셔틀을 타고 이동한다. 아시아나 항공(T1)은 도보로 이동 가능하다.

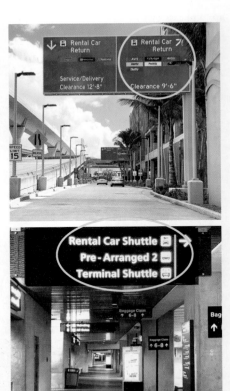

와이키키 영업소는 지정된 차량을 가지고 나가면 된다. 와이키키 영업소들은 이른 시간에 영업이 끝나지만 무인반납 시스템이라 반납 주차장 위치만 확인한 후 곧장 출발하면 된다.

대인대물 보험이 모두 포함되어 있다면 반납 시 별도로 차량 상태를 확인받을 필요가 없다. 여행 중 혹시나 차에 스크래치가 났다 해도 너무 마음 졸이지 말 것!

- 호놀룰루 공항 렌터카 오피스 오픈시간
  05:00~23:00
- 허츠 와이키키 렌터카 오피스 영업시간
  08:00~15:30
- 식스트 와이키키 렌터카 오피스 영업시간
  06:30~15:00

## 공항 라운지

T1 하와이안 항공 프리미어 클럽라운지는 2층, 하와이안 항공 플루메리아 라운지는 3층, 대한항공 라운지는 T2에 위치해 있다.

## 수하물 보관소 Baggage Storage

비행기 출도착 시간이 애매한 경우 짐을 맡길 수 있는 유료 수하물 보관소가 있다. 위치는 T2 수하물 컨베이어 밸트 18번 맞은편이다. 비용은 24시간 기준 기내용 수하물 $12, 위탁 수하물, $15 백팩, $15 유모차, 카시트 $12, 골프클럽 $20 정도다.

**영업시간** 08:00~21:00
**전화** 808-833-2288
**홈페이지** www.baggagestoragehawaii.com

## 호놀룰루 공항 전화번호

- **고객센터** 808-836-6411
- **분실물 센터** 808-836-6683
- **주차 서비스** 808-861-1260

## 공항 쇼핑

공항 내부에 면세점이 없다. DFS라고 간판은 붙어 있으나 면세점은 아니다. 명품 브랜드는 없고, ABC 스토어나 월마트 등 흔하게 구입 가능한 소품, 초콜릿, 너트, 마그넷, 잼 등 자잘한 기념품 종류가 많다. 가격도 시내와 비슷하니 미처 구입하지 못한 것들이 있다면 마지막으로 쇼핑할 수 있는 기회다. 위스키나 와인 등은 면세로 구입 가능하지만 할인율이 높지 않은 편. 주류를 구입했다면 비행기를 탑승하는 게이트에서 수령한다. 그 외 스타벅스 매장이 있어 하와이 굿즈를 구입해도 좋다.

# 호놀룰루 공항에서 시내로 이동하기

## 렌터카로 시내 이동

공항에서 와이키키까지는 차로 15~20분 정도 소요된다. 도로가 넓고 시내까지 한 번에 갈 수 있는 H1 고속도로를 타고 직진만 하면 되니까 긴장하지 않아도 된다. 다만, 와이키키 내에는 일방통행길이 많다. 골목 진입 시 주의할 것. 와이키키 지역으로 들어갈 때 시간대에 따라 차가 밀릴 수도 있다. 호텔로 바로 간다면 호텔 로비에 짐을 내리고 발레파킹 후 주차권을 챙겨서 체크인을 하면 된다.

## 대중 교통으로 시내 이동

공항에서 렌터카를 픽업하지 않고 시내에서 픽업할 예정인 경우, 공항에서 시내까지 갈 수 있는 이동 수단을 알아보자.

### 택시

공항 택시, 우버 Uber, 리프트 Lyft 모두 탑승 가능하다. 가장 빠르고 편한 교통수단이다. 2인 이상이라면 셔틀버스보다 택시가 더 경제적이다. 하와이는 택시 바가지가 없으니 안심하고 택시를 이용할 수 있다. 일반 택시를 탑승하면 미터기 요금에 약 15%의 팁을 추가로 지불하면 된다. 게이트에서 나오면 바로 택시 승차장이 있다. 이곳에서 택시를 타면 된다. 직원이 목적지를 확인한 후 택시를 배정해 준다. 와이키키까지 약 20분 소요되며 요금은 $40~50 정도다. 밤에 이용해도 할증 요금은 없고, 카드나 현금 모두 지불 가능하다.

우버, 리프트는 일반택시보다 요금이 약 20% 정도 저렴하다. 팁은 요금 결제 시 선택사항으로 하차 후 앱으로 지불 가능하다. 우버와 리프트를 사용하려면 한국에서 미리 앱을 다운로드 한 후 마스터카드 혹은 비자카드(해외사용 가능 카드)로 승인받아야 한다. 우버와 리프트 탑승 장소는 T1 출발층(2F) 2번 게이트 건너편, T2 출발층(2F) 8번 건너편에 픽업 장소가 있다. 앱에서 실시간 위치 확인이 가능하니 꼭 확인할 것. 요금은 $35~40 이다.

### 스피디 셔틀버스

공항에서 오아후섬 전 지역의 주요 호텔이나 명소로 이동한다. 승객이 머무는 호텔마다 정차를 하기 때문에 위치에 따라 소요시간이 오래 걸릴 수 있다. 와이키키까지는 약 40분. 공항에서 직접 결제 후 탑승이 가능하고 웹사이트에서 미리 예약도 가능하다. 팁은 따로 없지만 여행 가방 1개당 $1~2 정도 지불하는 게 좋다.

- 공항 → 와이키키 내 리조트 $17.60~
- 공항 → 카할라 리조트 $25
- 공항 → 코올리나 $24.97~

**홈페이지** www.speedishuttle.com

※ 일반버스가 있으나, 캐리어 가지고 탑승 불가.

## 와이키키 관광버스 트롤리 Waikiki Trolley

트롤리는 여행자 관광용 버스이다. 예전에는 전면이 오픈된 클래식한 차였는데 요즘엔 점점 2층 버스로 바뀌는 추세다. 오아후의 주요 관광지를 연결하는 교통수단으로 블루라인, 레드라인, 핑크라인, 그린라인으로 구성되어 있다. 테마가 다른 네 가지 노선이다. 한정된 노선과 배차 시간에 맞춰 움직여야 하는 불편함은 있지만 여행 중 렌터카를 이용하지 않는 날이 있다면 좋은 차선책이 될 수 있다. 날짜별로 이용금액이 다르니 원하는 만큼 구입해서 와이키키 근처 관광지를 다녀오기 좋다. 알라 모아나, 다운타운, 다이아몬드 헤드 등 핵심 관광지를 다닐 수 있다. 특히 동쪽 해안 도로를 따라가는 블루라인과 다운타운의 역사지구를 방문하는 레드라인이 인기 있다.

• 1회 탑승권 $5
• 1라인 1일 탑승권 성인 $30

인터넷으로 예매하면 모든 라인 탑승 가능한 멀티라인 1일권 예매 시 2일 사용 가능, 4일권과 7일권은 비연속 사용이 가능하다.

**홈페이지** www.waikikitrolley.com

※ 와이키키 쇼핑 프라자 Waikiki Shopping Plaza 메인 로비 (2250 Kalakaua Ave.) 에서 모든 라인이 출발한다. 오픈 09:00~17:00

### 서울엔 따릉이, 호놀룰루엔 비키 Biki

호놀룰루에도 자전거 무인 렌탈 서비스가 있다. 서울의 따릉이와 비슷한 시스템. 자전거를 원하는 곳에서 렌트해서 원하는 곳에서 반납할 수 있는 시스템이다. 와이키키를 비롯해 다운타운까지, 호놀룰루에만 130여 곳의 렌탈 장소가 있다. 체력만 된다면 호놀룰루 전 지역을 자전거로 모두 돌아볼 수 있다는 말씀! 시간 단위(30분 / $5) 렌탈뿐만 아니라 4시간에 $22, 24시간 무제한 탑승($39), 2일, 일주일 등 원하는 대로 렌트가 가능하다. 렌탈 기계를 통해 신용카드나 체크카드로만 결제가 가능하며, 한국어 지원이 된다. 와이키키 및 호놀룰루 곳곳에 비치되어 있어 찾기 쉽다. (비키 렌탈 반납 장소, 요금정보는 gobiki.org)

# 내 취향에 딱 맞춘
# 4박 5일 추천 일정

하와이 여행이 처음이라면 오아후 4박 5일 일정이 정석이다. 4일 정도면 오아후의 대표 명소를 지역별로 하루씩 잡아 모두 돌아볼 수 있는 '오아후 풀코스' 일정이 가능하다. 여기에 크루즈 혹은 서핑, 쿠알로아 랜치 같이 취향에 맞는 액티비티를 하나둘 추가해 넣으면 완벽한 오아후 여행이 완성된다. 전체 하와이 여행 일정을 일주일 정도로 계획 중이라면 오아후＋이웃 섬 한 곳을 추가하면 되고, 일정이 10일 정도라면 오아후＋이웃 섬 두 곳도 문제없이 알차게 짤 수 있다.

노스 쇼어

• 라이에 포인트
폴리네시안 문화센터

• 할레이바 타운

• 카에나 포인트

• 돌 플랜테이션

• 쿠알로아 랜치

와이켈레 프리미엄 아웃렛•

호놀룰루
다운타운

• 카일루아 비치
• 라니카이 비치

진주만•

누아누 팔리 전망대

72번 도로

코올리나•

알라 모아나 센터

호놀룰루 국제공항

와이키키

호놀룰루 동물원
다이아몬드 헤드 스테이트 모뉴먼트

연인과 함께 또는 허니문으로 하와이 여행을 왔다면 둘만의 오붓한 시간을 많이 갖는 게 좋다. 호텔에서 즐기는 시간도 넉넉하게 갖고, 디너는 가장 멋진 선셋과 함께 하자. 첫날은 여행의 피로도 풀 겸 와이키키 비치에서 노을 보며 칵테일 한잔 하기. 렌터카는 2일차부터 빌려도 충분하다. 해안 드라이브와 디너 크루즈, 코올리나 라군 등에서 시간을 보내다 보면 핑크빛 사랑이 몽글몽글 솟는다.

**1일차**

입국
↓
호텔 체크인
↓
와이키키 비치와
칼라카우아 산책, 쇼핑
↓
선셋과 함께 비치바에서
디너와 칵테일!

**2일차**

조식
↓
동쪽 해안 드라이브
↓
누아누 팔리 전망대
↓
디너 크루즈

**3일차**

조식
↓
돌 플랜테이션부터
할레이바 북쪽 비치 드라이브,
저녁 식사는 호텔에서 즐기기

**4일차**

조식 후 호텔 즐기기
↓
와이켈레 프리미엄 아웃렛
↓
코올리나 라군 즐기기
↓
선셋과 저녁식사

**5일차**

조식
↓
체크아웃

THIRD STEP

# 오아후 액티비티 코스

호텔에서는 잠만 잘 뿐! 하루 대부분의 시간은 무조건 밖에서 에너지를 뿜뿜해야 좋다, 하는 사람들이라면 숙소 등급을 낮추더라도 더 짜릿한 모험을 즐길 수 있는 스타일로 일정을 짜보자. 트레킹 혹은 하이킹, 스노클링, 서핑, 상어 투어 등 별도의 비용과 예약을 통해 미리 준비하면 누구나 하는 뻔한 하와이 여행에서 벗어날 수 있다. 경험의 가치는 돈의 값어치 이상이다.

**1일차**

입국
↓
호텔 체크인
↓
와이키키 비치와
칼라카우아 산책과 쇼핑
↓
알라 모아나 센터와
비치 다녀오기

**2일차**

조식
↓
동쪽 해안 도로 드라이브
↓
쿠알로아 랜치 UTV
↓
라니카이 필박스 하이킹
↓
카일루아, 라니카이 비치

**3일차**

조식
↓
할레이바 샤크 케이지 투어
↓
북쪽 해안 스노클링과 드라이브

**4일차**

조식
↓
와이키키 서핑
↓
카에나 포인트 트레킹
↓
서쪽 코스
↓
코올리나 라군

**5일차**

조식
↓
체크아웃

# 오아후 문화체험 가족여행 코스

어린 아이들이나 부모님을 동반하는 하와이 여행은 특별히 더 신경 쓸 게 많다. 너무 힘들어도 안 되고, 너무 지루해도 안 되고, 너무 위험해도 안 된다. 무엇보다 사람이 너무 많아도 피곤하고 사람이 너무 없어도 썰렁해서 별로다. 오랫동안 기억에 남을 체험으로 남녀노소 모두 즐겁게 할 수 있는 비법 코스 제안! 참고해보자.

**1일차**

입국
↓
호텔 체크인
↓
호놀룰루 동물원과 비치 즐기기
↓
와이키키 반얀트리 루아우 쇼
무료 관람

**2일차**

조식
↓
쿠알로아 랜치 무비사이트 투어
↓
쿠알로아 비치
↓
라이에 포인트
↓
폴리네시안 문화센터에서
저녁식사까지

**3일차**

조식
↓
돌 플랜테이션

↓
할레이바 샤크 케이지 투어
↓
북쪽 해안 스노클링
(샥스 코브, 터틀 비치 등)

**4일차**

조식
↓
진주만
↓
파라다이스 코브 비치 스노클링
↓
코올리나 라군
↓
알라 모아나 센터 쇼핑
↓
알라 모아나 비치 파크에서
피크닉 및 선셋

**5일차**

조식
↓
체크아웃

# 힙 피플을 위한 오아후 SNS 인증샷 여행 코스

예쁜 오션뷰 호텔 예약하고 핫플에서 인생샷 찍으며 추억을 영원히 남기는 것. 인스타그래머블을 위한 하와이 여행에서는 조식 한 끼도 소홀히 해서는 안 된다. 모든 끼니와 모든 스폿 하나 하나가 이름값을 해야 하고 인생샷을 위해 준비된 곳이어야 한다. 다른 섬에 안 가고 오아후에서만 4일을 보낼 경우, 꼭 가야 하는 베스트 스폿을 추려보았다.

### 1일차

입국
↓
호텔 체크인
↓
칼라카우아 에비뉴에서 쇼핑
↓
와이키키 오키드 디너와 선셋

### 2일차

플루메리아 비치하우스
카할라에서 브런치
↓
엉클 클레이스
하우스 쉐이브 아이스
↓
동쪽 해안 도로 드라이브
↓
라니카이 필박스 인증샷
↓
라니카이 & 카일루아 비치

### 3일차

조식 릴리하 베이커리
↓
와이켈레 프리미엄 아웃렛 쇼핑
↓
할레이바 타운
↓
북쪽 해안 도로 드라이브

### 4일차

더 데크 브런치
↓
알라 모아나 센터 쇼핑
↓
알라 모아 마리포사 중식
↓
다운타운과 카카아코 관광
↓
로열 하와이안
마이 타이 칵테일 타임!

### 5일차

조식
↓
체크아웃

## 하와이의 대명사, 하와이의 주도
# 호놀룰루

하와이의 메인 섬이 오아후이고 오아후의 메인 지역이 바로 호놀룰루이다. 하와이가 미국의 50번째 주로 승격되었을 때 호놀룰루가 하와이의 주도가 되었다. 호놀룰루 안에 와이키키와 명품 쇼핑몰, 유명한 호텔이 모두 모여 있다. 게다가 하와이 총 인구 145만 명 중 100만 명이 오아후에 거주하고 그중 절반이 호놀룰루에 살고 있다. 하와이의 핵심 중의 핵심 도시! 하와이 여행자라면 무조건 호놀룰루를 거쳐가게 되어 있다. 때문에 비수기가 없을 정도로 늘 붐비는 곳이다. 오직 성수기와 극성수기가 있을 뿐. 알로하 페스티벌이 있는 10월, 연말과 새해가 있는 12~1월, 여름 성수기 시즌인 7~8월은 특히 여행자가 가장 많은 시기이다.

세계에서 가장 유명한 동네!
# 와이키키와 주변 지역
Waikiki and the surrounding area

## 첫 하와이 여행의 시작점

하와이 하면 뭐니 뭐니 해도 와이키키다. 자타 공인 하와이 최고 관광지. 호놀룰루 공항에서 차로 약 20분 정도면 와이키키에 도착한다. 휴양지의 대명사로 느껴지는 와이키키는 하와이어로 '분수'라는 뜻. 서쪽 알라와이 보트 하버와 동쪽 호놀룰루 동물원 사이에 알라 와이 운하와 바다를 둘러싼 약 3km 길이의 지역을 말한다. 동쪽은 쿠히오 비치 파크 Kuhio Beach Park, 서쪽은 포트 데루시 비치 Fort Derussy Beach, 중앙은 와이키키로 나누어지지만 통상적으로 이 세 곳을 모두 합해 와이키키라 부르며, 그 중심을 와이키키 최대 번화가인 칼라카우아 에비뉴가 관통하고 있다.

와이키키와 주변 지역 호놀룰루 다운타운, 알라 모아나, 카카아코를 우선 둘러보자. 이 지역만 알아도 오아후의 핵심 노른자 지역은 미션 클리어하는 거다. 머릿속에 밑그림을 그리며 어느 곳에 발도장을 찍을지 미리 동선을 짜고 마음에 드는 스폿을 찜해 보자. 와이키키는 낮만큼 밤도 설레는 여행지이다. 밤은 휘황찬란한 네온사인이 번쩍이는 쇼핑센터와 열기를 더하는 클럽과 비치바, 훌라 쇼의 리듬이 이국적인 분위기를 내뿜으며 여행자를 취하게 한다.

북적북적 활기 가득한

# 와이키키 비치 Waikiki Beach

와이키키 비치는 한쪽을 방파제로 막은 덕분에 안쪽의 수심이 얕아 가족 물놀이 장소로 제격이다. 방파제 바깥쪽으로는 잔잔한 파도가 몰려와 초보자들의 서핑 강습 장소로 그만이다. 다만 워낙 많은 사람들이 몰리다 보니 다른 곳에 비해 보드 대여료나 강습비가 1.5배 이상 비싸다. 한적하고 여유로운 해변의 낭만도 기대하기는 어렵다. 하지만 달랑 수건 한 장 깔고 일광욕을 즐기는 수많은 외국인과 어울려 있다는 사실 자체만으로도 '내가 진짜 미국의 휴양지에 와 있구나!' 라는 행복감을 느끼기에 충분하다.

고급 리조트 호텔이 비치 주변을 가득 메우고 서로에게 질세라 위엄을 뽐내고 있는 것도 특징이다. 워낙 호텔이 많아서 일일이 다 열거할 수는 없지만, 그중에서 가장 인기 높은 대표주자들은 웅장하고 로맨틱한 모아나 서프라이더 웨스틴 리조트 앤 스파, 환상적인 전망을 자랑하는 힐튼 하와이안 빌리지, 와이키키 비치의 정중앙을 꿰차고 있는 쉐라톤 와이키키, 최고급 리조트 할레쿨라니 등이다.

북적거리는 분위기가 싫다면 와이키키 비치의 서쪽 끝이자 오아후에서 가장 큰 리조트인 힐튼 하와이안 빌리지 쪽으로 산책해 보는 것도 좋겠다. 서쪽으로 이동할수록 점점 더 조용하고 낭만적인 와이키키를 만날 수 있다.

## Info

주소 Waikiki Beach, Honolulu
운영시간 24시간
요금 입장 및 샤워시설 무료
주차정보 호놀룰루 동물원 주차장 이용( $1.5 / 1시간)
주차좌표 Kapahulu-Zoo Trail, Honolulu
홈페이지 www.waikiki.com
주차료 무료

비키니 입고 명품 쇼핑을 하다니!

## 칼라카우아 에비뉴 Kalakaua Ave

와이키키 비치가 코앞인 칼라카우아 에비뉴는 온갖 명품숍과 유명 맛집이 즐비한 거리다. 또 하와이의 유명 호텔까지 모두 갖춘 하와이 최대의 쇼핑 거리이자 관광지이다. 하와이에서 사고 싶었던 것 혹은 먹고 싶었던 것들은 모두 이곳에서 만날 수 있다. 보통 첫 하와이 여행의 시작점이 될 테니 이틀 정도 이 지역에서 바다와 쇼핑을 꽉 채워 즐기면 좋다. 다만 하와이에서 가장 물가가 비싼 동네이다 보니 계획적인 소비가 필요하다. 약 1.5km의 긴 거리의 작은 공연과 불 밝힌 노점들로 활기가 넘친다.

와이키키의 아이덴티티가 물씬 나는 거리

## 와이키키 비치 워크 Waikiki Beach Walk

낮이고 밤이고 언제나 여유로움이 느껴지는 와이키키 비치 워크. 와이키키 최대 번화가인 칼라카우아를 조금만 걷다 보면 만날 수 있는 이 거리는 엠버시 스위트Embassy Suites 호텔과 윈덤Wyndham 호텔을 양옆으로 두고 개성 있는 로컬 매장이 가득하다. 블루 진저, 소하 리빙, 크레이지 셔츠 등 하와이 브랜드 상점이 대부분 길을 채우고 있다. 300m 정도로 짧은 길이지만 갈 곳 볼 곳이 많은 감각적인 길이다. 특히 야자수와 함께 초록 잔디가 펼쳐진 곳에 설치된 무대에서는 훌라 레슨, 무료 공연 등이 끊임없이 열려 다채롭다. 하와이에서 가장 유명한 펍, 야드 하우스와 스테이크 레스토랑인 루스 크리스가 있어 한 번은 들어가게 되는 곳. 식사 후 느린 걸음으로 아이쇼핑을 추천한다. 무료 엔터테인먼트와 이벤트는 홈페이지에서 일정을 확인할 수 있다. 식사나 쇼핑 후 주차 도장을 받으면 주차 할인도 가능하다.

### Info

주소 227 Lewers St. Honolulu
운영시간 09:30~21:00 (숍마다 다름)
주차정보 엠바시 스위스 호텔이나
윈햄 베케이션 리조트에 주차, $10
이상 지출 시 4시간 $8
주차좌표 75H9+RF 호놀룰루
홈페이지
www.waikikibeachwalk.com

와이키키의 역사를 간직한

# 인터내셔널 마켓 플레이스 International Market Place

와이키키가 휴양지로 발돋움하기 이전부터 하와이 사람들과 함께 해
온 재래시장 자리에 있다. 하와이의 오래된 랜드마크! 1850년부터 이
곳에 뿌리를 내린 반얀트리가 우아하고 신비로운 분위기를 자아낸다.
반얀트리를 따라 몰 안쪽으로 들어가면 퀸스 코트Queen's Court 이
벤트 홀이 나오는데 작은 콘서트, 역사의 스토리를 담은 루아우쇼, 훌
라 배우기, 요가 교실 등 이벤트가 시시때때로 열려 쇼핑을 하지 않아
도 즐거운 시간을 보내기에 좋다. 와이키키의 명소답게 총 3층 규모
의 쇼핑몰로 1층은 발렌시아가, 버버리 등 고급 브랜드, 2층은 로컬
브랜드. 3층은 릴리하 베이커리 외 여러 레스토랑 등 총 10여 곳의 레
스토랑이 있다.

### Info

**주소** 2330 Kalakaua Ave,
Honolulu
**운영시간** 10:00~21:00 (숍마다 다름)
**주차정보** 주차장은 $25 이상 지출 시
1시간 무료, 2시간 $2
**주차좌표** 75HF+5M 호놀룰루
**홈페이지** www.shopinternational
marketplace.com

휴양지 느낌 충만!

# 로열 하와이안 센터 Royal Hawaiian Center

휴양지 느낌 충만한 쇼핑 & 문화 공간이다. 칼라카우아 에비뉴에 세 블록에 걸쳐 들어선 4층짜리 쇼핑센터. 로열 하와이안 호텔과 연결되어 있다. 알라 모아나 센터에 비해 규모는 작으나 펜디, 페라가모, 에르메스, 불가리, 까르띠에 등 다양한 명품 브랜드와 각종 숍이 늘어서 칼라카우아 거리를 명품 거리로 만드는 데에 일조했다. 로열 하와이안 호텔을 통해 와이키키 비치와도 연결되어 있어 수영복을 입고 쇼핑하는 여성들이 유난히 많다. 아마 와이키키의 쇼핑센터 중 가장 바쁘고 활기찬 모습이 아닐까 싶다.

B동과 C동 사이 1층에 위치한 연못 정원 '로열 글로브'는 로열 하와이안 센터의 명소로 잠시 앉아서 쉬어가기 좋다. 급히 인터넷을 써야 한다면 애플 숍에서 무료로 사용할 수도 있다. 또한 우쿨렐레나 훌라, 레이 만들기 등 다양한 문화탐방 프로그램에 무료로 참여할 수도 있으니 관심이 있다면 안내 데스크에서 한국어 브로셔를 받아 스케줄을 확인해 보자.

## Info

**주소** 2201 Kalakaua Ave. Honolulu
**운영시간** 10:00~21:00(숍마다 다름)
**주차정보** 로열 하와이안 센터 주차장,
$10 이상 지출시 1시간 무료, 2시간
$3, 3시간 $3
**주차좌표** 75HC+H3 호놀룰루
**홈페이지**
kr.royalhawaiiancenter.com

눈으로 미리 둘러보기

# 로열 하와이안 센터의 인기 숍 & 레스토랑

### 딘앤델루카

커피와 디저트 퀄리티가 굿이다. 하와이 에디션 굿즈로 오픈런 하게 만드는 카페!

### 호놀룰루 쿠키 컴퍼니

하와이 대표 기념품으로 맛있고 박스도 예뻐서 선물하기 좋다.

### 스투시

이 지점에서만 구입 가능한 하와이 에디션 티셔츠가 인기!

### 티파니 & 코

3층 규모의 대형 매장. 다양한 라인의 모든 디자인을 볼 수 있다.

### 치즈 케이크 팩토리

치즈 케이크부터 여러 케이크 종류와 파스타, 스테이크 인기 메뉴가 많다.

### 울프강 스테이크 하우스

하와이 가면 꼭 한번 들르는 스테이크 레스토랑이다.

### 아일랜드 빈티지 커피

100% 코나 커피, 아사이볼도 유명하다. 양이 넉넉하고 맛있다.

THIRD STEP

오하우 173

아이들과 시간을 보낸다면

# 포트 데루시 비치 & 힐튼 라군 Fort DeRussy Beach & Hilton Lagoon

조경이 잘 되어 있는 와이키키 서쪽 비치다. 반얀트리가 있는 동쪽 비치보다 한적하고 나무가 가득한 공원과 모래사장이 조화롭게 어우러져 시간 보내기 좋다. 비치는 하와이에서 규모가 가장 큰 리조트 힐튼 하와이언 빌리지와 이어져 있고 리조트 앞의 힐튼 라군까지 산책하기 최고다. 특히 호수처럼 잔잔하고 수심이 얕은 라군은 아이들 놀기에 딱! 가족단위 여행자라면 더 평화로운 시간을 보낼 수 있다. 물놀이를 썩 즐기지 않는 여행자나 아이들을 위해 비치 앞에서 잠수함(Atlantis Submarines Waikiki) 투어도 할 수 있다. 잠수함은 9시부터 2시까지 정시 출발 (요금 성인 $130, 탑승 소요시간 90분)

### Info
**주소** Duke Kahanamoku Lagoon Boardwalk, Honolulu
**위치** 힐튼 하와이안 빌리지 옆
**운영시간** 09:30~20:00
**주차정보** 요트하버 공영 주차장, 시간당 $1
**주차좌표** 75M5+9R 호놀룰루

희귀동물이 한자리에

# 호놀룰루 동물원 Honolulu Zoo

아이와 함께 하와이 여행을 한다면 꼭 추천하는 곳이다. 와이키키 해변 바로 옆이라 가기 쉬울 뿐 아니라 약 1,230 종의 동물을 한자리에서 볼 수 있는 오아후 유일의 동물원이다. 우리 안은 동물을 배려해 서식지와 비슷한 환경을 갖춰 놓았다. 동물들에게 갇혀 있다는 스트레스를 최소한으로 줄여주기 위해 노력했다고 한다. 인기 구역은 아프리카의 사바나 초원을 모델로 만든 '아프리칸 사바나African Savanna'로, 사자, 치타, 기린 등의 동물을 볼 수 있다. 단, 햇볕이 너무 뜨거운 여름철에는 아이들이 지칠 수 있으니 주의해야 한다. 동물원의 안쪽으로 들어가면 케이키 동물원Keiki Zoo이라는 어린이 동물원이 나오는데, 그곳에서는 아이들이 직접 말이나 염소, 양 등을 만져 보고 먹이를 주며 체험해 볼 수 있으니 놓치지 말 것. 동물원 내에는 푸드코트와 잔디밭, 놀이터가 있어 아이들과 시간 보내기에 더할 나위 없이 좋다.

### Info
**주소** 151 Kapahulu Ave. Honolulu
**운영시간** 09:00~16:00
**입장료** 성인 $21, 3~12세 $13
**주차정보** 시간당 $1.5
**주차좌표** 75CH+CC 호놀룰루
**홈페이지** www.honoluluzoo.org

오아후에서 가장 크고 오래된

# 카피올라니 공원 Kapiolani Regional Park

칼라카우아 대왕이 사랑했던 아내의 이름을 딴 이 커다란 공원은 와이키키 동쪽부터 다이아몬드 헤드의 서쪽 산기슭까지 이어진다. 공원 면적이 축구장 100개가 들어가는 규모이다. 매년 12월 개최되는 호놀룰루 국제 마라톤 대회의 도착지점으로도 익히 알려져 있는데, 1993년 이봉주 선수가 이 대회에서 우승하며 세계 무대에 처음 이름을 알리기도 했다. 와이키키 동쪽 호텔에 숙소를 잡았다면 공원까지 천천히 산책하며 10~20분만에 닿을 수 있는 거리다. 끝없이 펼쳐진 잔디밭에 커다란 반얀트리가 시원한 그늘을 드리우고 있다. 젖은 몸을 말리며 휴식을 취하거나, 폭신한 잔디에 누워 와이키키의 여행자들을 구경하며 빈둥거리기 좋다. 공원 안에 자리한 호놀룰루 동물원이나 와이키키 아쿠아리움도 인기 관광지 중 하나.

**Info**

**주소** 3840 Paki Ave, Honolulu
**운영시간** 05:00~00:00
**입장료** 무료
**주차정보** 공원 앞 도로에 유료와
무료가 함께 운영된다. 주차표지판 확인
05:00~00:00 유료 시간당 $1
**주차좌표** 759H+F8 호놀룰루

**tip**

### 베어풋 비치 카페

Barefoot Beach Cafe @Queen's Surf Beah

와이키키 쿠히오 비치에서 카피올라니 공원 방면 공원 초입에 작고 아담한 비치바가 있다. 공원에서 시간을 보내다 출출하면 잠시 들르기 좋다. 간단한 간식거리부터 팬케이크, 햄버거 등 한 끼 든든하게 채우기 좋은 메뉴와 맥주, 스무디 음료가 있다. 파인애플을 통째로 갈아 넣어주는 파인애플 스무디가 인기 메뉴. 한적한 비치 풍경과 선셋까지 작지만 다 가진 비치 카페이다.

**Info**

**주소** 2699 Kalākaua Ave. Honolulu
**위치** 카피올라니 공원 건너편
**운영시간** 08:00~20:30
**요금** 스무디와 식사 각 $14~
**주차정보** 카피올라니 공원 앞 도로에 유료와 무료가 함께 운영된다.
주차표지판 확인 05:00~00:00 유료 시간당 $1
**주차좌표** 759H+F8 호놀룰루
**홈페이지** www.barefootbeachcafe.com

THIRD STEP

# 구석구석 발도장 찍는 와이키키 랜드마크

눈 감고 다니지 않는 이상 와이키키에서 안 보고 그냥 지나칠 수 없는 랜드마크. 와이키키는 도보로 이동할 일이 많다. 주차 때문에 스트레스 받을 수도 있으니, 와이키키에서만큼은 과감하게 차를 두고 구석구석 걸어보자. 랜드마크를 알고 걸으면 걷는 길도 즐거울걸?

## 모아나 서프라이더, 어 웨스틴 리조트 & 스파, 와이키키 비치 Moana Surfrider, A Westin Resort & Spa, Waikiki Beach

1901년도에 건축된 와이키키 최초의 호텔이다. 미국이 초강대국으로 부상할 때 럭셔리하게 오픈 후 미국 부자들이 묵으면서 '와이키키의 영부인'으로 불렸다. 지금까지 그 명성을 이어가고 있는 중. 미국 국립 사적지로 등재되었다.

주소 2365 Kalākaua Ave, Honolulu

## 더 로열 하와이안, 어 럭셔리 컬렉션 리조트, 와이키키 The Royal Hawaiian, a Luxury Collection Resort, Waikiki

핑크 호텔로 통한다. 메리어트 계열의 럭셔리 컬렉션 브랜드로 100년간 와이키키를 핑크빛으로 물들이고 있다. 스페인 무어식 건축 양식에 밝은 핑크는 유럽의 성을 떠올리게 한다. '태평양의 핑크 궁전'이라고 부른다.

주소 2259 Kalākaua Ave, Honolulu

## 듀크 카하나모쿠 동상 Duke Paoa Kahanamoku Statue

와이키키에 도착하면 두 팔 벌려 우리를 환영하는 듀크 카하나모쿠 동상을 볼 수 있다. 하와이의 전설적인 수영선수이자 서핑선수로서, 서핑을 전 세계에 전파하는 데 큰 역할을 했다.

주소 Kalākaua Ave, Honolulu

## 쿠히오 비치 반얀트리 Banyan Tree

비치 앞에 거대한 반얀트리. 낮 시간엔 도시락을 먹을 수 있는 휴식처이고 저녁엔 무료 비치 루아우 쇼를 하는 무대가 있다.

주소 Kuhio Beach Hula Mound, Kalākaua Ave, Honolulu

## 카피올라니 공원 Kapiolani Regional Park

하와이의 가장 큰 공원이자 두 번째로 오래된 공원이다. 1877년 하와이 왕실의 부지를 공공장소로 주민들에게 헌정한 곳이다. 하와이의 행사나 축제 장소로 활용한다. 호놀룰루 동물원이 이 공원에 있다.

주소 3840 Paki Ave, Honolulu

## 힐튼 하와이안 빌리지 와이키키 비치 리조트 & 라군 Hilton Hawaiian Village Waikiki Beach Resort

3,386개의 객실을 보유한 하와이에서 가장 큰 리조트이다. 내부에 쇼핑숍과 다양한 레스토랑이 이름처럼 마을을 이루고 있다. 호텔 앞 인공 라군은 아이들 물놀이로 제격이다.

주소 2005 Kālia Rd, Honolulu

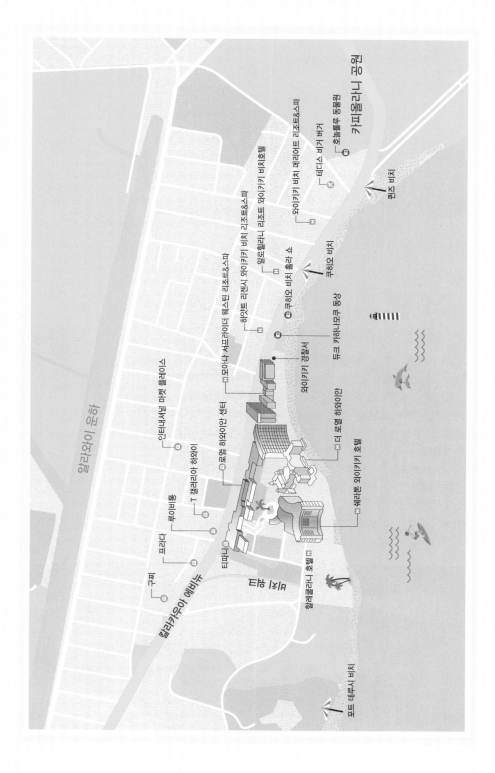

카피올라니 공원

칼라카우아 애비뉴

인터내셔널 마켓 플레이스

호놀룰루 동물원

티디스 바가 바거

콘즈 비치

와이키키 비치 메리어트 리조트&스파

알로힐라니 리조트 와이키키 비치호텔

와이키키 비치 리조트&스파

하얏트 리젠시 와이키키 비치 리조트&스파

쿠히오 비치 훌라 쇼

쿠히오 비치

모아나 서프라이더 웨스틴 리조트

와이키키 경찰서

로열 하와이안 센터

T 갤러리아 하와이

듀크 카하나모쿠 동상

루이비통

프라다

구찌

티파니

더 로열 하와이안

세러톤 와이키키 호텔

할레쿨라니 호텔

푸카 비치

포트 드루시 비치

THIRD STEP

# 와이키키 맛집
## Waikiki Restaurant

와이키키에서는 먹어야 할 게 너무 많아서 뭘 먹어야 할지 모를 정도. 대혼돈의 장에서는 특별히 정신 똑바로 차리고 먹는 데 진심을 다할 것. 당신이 절대 놓치지 말아야 할, 귀한 와이키키 맛집 족보를 전해주겠다.

### 여심저격 뷰도 맛도 위치도 다 잡았다!
## 마이 타이 바 Mai Tai Bar

와이키키 비치를 걷다 보면 핑크빛 파라솔에 이끌려 가게 되는 마이 타이 바. 핑크 호텔이라 부르는 더 로열 하와이안 호텔 1층에 위치해 있다. 와이키키를 대표하는 맛집이자 비치바. 해가 지기 전 늦은 오후부터 웨이팅을 해야만 입장이 가능한 곳이다. 예약은 되지 않는다. 워크인으로만 들어갈 수 있다. 칵테일도 식사도 가벼운 핑거푸드도 모두 인기가 좋다. 시그니처 메뉴는 이름처럼 마이 타이 칵테일이다. 타히티어로 최고를 뜻하는 마이 타이는 트로피칼 칵테일의 여왕으로 불릴 만큼 휴양지를 대표하는 칵테일이다. 진한 트로피컬 과일향이 매력적이다. 그 외 핑크빛이 감도는 핑크 팰리스 팬케이크, 트러플 오일에 바삭하게 튀겨 파마산 치즈를 올린 트러플 프라이도 인기 있는 메뉴다. 와이키키 선셋과 즐기는 마이 타이 한잔은 하와이 로망의 완성작이다.

**Info**

**주소** 2259 Kalākaua Ave, Honolulu
**위치** 더 로열 하와이안 호텔 1층
**운영시간** 11:00~23:00
**요금** 칵테일 $15~, 푸드 $15~

### 오픈런은 여기서 해야죠

# 딘 앤 델루카 Dean & Deluca

뉴욕에서 고급 식료품점으로 시작한 곳. 트렌디한 라이프 스타일을 가진 도시 위주로 체인점이 늘어나고 있다. 하와이의 부촌 워드 빌리지에도 성공적으로 오픈하여 폭발적인 인기를 끌고 있다. 현재 와이키키의 리츠칼튼 레지던스와 로열 하와이안 센터까지 세 곳의 지점이 생겼다. 간단히 먹을 수 있는 디저트와 베이커리, 하와이 음식인 칼루아 포크 에그 베네딕트, 베이글 살몬 샌드위치 등 브런치 메뉴까지, 식재료도 맛도 너무 고급스럽다. 한번 맛보면 끊을 수 없는 중독성이 있다. 특히 토드백, 머그컵 등 하와이 에디션도 인기라 여행자들을 아침부터 오픈런게 만든다. 굿즈가 출시될 때마다 바로 바로 완판되니 욕심난다면 부지런히 다녀올 것.

**Info**

주소 383 Kalaimoku St, Honolulu
위치 더 리츠칼튼 레지던스 1층
운영시간 07:00~17:00
요금 커피 티, 커피 $4.5~

### 이거 먹으러 하와이 왔지! 미국식 수제 맥주!

# 야드 하우스 Yard House

밤이고 낮이고 줄을 서는 비치 워크 최고의 맛집이자 하와이 맥줏집 중 가장 인기 있는 곳! 기다란 하프야드 잔에 채워져 나오는 맥주는 '술알못'에게도 '맥주 한 잔 더!'를 외치게 한다. 하와이 수제 맥주를 비롯해 전 세계 드래프트 비어 130여 종을 갖추고 있다. 손님이 많으니 회전율이 높아 맥주가 살아있는 듯 신선하다! 월~금 14:00~15:30, 수 22:30~01:00는 해피아워이다. 해피아워Happy Hour에는 주류 등을 할인한다.

**Info**

주소 226 Lewers St. Honolulu
위치 와이키키 비치워크 1층
운영시간 11:00~01:00 (변동 있음)
요금 수제 맥주 $7.5~

#### 일본인도 줄 서는 우동 맛집

## 츠루동탄 Tsuru Ton Tan (Waikiki)

일본 발 우동집이지만 뉴욕, 하와이에서 더 유명한 인터내셔널
체인이다. 엄청나게 큰 우동 그릇에 놀라고, 쫀득하고 통통한
우동 면발에 또 놀라는 진정한 맛집. 냉우동, 와규 우동, 명란
크림우동, 캐비어 우동 등등 창의적인 우동 메뉴가 다채로운데
뭘 시켜도 기본적으로 면발이 만족도를 충족시킨다. 우동 위에
올린 재료도 푸짐하다. 명란우동과 냉우동 추천. 메뉴당 $20
정도로 가격까지 착하다.

### Info

주소 2233 Kalakaua Ave B310, Honolulu
위치 위치 로컬 하와이안 센터 B동 Level 3
운영시간 11:00~14:00, 16:30~21:00
요금 $15~
홈페이지 www.tsurutontan.com/hawaii


#### 비치 갈 때 꿀맛!

## 무스비 카페 이야스메 Musbi Cafe IYASUME

외식비가 어마무시한 오아후에서 가볍게 한 끼 해결할 수 있는 방법은 스팸 무스비와 도시락 체인점을 이용
하는 것. 하와이에 오면 꼭 한 번은 먹게 되는 간식 스팸 무스비는 비치에 나가기 전 간단한 먹거리로 제격
이다. 스팸은 기본이고, 아보카도, 참치, 치킨, 장어 등 종류도 다양하다. 이런 무스비까지? 라는 생각이
들 정도로 창의적인 메뉴도 있어 고르는 재미가 있다. 카페라고는 하지만 가게가 좁아서 실내 이용보다는
테이크아웃을 주로 한다. 와이키키 비치 워크와 시사이드 에비뉴Sea Side Ave.에도 있으니 편한 곳을 이
용하자.

### Info

주소 2427 Kuhio Ave, Honolulu
운영시간 07:00~20:00
요금 무스비 $2.5~
홈페이지 www.iyasumehawaii.com

### 와인바인데 식사가 더 맛있는

# 아일랜드 빈티지 와인바 Island Vintage Wine Bar

다양한 와인을 와인 디스펜서에서 자유롭게 원하는 만큼 따라 마실 수 있는 와인바이다. 와인 종류가 많아서 와인을 좋아한다면 꼭 한번 가볼 것. 와인바라고 하니 저녁에 가서 와인 한잔 하는 건가? 싶지만, 오전 7시부터 밤 10시까지 영업시간도 길고 식사 메뉴도 다양하다. 음식이 매우 신선하며 무엇보다 건강한 음식인 게 최고의 장점. 로코모코부터 라이스 메뉴, 샐러드, 치즈와 하몬 등 와인 안주 메뉴까지 시각과 미각을 모두 만족시킨다. 하와이의 쟁쟁한 레스토랑을 제치고 2023 와인 스펙테이터 어워드 수상, 2023 할레아이나 어워드 수상, 비건 음식 어워드 등 다양한 레스토랑 수상경력이 있으니 믿고 가도 된다. 추천 메뉴는 포케 비빔밥, 와규 비프 로코모코, 하와이 메이드 부라타 치즈 프로슈토!

**Info**

**주소** 2301Kalakaua Ave. Honolulu
**위치** 로열 하와이안 센터 2층
**운영시간** 07:00~22:00
**요금** 포케 $20

### 가장 맛있는 코나 커피

# 코나 커피 퍼베이어스 B 파티세리 Kona Coffee Purveyors B Patisserie

와이키키에는 여러 곳의 유명 코나 커피 전문점이 있는데 개인적으로 가장 맛있는 곳으로 이곳을 추천한다. 30년간 하와이에서 커피만 연구한 레이먼드 수터Raymond Suiter는 미국의 커피 장인이라고 불리운다. 커피 테이스터 레벨 1, 미국 스페셜티 커피 협회 리드 강사, 프로패셔널 AST로 활동 중이다. 커피에 진심인 오너 덕분에 이곳의 커피는 다른 곳과 비교 불허이다. 강렬한 에스프레소에 부드러운 아이스크림이 퐁당 빠진 아포가토는 중독적이다. 진하고 적당한 산미가 있는 아이스 아메리카노도 좋다. 한번 마셔보면 발길을 끊을 수 없는 커피라는 것. 카페에서 직접 구운 바삭한 크루아상이 있어 간단한 아침 메뉴로도 좋다.

**Info**

**주소** 2330 Kalakaua Ave. Honolulu
**위치** 인터네셔널 마켓 플레이스 1층
**운영시간** 07:00~16:00
**요금** 코나커피 $5~

목적은 달라도 모두가 사랑하는 곳

# 알라 모아나 지역
Ala Moana

온갖 쇼핑몰과 대형마트가 몰려 있는 곳이다. 여행자는 대부분 쇼핑만 하다 돌아가지만 알라 모아나의 뜻은 '바다로 가는 길'! 쇼핑몰만 벗어나면 바다가 나온다는 것을 기억하자. 쇼핑만 하고 돌아가기에 알라 모아나 비치는 너무도 사랑스럽다. 와이키키를 관광객이 독차지했다면 알라 모아나는 현지인의 놀이터다. 쇼핑은 후다닥~ 비치는 여유롭게 즐겨볼 것. 현지인처럼.

© 하와이 관광청

온종일 돌아도 부족해!

# 알라 모아나 센터 Ala Moana Center

쇼핑만을 위한 하루를 원한다면 이곳으로! 하와이 최대 쇼핑센터 알라 모아나 센터는 규모가 압도적이다. 아웃도어 쇼핑센터로는 하와이를 넘어 세계 최대 규모이다. 쇼핑몰 내에는 미국을 대표하는 블루밍 데이일스와 메이시스, 럭셔리 백화점인 니만 마커스, 노드스트롬 그리고 대형 마트인 타겟까지 총 5개의 몰이 입점되어 있다.

하와이 로컬 브랜드를 시작으로 중저가 브랜드, 샤넬, 티파니, 론진 등의 인기 고가 브랜드까지 80개의 레스토랑을 포함해 360여 개 매장이 입점해 있고, 주차장은 11,000대 이상의 차를 수용할 수 있으니 그 크기를 상상하기도 힘들 정도. 주차를 했다면 주차 위치는 꼭 확인해 두어야 한다.

어떤 매장에 들를 것인지 미리 체크하지 않고 무작정 돌아다니면 물건을 사기도 전에 지쳐버릴 수 있다. 반드시 로비 중앙에 있는 안내 데스크에서 쇼핑몰 지도부터 챙긴 후 어떤 곳을 가보고 싶은지 미리 정하는 것이 좋다. 실내와 실외가 적절히 뒤섞인 알라 모아나 센터의 구조는 따뜻한 햇살을 받으며 산책하듯 아이쇼핑을 즐기기에도 그만이다. 알라 모아나 비치와 녹지가 내다보이는 경치 좋은 음식점과 카페도 많으므로 쇼핑 후 카페에 앉아 시원한 코나 커피 한잔으로 피로를 푸는 건 어떨까.

쇼퍼홀릭이라면 한국에서부터 미리 쇼핑을 준비해 보자. 알라 모아나 센터의 한국어 홈페이지에서는 할인쿠폰 및 여행 일정에 따른 할인 이벤트 소식, 모든 입점업체 및 위치를 확인할 수 있다. 할로윈데이나 독립기념일 또는 크리스마스 등의 특별한 날엔 대대적인 할인 행사와 이벤트가 펼쳐지니 꼭 홈페이지에 방문해 볼 것.

**Info**

주소 1450 Ala Moana Blvd. Honolulu
운영시간 10:00~20:00
주차정보 무료
주차좌표 75R4+CJ 호놀룰루
홈페이지 www.alamoanacenter.kr

Special

드넓은 알라 모아나 센터, 어디를 가야 할지 모르겠다면 여기!

# 알라 모아나 센터의 추천 매장

### 아리치아 Arizia

12가지의 패션 브랜드가 모인 부티크 편집숍. 핫한 브랜드가 독점으로 들어가 있어 패셔니스타들의 인기 매장이다. 들어가면 머리부터 발끝까지 걸치고 나올 만한 것들이 가득하다.
**위치** Ewa Wing Level 2

### 블루밍데일스 Bloomingdale's

미국을 대표하는 럭셔리 백화점으로 하와이의 최고 인기 로컬 쿠키 전문점인 호놀룰루 쿠키 컴퍼니, 자라, 몽클레어Moncler, 시계 명품 브랜드인 론진Longines 등이 있다. 매장 사이의 경계가 없어 쇼핑하기 편하게 시야가 뻥 뚫려 있다.

### 마카이 마켓 푸드코트
Makai Market Food Court

하와이 전통음식을 비롯해 전 세계의 유명 체인 레스토랑이 모여 있어서 선택의 폭이 넓다. $15 정도면 한 끼를 푸짐하게 해결할 수 있고, 다소 붐비지만 시설도 넓고 깔끔해서 만족스럽다.
**위치** Street Level 1, 1C

### 루피시아 Lupicia

루피시아는 차 문화가 발달한 일본에서 탄생한 브랜드다. 홍차, 녹차, 허브차, 디카페인 차 등 다양한 종류의 차를 직접 시음하고 구매할 수 있다. 저렴하기도 하고 작은 포장 단위가 많으며 가격에 비해 맛과 향이 좋다. 포장도 예뻐서 선물용으로 구매하기에 좋은 아이템. 아기자기한 찻잔이나 다기 등을 둘러보는 재미도 쏠쏠하다.
**위치** Street Level 1, 1C

### 말리에 Malie

하와이 자연으로 만들어지는 올가닉 럭셔리 스파 & 코스메틱 제품 브랜드이다. 하와이 열대우림에서 야생 식물 및 희귀종을 재배해 생산까지 까다롭게 만들어졌다. 샴푸와 오일이 인기.
**위치** Ewa Wing Level 3

### 브랜디 멜빌 Brandy Melville

요즘 미국 유럽 틴에이저들의 강력한 지지를 받고 있는 브랜드. 한국에서는 유명 여자 아이돌 스타가 입으면서 화제가 되었다. 하와이 익스클루시브 제품이 있어 레어템을 건질 확률이 높다.
**위치** Ewa Wing Level 3

### 이츠 슈가 It's Sugar

미국 전역에 100개 이상의 지점을 가진 거대한 캔디숍이다. 캔디는 단순히 먹는 게 아니다. 아이들에게 새로운 발견과 순수한 기쁨을 전달하겠다는 의지로 캔디숍을 캔디 놀이공원처럼 만들었다. 우리 눈에 낯익은 사탕부터 난생 처음 보는 별나라까지 구경만 해도 달달한 시간이다.
**위치** Level 3

### 무민 숍 하와이 Moomin Shop Hawaii

세계적으로 사랑받는 무민 캐릭터 숍이다. 하와이에서만 판매하는 머그, 티셔츠, 토드백, 휴대폰 케이스 등 인기 기념품이 가득하다.
**위치** Ewa Wing Level 3

# 알라 모아나 센터, 가장 돋보이는 맛집 열전
## Ala Moana Restaurant

알라 모아나에서는 알라 모아나 센터가 맛의 중심이다. 우선 알라 모아나 센터를 핵심 공략지로 삼아 작전을 짜자. 그다음 돈과 시간과 위장이 허락하는 선에서 한두 군데 더 추가하면 알라 모아나 맛집 탐방 끝! 넓고 넓은 알라 모아나 센터는 대형 푸드코트를 포함해 레스토랑만 해도 116개가 있다. 가장 잘 먹었다고 소문날 만한 곳으로만 픽! 헤매지 말고 바로 이곳을 찾아가자.

### 마리포사 Mariposa

스페인어로 나비라는 뜻. 실내 인테리어부터 메뉴 플레이팅까지 사랑스러운 레스토랑. 독특한 하와이 퓨전 메뉴로 하와이의 유명 맛집만 받을 수 있는 할레아이나를 해마다 수상한다.

**Neiman Marcus Level 3**
**운영시간** 11:00~15:00 17:00~19:30 **요금** 식사 $25~

### 젠 코리아 바비큐 하우스
### Gen Korea BBQ House

한국 바비큐 레스토랑이다. 저렴한 요금에 퀄리티 좋은 고기를 무제한 먹을 수 있어 늘 인기다. 디너에 $20을 더 지불하면 와규, 꽃살, 우대갈비, 새우 등 고기를 업그레이드해서 즐길 수 있다.

**Level 4**
**운영시간** 10:00~22:00 **요금** 런치 $20.95 디너 $33.95

### 호놀룰루 비스트로 Honolulu Bistro

무지개 모짜렐라 치즈가 쏟아져 내리는 토스트. 하와이 아니면 어디서 이런 걸 볼 수 있을까 싶은 메뉴이다. 고소한 치즈와 빵을 그릴에 바삭하게 구워내는 토스트집. 매장도 화려하고 예쁘다.

**Level 1**
**운영시간** 10:00~20:00 **요금** 토스트 $10~

### 고마 테이 Goma Tei

정통 일본 라면집으로 오랫동안 맛집 명성을 유지하고 있다. 탄탄 라멘과 소유 라멘이 기본 메뉴이며 완탕이나 라이스 종류도 있다. 저렴하고 맛있게 한 끼 해결할 수 있다.

**Level 1**
**운영시간** 11:00~21:00 **요금** 라멘 $12.50~

알라 모아나 옆

## 워드 빌리지 Ward Village

알라 모아나 센터에서 도보 8분 거리 현지인에게 사랑받는 워드 빌리지가 있다. 워드 빌리지는 5개의 작은 쇼핑몰이 붙은 복합 단지로 로컬 매장과 아웃렛 매장이 주를 이룬다. 노드스트롬 랙Nordstrom Rack, T.J 맥스T.J.Maxx 아웃렛 몰이 입점해 있다. 규모가 꽤 크고 제품이 깔끔하며 상품 회전율도 좋다. 로컬 쇼핑을 원한다면 다녀올 것.

### Info
주소 1240 Ala Moana Blvd. Honolulu
운영시간 일~목 11:00~18:00, 금·토 11:00~19:00
주차정보 2시간 무료
주차좌표 74VW+WP 호놀룰루
홈페이지 www.wardvillage.com

반얀트리 그늘에서 즐기는 휴식 한 조각

## 알라 모아나 비치 파크 Ala Moana Beach Park

알라 모아나 센터 건너편에 있는 알라 모아나 비치 파크는 내 친구가 하와이에 온다면 와이키키보다 먼저 소개해 주고 싶은 최애 비치이다. 관광객보다는 현지인들에게 인기가 더 많아서 와이키키 비치처럼 북적거림이 없다. 굵직한 반얀트리가 우거지고 초록색 풀 냄새도 가득하여 언제 가도 마음이 평온하다. 파란 파스텔 물감을 풀어놓은 듯 바다 빛깔이 아름다운 건 기본!
주말이면 공원 내 마련된 피크닉 테이블이 하와이 주민들의 바비큐 파티장으로 변하여 고기 굽는 냄새가 진동하지만, 월요일이 되면 언제 그렇게 시끄러웠냐는 듯 고요함을 되찾는다. 아무것도 할 일이 없는 날, 혹은 아무것도 하기 싫은 날, 깔고 앉을 수건 한 장, 책 한 권, 좋아하는 음악만 준비해 가면 종일 뒹굴어도 지루하지 않다. 낮에는 웨딩 촬영의 명소, 저녁이면 선셋 명소, 피크닉 명소로 칭찬할 것들이 넘쳐나는 비치다.

### Info
주소 1201 Ala Moana Blvd. Honolulu
운영시간 04:00~22:00
요금 입장 및 샤워시설 무료,
주차정보 무료
주차좌표 75Q3+7W 호놀룰루

© 하와이 관광청 Taku Miyazawa

### tip

### 하와이에서 '비치'와 '비치 파크'의 차이!
구글에서 하와이 비치를 검색하면 ○○Beach, ○○Beach Park 등으로 비치 이름이 검색된다. 두 명칭의 차이는 뭘까? Beach Park는 화장실, 샤워시설, 주차장, 가드 등 편의시설이 있는 곳. Beach 라고만 된 곳은 편의시설이 없는 그냥 바닷가를 뜻한다. 헷갈리지 말 것.

하와이 신흥 부촌

# 카카아코
### Kakaʻako

여러 곳의 럭셔리 콘도가 새로 들어선 카카아코는 콘도 높이 만큼 집값도 어마어마한 동네이다.
하와이의 핫플로 알려진 이 동네는 숍과 레스토랑마다 트렌디하고 젊은 감각이 물씬 풍긴다. 카
카아코는 과거 양식업과 소금을 생산하던 도시다. 1900년대 들어서며 여러 공장이 들어서고
노동자와 거주자의 커뮤니티에 의해 빠르게 성장했다. 오래된 도시는 한 세기를 지나 옛 모
습을 간직한 채 트렌디한 공간으로 바뀌어 갔다. 레트로한 느낌을 살려둔 채 새로운 문화를
절묘하게 믹스시켜 독특한 분위기를 형성하고 있다. 하와이의 아티스트 그룹 파우와우POW
WOW가 도시 재생에 참여하고, 파머스 마켓, 요가와 브런치, 브루어리 호핑, 아웃도어 쇼핑몰
솔트SALT, 공원 등 현지인에게는 새로운 라이프 스타일을 만들어냈다. 여행자에게는 하와이의
색다른 관광지로 떠오르는 중. 나 핫플 좀 즐겨! 라고 말하는 여행자라면 꼭 들러야 하는 동
네다.

도시 재생을 성공시킨

# 카카아코 벽화 거리 Kaka'ako Street Art

카카아코는 비즈니스 지역에 활력을 불어넣기 위해 파우와우POW
WOW 그룹에서 나온 아이디어이다. 파우와우 그룹은 하와이 로컬 아
티스트의 모임으로 카카아코 벽화거리는 매년 2월 100명 이상의 아
티스트에 의해 새 옷으로 갈아입는다. SNS를 겨냥한 포토존과 감각
적인 벽화는 파우와우의 독창성과 개성을 가득 담아냈다. 총 50개 이
상의 벽화가 건물마다 그려져 있어 카카아코는 걸으며 즐기기에 더 없
이 좋다. 솔트 앳 아워 카카아코를 시작으로 여러 블록에 포진해 있
다. 아트 골목은 홈페이지에서 확인 가능.

## Info

**주차정보** 스트리트 파킹(시간당 $1)
혹은 솔트 앳 아워 카카아코 주차장
이용
**주차좌표** 74XQ+57 호놀룰루
**홈페이지**
www.powwowworldwide.com/
festivals/hawaii

## Info

주소 691 Auahi St, Honolulu
운영시간 04:30~02:00
주차정보 1시간 무료 후 시간당 $1
주차좌표 74XQ+57 호놀룰루
홈페이지 www.saltatkakaako.com

염전의 대변신

# 솔트 앳 아워 카카아코 SALT at Our Kaka'ako

카카아코의 중심지이자 가장 활기가 넘치는 엔터테인먼트 공간이다. 오래전 이곳은 염전으로 이루어진 땅
이었다. 지역명도 소금이라는 뜻의 올레로Olelo였다. 현재는 같은 의미의 솔트로 오픈. 지역 사람들의 이
벤트가 펼쳐지고 로컬 아티스트들의 공공 예술 장소로도 사용된다. 아웃도어 쇼핑센터로 여러 맛집과 레트
로한 레코드 숍, 로컬 액세서리나 소품을 판매하는 트렌디한 숍이 많아서 아이쇼핑 하는 맛도 좋다.

우리만의 비치 피크닉

# 카카아코 워터프론트 공원 Kaka'ako Waterfront Park

와이키키의 그 많은 사람들을 등지고 오롯이 우리만의 바다를 즐길 수 있는 해변공원이다. 바다 앞 공원이
잔디와 언덕으로 이루어져 있어 고즈넉한 풍경이 있다. 커다란 나무 아래 피크닉 테이블이 있어 도시락 싸
들고 평화롭게 피크닉을 즐기기 딱 좋다. 주차장도 공원 안쪽에 위치해 있어 주차가 편하다.

## Info

주소 102 Ohe St, Honolulu
운영시간 05:00~19:00
주차정보 무료
주차좌표 74VP+G8 호놀룰루

# 힙한 동네, 카카아코 맛집
## Kaka'ako Restaurant

카카오카는 하와이에서도 젊고 감각적이고 새로운 곳이다. 조금 더 밝고 개성 있는 카카아코 감성을 느낄 수 있는 맛집을 알아보자. 카카아코에서 뭐 먹지?! 카카아코에서 여기 모르면 안 되지!

### 아메리칸 스타일
## 모쿠 키친 Moku Kitchen

모던함을 겸비한 미국식 레스토랑. 칵테일과 라이브 음악으로 저녁 시간이 가장 활기차다. 피자 맛집인 만큼 해피아워에 가서 가볍게 피맥으로 출출함을 채우기 좋다.

#### Info

주소 660 Ala Moana Blvd. Honolulu
위치 솔트 앳 아워 카카아코 1층
운영시간 11:00~21:00
요금 칵테일 $14, 샐러드 $14~, 피자 $18~
홈페이지 www.mokukitchen.com

### 믿고 가는 로컬 음식 맛집
## 하이웨이 인 카카아코 Highway Inn Kaka'ako

하와이 로컬 푸드를 정찬으로 먹을 수 있는 곳. 다양한 메뉴를 세트로 즐길 수 있다. 1947년에 문을 연 뒤 현재까지 3대째 내려오는 로컬 맛집이다. 와이파후Waipahu 본점과 카카아코 지점이 있다.

© Highway Inn Kaka'ako

#### Info

주소 680 Ala Moana Blvd. #105, Honolulu
위치 솔트 앳 아워 카카아코 1층
운영시간 09:30~20:00
요금 식사 $10.95~, 사이드 $3.5~
홈페이지 www.myhighwayinn.com

# 요즘 유행! 비어 브루잉 호핑!

카카아코 지역에는 양조장 투어(브루잉)가 유행처럼 번지고 있다. 비슷한 가격대와 메뉴를 가진 여러 곳의 브루잉이 있는데 위치도 비슷해서 도보로 이동이 가능하다. 카카아코 브루잉에 대낮부터 손님이 빡빡하게 자리를 채우는 이유는 해피아워 때문이다. 브루잉에서 직접 만드는 신선한 맥주 할인부터 해피아워 메뉴가 다양하다.

테라스를 가득 채운 맥주 러버들
### 알로하 비어 컴퍼니 Aloha Beer Co.

직접 만든 벨기에 스타일의 IPA맥주가 인기 맥주! 골든 와이마날로 팜하우스 에일을 추천한다. 칩, 피자, 샌드위치 등 해피아워 메뉴가 다양하다. IPA가 주력이다. 쌉쌀한 맥주가 목을 탁! 치는 타격감이 매력적이다.

## Info

해피아워 14:30~17:30
주소 700 Queen St. Honolulu

라이브 공연을 보며 비어 타임
### 호놀룰루 비어웍스 Honolulu Beerworks

맥주 종류가 많아 '선택장애'가 온다면 샘플러 추천! 작은 사이즈로 6개 세트라서 다양한 맛을 즐길 수 있다. 맥앤치즈가 맥주만큼 유명하다. 매일 밤 분위기 좋은 라이브 공연과 함께 맥주를 마실 수 있는 곳. (현재 임시 휴업)

## Info

해피아워 15:00~17:00
주소 328 Cooke St. Honolulu

넓고 세련된 맥주 양조장
### 하나 코아 브루잉 Hana Koa Brewing Co.

훌륭한 19가지의 수제 맥주가 있다. 상큼하고 상쾌한 브론드 에일이 가장 맛있다. 과일향이 가득한 IPA나 일본식 라이스 라거 등 독창적인 메뉴가 많아서 맥주 마니아들에게 호응이 아주 좋다. 해피아워 메뉴로 어니언링, 피시 앤 칩스, 미니 버거를 추천한다.

## Info

해피아워 화~금 15:00~18:00
주소 962 Kawaiaha'o St, Honolulu

하와이의 도심

# 호놀룰루 다운타운
## Honolulu Downtown

호놀룰루 다운타운은 정부 청사와 기업들이 있어 행정도시 분위기에 미술관, 박물관, 미국의 하나뿐인 궁전 등 역사적인 장소가 적절히 뒤섞여 있다. 와이키키에서 차로 15분 정도 소요되는데 호놀룰루 공항과 와이키키 사이에 위치해 있어서 첫날 혹은 마지막 날 공항을 오가며 들르는 일정을 잡으면 좋다. 박물관을 제외하고 나머지 관광지는 반나절이면 둘러볼 수 있는 코스다. 바다를 벗어나 잠시 하와이의 역사·문화 기행을 떠나보자.

THIRD STEP

**Info**

**주소** 364 South King St. Honolulu
**운영시간** 09:00~16:00, 일·월 휴무
**요금** 궁전 외부 무료 입장, 셀프 오디오
투어 $26.95(화·목·금·토), 도슨트 투어
$32.95(수·목·토)
**주차정보** 카메하메하 대왕 동상 옆 주차장
$0.25 / 15분
**주차좌표** 844R+47 호놀룰루
**홈페이지** www.iolanipalace.org

여왕의 아름다운 보석상자

# 이올라니 궁전 Iolani Palace

이올라니란 '신성한 새'라는 뜻으로, 1882년에 하와이 왕조 칼라카우아 왕King Kalakaua이 창건한 미국 유일의 궁전이다. 폴리네시아에서 가장 화려한 생활을 즐겼던 하와이 왕실 문화유산이 전시된 박물관이 있어 많은 관광객이 찾는다. 내부에는 화려한 침실과 다이닝 룸들이 공개되어 있는데, 별동인 이올라니 발락에서 입장권을 산 후 궁전으로 들어가야 한다. 사진 촬영은 금지되어 있으며, 바닥을 보존하기 위해 구두 위에 커버를 씌운 채 입장한다.

내부 관람은 일반 가이드 투어와 셀프 오디오 투어 외에 역사를 좀더 깊숙이 들여다보는 스페셜티 투어가 몇 가지 있다. 스페셜티 투어는 왕실의 유산을 비하인드 스토리와 함께 보여주거나 하와이 왕족의 의상을 집중 공개하는 투어 등이 있어서 취향에 따라 골라서 투어 가능하다.

앞뜰과 뒤뜰은 정말 헉 소리가 나도록 큰 반얀트리와 뛰어난 조경 덕분에 신혼 부부들의 기념 촬영 장소로 인기가 좋다. 궁전 건물 외 공원과 외부 입장은 무료이다.

궁전 맞은편도 잊지 말 것!

# 카메하메하 대왕 동상 King Kamehameha Statue

카메하메하 대왕은 18세기에 하와이 제도를 최초로 통일시킨 하와이 원주민 왕국의 초대 대왕으로서 하와이 사람들에게는 우상 같은 존재. 매년 6월 11일은 카메하메하 대왕을 기념하는 날로, '외롭다'는 뜻의 이름이 무색할 만큼 하와이 전역에서 기념 축제가 열린다.

동상은 예쁘고 커다란 수십 개의 레이가 장식된다. 그런데 재미있는 사실 하나. 이 동상의 실제 모델은 카메하메하 대왕이 아니라 당시 궁정에서 가장 잘생긴 사람이었다고 한다. 이올라니 궁전 건너편에 우뚝 세워져 있으니 오며 가며 볼 수 있다.

**Info**

**주소** 447 South King St. Honolulu
**위치** 이올라니 궁전 맞은편
**운영시간** 09:00~17:00
**요금** 무료
**주차정보** 카메하메하 대왕 동상 옆 주차장 $0.25 / 15분
**주차좌표** 844R+47 호놀룰루

그 이름도 아름다워~

# 알로하 타워 Aloha Tower

알로하 타워는 1926년 완공 당시 하와이에서 가장 높은 건물이었고, 그 명성은 약 40년간 이어갔다. 지금은 호놀룰루 국제공항 건설과 함께 다운타운에 고층 빌딩이 들어서면서 왕좌에서 내려왔지만, 크림색의 고풍스러운 시계탑과 누구도 가져갈 수 없는 아름다운 이름만큼은 여전히 하와이를 대표한다. 이곳의 워터프론트Water front 항구는 과거 공항이 없던 시절에 하와이의 현관문이었는데, 요즘은 세계일주를 하는 초호화 크루즈가 정박하거나 여러 해운업체에서 운영하는 선셋 크루즈Sunset Cruise의 출발지 역할을 하고 있다. 동서남북으로 뚫려있는 10층 전망대에서는 크루즈가 떠있는 옥색 바다와 다운타운, 호놀룰루 시내까지 한눈에 보여 그 풍경을 제대로 만끽할 수 있다.

Info

주소 155 Ala Moana Blvd. Honolulu
운영시간 09:00~17:00
요금 무료
주차정보 1시간 무료 후 시간당 $2
주차좌표 844P+V3 호놀룰루
홈페이지 www.alohatower.com

작은 중국과 만나기

# 차이나타운 China Town

저렴한 간식과 식자재를 구매할 수 있는 곳. 세계 어느 나라를 가더라도 차이나타운을 쉽게 볼 수 있다. 하와이 속의 작은 중국, 차이나타운 역시 킹 스트리트와 마우나 케아 스트리트를 중심으로 형성되어 있는 재미있는 동네다. 1788년부터 중국인들의 하와이 이민 역사가 시작된 곳으로 대부분 건물이 1900년대 이전에 지어진 모습 그대로를 유지하고 있다.

여행자에게는 하와이와 중국의 컬래버레이션 문화를 느끼는 재미가 있고, 하와이 주민들에게는 저렴한 채소나 과일, 해산물 등 다양한 식자재를 한자리서 만날 수 있는 고마운 곳이다. 특히 마우나 케아 마켓 플레이스Maunakea Market Place나 오아후 마켓Oahu Market의 각종 식품점이 인기. 다양한 열대과일을 양손 가득 가뿐하게 들고 오는 행복을 누릴 수 있다. 중국, 베트남, 타이, 필리핀 등 다양한 아시아 국가의 인기 레스토랑이 있다.

Info

주소 1120 Maunakea St. Honolulu
주차정보 길거리, 실내 주차장 많음.
시간당 $1
주차좌표 847Q+GP 호놀룰루

호마HOMA라고도 해요!

## 호놀룰루 미술관 Honolulu Museum of Art

외관은 작아보이지만 전 세계 미술품과 전통 민속품을 5만 5천여 점이나 갖췄다. 모네, 고흐, 폴 고갱, 피카소, 앙리마티스, 모딜리아니, 디에고리베라 등 유명작가의 작품과 한국 일본 역사적인 유물이나 민속 작품, 하와이 현대 작가들의 작품을 다수 소장하고 있다. 그 외 주제별로 바뀌는 현대 작가들의 기획전이 자주 있어 다채로운 작품 관람이 가능하다. 사각형으로 배치된 박물관 건물 안뜰은 잠시 쉬었다 가기 좋다.

### Info

**주소** 900 South Beretania St. Honolulu
**운영시간** 수~일 10:00~18:00, 월 · 화는 휴무
**요금** $25(18세 이하 무료)
**주차정보** 미술관 주차장 5시간 $6
**주차좌표** 8533+35 호놀룰루
**홈페이지** www.honolulumuseum.org

어메이징한 야경을 원한다면

## 탄탈루스 룩아웃 Tantalus Lookout

하와이에서 최고의 시티뷰를 볼 수 있다. 하와이라고 야자수와 푸른 비치만 떠올렸다면 반드시 탄탈루스 언덕에 올라봐야 한다. 고층 빌딩이 즐비한 대도시의 화려한 야경에 비하면 소박하지만, 선셋 시간에 오르면 예쁜 선셋과 오아후섬에서만 볼 수 있는 특별 풍경을 감상할 수 있다. 낮게 깔린 호놀룰루와 또렷하게 보이는 다이아몬드 헤드, 다운타운과 펀치볼 국립 태평양 묘지 등 오아후의 모든 풍경이 다 담겨 있는 최고의 한 컷을 추억 속에 남기자.

### Info

**주소** Nutridge St. Honolulu
**운영시간** 07:00~18:45
**요금** 무료
**주차정보** 무료
**주차좌표** 857H+M4 호놀룰루 미국 하와이

평온한 정원에서 즐기는 아침

# 와이올리 키친 & 베이크 숍 Waioli Kitchen & Bake Shop

1922년 와이올리 티 룸으로 오픈한 이후 100년 이상을 하와이 역사와 함께한 곳이다. 1970년 이후 건물주가 몇 번 바뀌며 여러 용도로 사용되었지만 카페의 역사를 되살려 2017년 브런치 베이크숍으로 리오프닝했다. 세월을 말해주는 아름드리 나무와 고풍스러운 건물이 호젓한 분위기를 자아낸다. 한적한 동네지만 입소문이 나기 시작하며 현지인들의 찐 맛집으로 등극했다. 이곳의 비밀병기는 스콘과 크루아상! 이른 아침 오픈하자마자 줄을 선다.

## Info

**주소** 2950 Manoa Rd. Honolulu
**운영시간** 08:00~13:00 일 · 월 휴무
**요금** 베이커리 $4.25~ 브런치 $11~
**주차정보** 무료 주차장 있음
**주차좌표** 858Q+C3 호놀룰루
**홈페이지** www.waiolikitchen.com

폴리네시안 문화 탐방!

# 비숍 박물관 Bishop Museum

카메하메하 왕가의 마지막 직계 후손이자 열렬한 수집가였던 찰스 리드 비숍Charles Reed Bishop이 아내를 추모하며 세운 세계 최초의 폴리네시아 문화 박물관. 태평양 일대의 문화 유물 18만 7천여 점을 보유하고 있다. 지금도 계속해서 하와이 문화와 자연 유산을 수집 중인데, 일반 박물관과 소장품의 차이가 있다. 하와이 최초의 서핑 금메달리스트인 듀크와 현재까지 우승자의 기록, 거리미술인 벽화, 하와이의 전설, 고고학, 하늘의 별까지 하와이를 이루는 모든 것들을 차곡차곡 담았으며, 지금도 켜켜이 역사가 쌓여가고 있다. 아이들과 함께라면 새로운 세계가 담긴 박물관이 더없이 흥미로울 것이다.

## Info

**주소** 1525 Bernice St. Honolulu
**운영시간** 09:00~17:00, 크리스마스 · 추수감사절 휴무
**요금** 성인 $33.95, 4~17세 $25.95
**주차정보** $5
**주차좌표** 84MH+5Q 호놀룰루
**홈페이지**
www.bishopmuseum.org

THIRD STEP

# 오아후 북부 노스 쇼어

노스 쇼어는 오아후섬의 북쪽, 섬의 3분의 1을 아우르는 곳이다. 바다, 관광지, 맛집 드라이브까지 다양한 놀거리와 먹을거리가 포진해 있다. 와이키키에서 약 1시간. 격이 다른 노스 쇼어 비치가 펼쳐진다. 겨울에는 세계 최고의 서핑을, 여름에는 끝없는 황금빛 해변을 즐길 수 있다. 하와이에서 가장 풍경과 특징이 다른 비치를 한자리에 모아둔 바다 모음집 같다. 여행자마다 취향에 따라 추천하는 바다도 다르다. 선셋이 예쁜 비치, 서핑이 좋은 비치, 스노클링 하기 좋은 비치, 그저 바라만 봐도 좋은 비치 등 가지각색 바다가 있다. 내가 원하는 바다는 어떤 바다인지 골라보자. 이곳을 다녀오면 바다 보는 눈의 퀄리티가 달라질걸?!

# 노스 쇼어 드라이브 추천 코스

돌Dole 파인애플을 시작으로 섬의 해안선을 따라 시계 방향으로 드라이브를 시작하자. 3~5분 간격으로 들를 만한 곳이 줄줄이 사탕처럼 나타난다. 돌아다니다 보면 그냥 지나치기 아쉬운 곳들이 많지만 모든 곳을 다 들르기에는 하루가 부족하다. 갈 수 있는 시간이 딱 하루뿐이라면 가고 싶은 곳을 미리 체크해 두었다가 취향에 맞는 곳을 묶어서 다녀오는 게 좋다.

노스 쇼어를 돌아 남쪽으로 내려오면 동부 해안 도로를 드라이브할 수 있는 72번 국도를 만나게 된다. 하지만 하루에 노스 쇼어부터 동부 해안 도로 드라이브까지 다 끝내겠다는 생각으로 여행을 한다면 가는 곳마다 마음이 급해서 충분히 즐기지 못한다. 또한 동부는 바다에 햇볕이 드는 오전 시간의 풍경이 예쁘고 노스 쇼어에서 내려가는 방향이 아닌 와이키키 쪽에서 올라가는 반대 방향으로 드라이브하는 길이 좋다. 따라서 노스 쇼어와 72번 국도 드라이브는 각기 다른 날짜로 일정을 잡는 게 낫다. 할 일이 많으니 노스 쇼어로 떠날 때엔 조금 이른 시간 출발하도록 하자. 수영복과 선글라스, 카메라가 준비되었다면 출발!

## 1일 코스

## 총 146km, 8~9시간 소요

와이키키

↓ 42km, 40분

돌 파인애플 농장

↓ 12.5km, 13분

할레이바 타운

↓ 2.3km, 4분

할레이바 알리 비치

↓ 3km, 4분

라니아케아 비치(거북이 비치)

↓ 3.5km, 5분

와이메아 베이 비치 파크

↓ 1.8km, 3분

샥스 코브(스노클링)

↓ 1.6km, 3분

선라이즈 샤크(카페)

↓ 400m, 1분

선셋 비치 파크

↓ 8km, 8분

터틀 베이

↓ 6km, 7분

카후쿠

↓ 5km, 7분

라이에 포인트 스테이트 웨이

↓ 59km, 1시간

와이키키

세상이 온통 새콤달콤 파인애플!

# 돌 파인애플 농장 Dole Plantation

돌 파인애플 농장은 우리나라에서도 쉽게 볼 수 있는 열대과일 브랜드 돌 Dole 사의 거대한 파인애플 농장이다. 파인애플 나무를 처음 보면 신선한 충격을 받는다. 무릎 정도밖에 안 되는 작은 나무 가운데 주먹만 한 크기의 동글동글 귀엽고 깜찍한 파인애플이 하나씩 달려 있다. 작을수록 달고, 여러 번 수확한 자리에서 다시 열매 맺는 파인애플은 점점 크기가 커진다.

돌 파인애플 농장에는 길이가 3km에 달해 기네스북에 오른 세계 최대 미로 숲도 있다. 미로 숲 안의 6군데 포인트에서는 스탬프 증명서도 발급해 주어 아이들이 특히 좋아한다. 그 밖에도 30분 간격으로 운행하는 귀여운 '파인애플 익스프레스' 열차를 타고 농원 안을 편안히 둘러볼 수 있는 투어도 인기 있다. 농장 입장료는 무료이지만 가든 미로, 가든 투어, 트레인 등의 어트랙션은 유료이니 미리 예산을 정해두도록 하자. 갖가지 파인애플을 테마로 한 커다란 기념품 가게를 구경하는 것도 즐거운 일 중 하나. 이곳에서만 파는 돌사의 오리지널 기념품이 가득한데, 티셔츠나 잼, 간식 등 종류가 다양하다. 파인애플 소프트 아이스크림은 꼭 맛볼 것! 부드러운 소프트 아이스크림은 파인애플의 새콤달콤 향기로운 맛이 예술이다. 파인애플 토핑을 올리면 더 맛있다. 콘은 $7.50, 토핑 컵은 $8.50다.

## Info

**주소** 64-1550 Kamehameha Hwy. Wahiawa
**운영시간** 09:30~17:30
**요금 입장료** 무료, 열차 $13.75 , 가든 투어 $8
**주차정보** 무료
**주차좌표** GXG6+CW 와하이와
**홈페이지** www.dole-plantation.com

낭만이 줄줄 넘치는 서퍼들의 마을

# 할레이바 Haleiwa

83번 도로를 타고 노스 쇼어로 가다 보면 하와이의 오래된 도시 할레이바에 도착한다. 노스 쇼어의 시작을 알리는 작은 시골 마을로, '서퍼들의 마을'이라고도 불리는 유명한 곳이다. 오랜 시간 변함없는 모습을 유지해 '올드 하와이'라는 애칭을 갖게 되었다. 지금은 하와이의 메인 관광지로 체인 레스토랑이나 쇼핑 브랜드가 여럿 자리 잡고 있다. 나지막한 목조 건물 사이로 한적하게 거니는 서퍼들의 모습은 여전히 낭만적이다. 마을 중간에 위치한 롱스 드럭스Long's Drugs(마트, 약국 체인)의 무료 주차장에 차를 두고 마을을 둘러보는 데 한 시간 정도면 넉넉하다. 알록달록한 마을을 산책하며 유명한 버거와 쉐이브 아이스를 먹고 할레이바에서만 파는 독특한 기념품을 구입하자. 서퍼들의 도시인 만큼 서퍼숍을 돌아보는 재미도 쏠쏠하다. 강물이 잔잔한 아나훌루 리버에서 스탠드업 패들링을 타거나 상어 서식지에서 커다란 상어떼를 보는 투어도 인기다.

### Info

**주소** Kamehameha Hwy. Haleiwa
**주차정보** 롱스드럭스 무료주차장 이용
**주차정보** HVQW+7F 할아이와

### Info

**주소** 66-111 Kamehameha Hwy, Haleiwa
**운영시간** 10:00~18:00
**요금** $3.5~
**홈페이지** www.matsumotoshaveice.com

우리가 할레이바를 가야만 하는 이유

## 마쓰모토 쉐이브 아이스 Matsumoto Shave Ice

할레이바에서 가장 큰 존재감을 자랑하는 곳은 '마쓰모토 쉐이브 아이스'이다. 하와이 하면 떠오르는 아이스크림 쉐이브 아이스를 파는 가게로, 이 맛을 찾아 할레이바에 오는 여행자도 적지 않다. 처음엔 허름한 구멍가게로 시작한 곳이 현재는 쉐이브 아이스와 할레이바의 기념품을 파는 숍으로 점점 입지를 넓혀가고 있다. 할레이바와 마쓰모토 스토어의 특색을 잘 살린 기념품이 많다. 하와이 쉐이브 아이스의 원조이기도 하고 모찌 아이스크림과 팥, 시럽의 남다른 조합과 저렴함까지 겸비한 이곳. 넓은 정원과 무료 주차장이 있어 시간을 보내기 좋다.

# 니들이 새우맛을 알아?

노스 쇼어 비치의 향연이 끝나면 카후쿠에 도착한다. 카후쿠에는 새우 양식장이 있어서 갓 잡아올린 새우로 간단히 요리해서 밥과 함께 담아주는 새우트럭이 있다. 전에는 카후쿠 양식장 근처에만 모여 있던 새우트럭이 인기가 많아지며 할레이바 마을까지 점령했다. 할레이바 마을 남쪽 끝에 다양한 새우트럭을 비롯해 푸드코트가 있다. 어디서 먹을까 고민이라면 양이 많은 편이 아니니 할레이바부터 카후쿠를 지나며 두세 곳에서 각기 다른 새우를 맛보는 것도 좋다!

## 커다란 프라운 메뉴가 있어요
## 로미스 카후쿠 프라운 & 쉬림프 헛 Romy's Kahuku Prawns & Shrimp Hut

바로 뒤에 위치한 양식장에서 갓 잡아올린 새우로 요리를 해서 퀄리티가 가장 좋다. 잘게 다진 마늘을 바삭하게 볶아 새우 위에 듬뿍 올리는 게 특징이다. 같은 메뉴지만 쉬림프와 크기가 더 큰 프라운 중 선택이 가능하다.

### Info

주소 56-1030 Kamehameha Hwy, Kahuku
운영시간 10:30~16:30 수·목 휴무
요금 버터 갈릭 새우 $18.95 프라운 $23.95
주차정보 무료 주차
주차좌표 M2RG+H9 카후쿠

한국인들이 더 좋아하는
# 페이머스 카후쿠 쉬림프 Famous Kahuku Shrimp

푸드트럭 중 한국인 입에 가장 잘 맞는다고 소문난 집. 소스가 넉넉하고 밥에 버터를 올려서 맛없을 수
가 없다. 다른 곳보다 다양한 새우요리가 있는데 한국인 입맛에 잘 맞는 칠리 새우, 달콤 고소한 코코넛
새우가 가장 인기!

### Info

주소 56-565 Kamehameha Hwy,
Kahuku
운영시간 10:00~18:00
요금 $16.8~
주차정보 무료주차
주차좌표 M2HX+3F 카후쿠

새우트럭의 원조
# 지오반니 쉬림프 트럭 Giovanni's Shrimp Truck

### Info

노스 쇼어를 꽉 잡고 있는 새우트럭 터줏대감이다. 하와이를 가보지
않은 사람도 들어봤을 정도로 유명한 그 이름. 가장 유명하고 줄도
가장 많이 서지만 새우의 크기나 맛은 다른 곳에 비해 떨어지는 편이
라 아쉽다. 그래도 안 갈 수 없는 노스 쇼어의 독보적인 존재. 스파
이시 새우는 한국 음식 생각이 싹 달아날 정도로 인상적인 맛이다!
할레이바와 카후쿠 두 곳에 위치해 있다.

· 카후쿠점
주소 56-505 Kamehameha Hwy,
Kahuku
운영시간 10:30~18:30
요금 $16
주차정보 무료주차
주차좌표 M3G2+WF 카후쿠

### Info

· 할레이바점
주소 66-472 Kamehameha Hwy,
Kahuku
운영시간 10:30~17:30
요금 $16
주차정보 푸드트럭 빌리지 $2
주차좌표 HVJV+7X 할아이와
홈페이지 www.
giovannisshrimptruck.com

든든하게! 서퍼들의 버거
# 쿠아 아이나 Kua Aina

'서퍼들의 버거', '오바마 버거'로 유명한 하와이 태생의 햄버거. 식도락의 나라 일본까지 진출한 쿠아 아이나의 본점이다. 파인애플 버거와 아보카도 버거가 시그니처 메뉴이다. 커다란 파인애플과 아보카도가 떡 하니 들어 있는 모습에 한 번, 입안 가득 퍼지는 두툼한 패티의 맛에 또 한 번 놀라게 된다. 바삭한 감자튀김 또한 예술! 담백한 맛으로 승부를 보는 곳이라 기호에 따라 호불호가 있다.

## Info

주소 66-160 Kamehameha Hwy, Haleiwa
운영시간 11:00~20:00
요금 버거 $11.5~, 음료 $2~
홈페이지  www.kua-ainahawaii.com

쿨하고 힙하다!
# 서프 앤 시 Surf N Sea

할레이바를 넘어 오아후에서 가장 멋진 서핑 숍이다. 전 세계 서퍼들이 구독하는 서핑 매거진에도 여러 번 소개되었다. 밥 말리Bob Marley 모습이 커다랗게 그려진 100년 넘은 목조건물도 멋스럽지만 안에서 판매하는 서핑 용품과 기념품은 더욱 유니크하다. 로컬 서퍼들의 힙한 정서가 있어 구경도 즐겁다. 쇼핑을 하든 서핑을 배우든 아니면 멋진 밥 말리의 그림 앞에서 인증샷을 남기든 꼭 한 번은 들러가야 한다.

## Info

주소 62-595 Kamehameha Hwy. Haleiwa
운영시간 09:00~19:00
홈페이지 www.surfnsea.com

부러워! 하와이에 사는 스누피
# 스누피 서프 숍 할레이바 스토어 Snoopy's Surf Shop Haleiwa Store

스누피 팬들에겐 천국 같은 기념품 숍. 하와이에서만 볼 수 있는 스누피 캐릭터가 있다. 하와이 라이프를 즐기는 스누피와 친구들이 그려진 서핑 보드, 티셔츠, 가방, 모자, 소품 등으로 가게가 가득하다. 서핑의 성지인 할레이바에 스누피 매니아들의 새로운 랜드마크로 떠올랐다.

## Info

주소 66-111 Kamehameha Hwy. Haleiwa
운영시간 11:00~17:00
홈페이지 www.snoopysurf.com

매력이 넘실넘실

## 할레이바 알리 비치 Haleiwa Ali Beach

짙푸른 바다, 한적한 해변, 바다를 둘러싼 풍경 모든 뷰가 마치 영화의 한 장면 같다. 서핑도 스노클링도 다 좋지만 파도가 드세니 자신 없다면 보는 것만으로 만족하자. 비치에 테이블이 넉넉해서 피크닉만 해도 눈호강은 충분하다. 샤워실, 화장실, 주차장, 라이프 가드 등 모두 완비!

**Info**

주소 Haleiwa Ali Beach
운영시간 24시간
요금 무료
주차정보 무료 주차
주차좌표 HVVR+9V 할아이와 미국 하와이

일명 거북이 비치

## 라니아케아 비치 Laniakea Beach

거북이 비치로 알려져 있다. 바닷가 바위에서 자라는 해초를 먹기 위해 거북이가 올라와 밥을 먹고 쉬었다 가는 곳이다. 이곳에 서식하는 거북이는 그린 씨 터틀Green Sea Turtle 종이다. 멸종 위기의 해양 생물로 하와이의 극진한 보호 관찰을 받고 있다. 비치에는 항상 해양 동물보호 발렌티어가 상주하고 있다. 거북이가 해안으로 올라올 때마다 여행자들이 접근하지 못하도록 주의를 주며 하와이 거북이에 대한 여러 지식을 전달하는 역할을 한다.

**Info**

주소 Laniakea Beach, North Shore
운영시간 24시간
요금 무료
주차정보 무료주차
주차좌표 JW87+XH 할아이와

스노클링도 가능하다. 바닷속 야생 거북이를 볼 수 있는 기회! 대부분의 거북이들은 위치 추적 장치를 달고 있으며 거북이 보호법이 엄격하니 가까이 다가서거나 만지는 것은 절대 금지. 이곳뿐 아니라 모든 하와이의 거북이를 만졌을 때엔 벌금 $1,000~$10,000이 부과된다. 스노클링을 할 때에는 항상 거북이와 거리두기에 신경을 써야 하고, 파도도 세니 주의해야 한다.

보기만 해도 아찔한 절벽 다이빙

# 와이메아 베이 비치 파크
Waimea Bay Beach Park

절벽 아래로 점프하는 스릴 만점 스폿. 오아후섬 북쪽의 노스 쇼어에서 가장 인기 있는 비치로, 파도의 높이가 무려 9m까지 올라가는 덕에 전설의 서퍼인 에디 아이카우를 기념하는 서핑 대회가 열리는 곳으로 유명하다. 공원 입구에는 그를 기념하는 동상이 세워져 있다.

와이메아 베이 비치 파크가 유명한 또 하나의 이유는 올려다보는 것만으로도 아찔하게 우뚝 솟은 절벽 덕분이다. 항상 파도가 거친 곳이라 절벽 아래에 점프 주의 관련 문구가 쓰여 있다. 비치에 누워 구경하는 것만으로도 즐거운 볼거리가 된다.

상어는 없지만 거북이는 있어요!

# 샥스 코브
Sharks Cove

노스 쇼어 최고의 스노클링 포인트이다. 특히 아이가 있는 가족에게는 필수 관광지이다. 하와이에서 가장 수심이 낮은 곳에서 스노클링을 할 수 있다. 바다 바깥쪽 커다란 바위가 둥글게 파도를 막아주어 방파제 역할을 하고 있다. 덕분에 웅덩이처럼 잔잔한 바다에서 안전하게 스노클링이 가능하다. 초입은 수심이 무릎 정도이고, 중간은 성인의 가슴 정도 깊이인데 중심 쪽에 셀 수 없이 많은 열대어와 거북이가 서식하고 있다. 워터 슈즈는 필수 준비물이다. 수심이 낮은데 날카로운 바위가 워낙 많아서 맨발로는 걷기 힘들다. 긴팔 긴 바지 래쉬가드를 착용하면 더 안전하게 스노클링 할 수 있다.

## Info

**주소** Waimea Bay Beach Park, Haleiwa
**운영시간** 05:00~22:00
**요금** 무료
**주차정보** 무료 주차
**주차좌표** JWQQ+P4 Parking, lot 61-31

## Info

**주소** Sharks Cove, Haleiwa
**운영시간** 24시간
**요금** 무료
**주차정보** 비치 앞 도로에 주차
**주차좌표** MW2Q+46 푸푸케아

몽실과 거북이가 놀다가는

# 터틀 비치 Turtle Beach

북쪽의 하나뿐인 대형 리조트인 리츠칼튼이 차지
한 바다이다. 리조트가 끼고 있는 바다이지만 퍼블
릭 비치로 누구나 출입이 가능하다. 리조트의 카페
등 편의시설을 이용할 수 있어 편하고 안전하다.
수심이 얕은 바다와 암초가 있어 바다 놀이하기 좋
으며 자주 거북이와 몽실이 출몰한다. 거북이 보기
스노클링으로 인기 좋다.

### Info

**주소** Turtle Beach, Kahuku
**운영시간** 24시간
**요금** 무료
**주차정보** 무료주차
**주차좌표** P233+Q7 카후쿠 미국 하와이

빼먹지 말자

## 선라이즈 샤크 카페
The Sunrise Shack Cafe

반자이 파이프라인과 선셋 비치 공원 사이 선라
이즈 샤크 카페가 있다. 노랑 원목 야외 카페는
코코넛 오일과 버터를 넣어 만든 방탄 커피Bullet
커피 체인점인데 인증샷의 명소로 유명하다!. 트
로피컬 느낌 물씬 풍기는 카페에서 기념 사진은
꼭 남길 것.

### Info

**주소** 59-158 Kamehameha Hwy, Haleiwa
**운영시간** 07:00~18:00
**요금** 아사이 볼 $10.95~
**주차정보** 카페 앞 갓길 무료 주차
**주차좌표** MXC5+V6 할아이와

서퍼와 연인들의 등 뒤로 부서지는 햇빛 향연

# 선셋 비치 공원 Sunset Beach Park

3km의 긴 비치는 여러 가지 모습으로 매력을 뿜어
낸다. 봄, 여름은 잔잔한 비치에서 해수욕을 즐기
는 연인들이 많지만 겨울이면 같은 바다라 상상조
차 할 수 없을 정도로 화끈하게 돌변한다. 커다란
파도가 일렁이기 시작하면 세계의 서퍼들이 파도
위를 군림하는 모습을 볼 수 있다. 북쪽에서 가장
예쁜 선셋을 볼 수 있는 비치.

### Info

**주소** Sunset Beach, Haleiwa
**운영시간** 05:00~22:00
**요금** 무료
**주차정보** 무료주차
**주차좌표** MXF6+M9 할아이와

바위 위의 발코니

## 라이에 포인트 스테이트 웨이사이드
La'ie Point State Wayside

해안가에 뾰족하게 튀어나온 바위 전망대이다. 바
위가 많은 해안 지역, 한적한 주택가 안쪽으로 차
를 몰고 들어가면 바다 위 발코니처럼 펼쳐진 전망
포인트가 나온다. 아는 사람만 아는 명소. 폴리네
시안 문화센터와 가까워 함께 들르면 좋다. 바위
하나 있을 뿐인데도 꽤 많은 이들이 찾는다.

### Info

**주소** Naupaka St. HI-83, Laie
**운영시간** 07:00~18:30
**요금** 무료
**주차정보** 무료주차
**주차좌표** J3XP+73 레이

할리우드 영화 단골 촬영지에서 광활한 자연 풍광 즐기기

# 쿠알로아 목장 Kualoa Ranch

오아후섬 북동쪽에 자리 잡은 쿠알로아 목장은 문화체험 투어 단지로 여행자들에게 개방되어 있다. 어린아이들보다는 중고생 이상의 자녀를 둔 가족 여행자에게 추천한다. 먼저 하와이를 찾은 영화광들에겐 인기 NO.1 '무비 사이트 투어'를 빼놓을 수 없다. 카네오헤 만Kaneohe Bay과 코올라우 산맥Koolau Range의 멋진 자연 풍광을 배경에 두고 〈쥬라기 공원〉, 〈고질라〉, 〈로스트〉, 〈진주만〉 등 할리우드 영화와 드라마의 주요 촬영지를 구석구석 돌아볼 수 있다.

집라인 투어와 UTV 투어 역시 해볼 만하다. 두 투어 모두 짜릿한 쾌감을 느낄 수 있어 하와이 여행의 들떠있는 기분을 한껏 고조시킨다. 가이드가 동행하는 프로그램으로, 정해진 안전 수칙에 따라 진행되니 두려움은 떨쳐버리자. 부모님과의 여행 또는 신혼여행 중이라면 쿠알로아 목장을 통해서만 들어갈 수 있는 조용하고 호젓한 섬 시크릿 아일랜드 투어를 추천한다. 끝없이 펼쳐진 초원과 마주한 하얀 모래사장은 그야말로 신세계. 승마를 비롯한 2~3가지 액티비티를 묶은 다양한 패키지가 있어 취향대로 고를 수 있다. 투어 예약은 한국어 홈페이지에서 가능하며 투어 시 친절한 한인 가이드가 있어 편리하다.

## Info

주소 Kualoa Ranch, Kaneohe
요금 무비 사이트 투어 $51.95, UTV $144.95,
짚라인 $174.95
운영시간 07:30~18:00
주차정보 무료주차
주차좌표 G5C7+73 카내오헤
홈페이지 www.kualoa.com

중국인 모자를 꼭 닮은 모콜리섬이 눈앞에

# 쿠알로아 리저널 공원
Kualoa Regional Park

비치에 도착하면 한눈에 들어오는 섬이 있다. 중국인 모자섬이라고 한다. 중국인 모자섬China Man's Hat의 정식 명칭은 모콜리섬Mokolii Island이지만 예전 하와이에서 일하던 중국인이 쓰던 모자와 닮았다고 해서 모두들 그렇게 부른다. 특이하고 예쁜 모양 때문에 많은 여행자가 이 섬을 보러 쿠알로아 비치 파크에 들른다. 할리우드 영화의 단골 촬영장소 중 하나이기도 하다. 한적하고 평화롭다.

## Info

주소 49-479 Kamehameha Hwy. Kaaawa
운영시간 07:00~20:00
요금 무료
주차정보 무료주차
주차좌표 G577+H5 카네오헤

• • •

아이들과 함께가면 더 좋아요. 'PCC' 라고도 해요.

# 폴리네시안 문화센터 Polynesian Culture Center

첫 하와이 여행이라면 폴리네시안 문화센터에 가볼 것을 추천한다. 한국의 민속촌과 같은 관광지이다. 폴리네시안은 남태평양에 있는 하와이를 비롯하여 통가, 사모아, 아오테아로아, 피지, 타히티가 포함된 지역을 말한다. 한국인들에게 낯선 문화를 가진 폴리네시안을 실감나게 재현해 놓은 거대한 컬처 테마파크이다. 내부는 각 섬 별 구역을 나누어서 풍습, 문화, 노래 등 각기 다른 테마를 체험할 수 있는 공간으로 꾸며두었다. 초대형 현지식 뷔페 디너를 즐길 수 있고 하와이에서 가장 규모가 큰 루아우 쇼도 진행한다. 하와이에서 가장 오래된 관광지인 만큼 쇼도 음식도 수준이 높다. 특히 루아우 쇼는 성대하고 화려한 공연을 볼 수 있는데 의상, 무대, 탄탄한 스토리까지 압권이다.

티켓은 부족 마을 6개를 돌아볼 수 있는 폴리네시안 문화센터 입장권, 현지식 디너 뷔페, 루아우 쇼 세 가지 종류가 있다. 각기 따로 구입이 가능하지만 세 가지 모두 포함된 '게이트웨이 뷔페 패키지'가 인기가 많다. 입구에 있는 후킬라우 마켓 플레이스Hukilau Marketplace는 무료로 둘러볼 수 있다. 30곳 이상의 푸드트럭과 기념품 숍도 있다.

입장은 낮 12시 30분~18시, 디너는 16시 30분~19시에 오픈한다. 오픈 시간 내에 자유롭게 입장이 가능하며 입장은 3일권이 제공되니 3일 중 아무 때나 3번까지 이용이 가능하다. 식사와 쇼는 티켓을 예약하는 당일에만 1회 이용이 가능하다.

폴리네시안 문화센터는 아이와 함께 온 가족여행자들이 하와이를 체험할 수 있는 가장 좋은 여행지이다. 온전히 이곳에서만 하루를 보내도 충분히 재미있지만 짧은 일정이라면 문화센터만 돌아보는 것도 좋다.

**Info**

**주소** 55-370 Kamehameha Hwy. Laie
**운영시간** 12:30~21:00, 일요일·추수감사절·크리스마스 휴무
**요금 입장료** $69.95
**주차정보** 무료주차
**주차좌표** J3RH+4H 레이
**홈페이지** www.polynesia.com

# 오아후 동부 호놀룰루

오아후에서 가장 예쁜 바다를 따라 드라이브할 수 있는 코스는 바로 72번 도로! 처음 하와이 렌터카 여행을 하는 사람은 누구나 달려보고 싶어하는 길이다. 흥분과 설렘을 주는 풍경을 마주하게 되는 72번 도로. 72번 도로의 시작은 호놀룰루를 관통하는 H1고속도로의 동쪽 끝부터 시작된다. 하와이 카이Hawaii kai부터 시작되는 해안 도로를 따라 카일루아까지 달려보자. 멈추지 않고 달린다면 와이키키에서 카일루아까지 렌터카로 한 시간이면 도착할 수 있다.

© 하와이 관광청

# 동부 드라이브 추천 코스

동부 드라이브 코스를 계속 타고 올라가면 노스 쇼어가 나온다. 그러나 하루에 노스 쇼어까지 같이 가는 일정은 추천하지 않는다. 동부 72번 국도에는 많은 비치과 뷰포인트 그리고 유명 하이킹 코스가 세 곳이나 포함되어 있다. 그저 스치듯 지나치기에는 너무 아쉬운 곳이니 시간을 넉넉히 가지고 움직이는 게 좋다. 와이키키부터 카일루아를 찍고 누아누 팔리 전망대까지 시계 반대 방향으로 드라이브를 할 것. 해가 드는 오전 시간 풍경이 더 예쁘다.

© 하와이 관광청 Ben Ono

## 1일 코스

### 총 75km, 5~6시간 소요

와이키키

↓ 3.5km, 5분

다이아몬드 헤드

↓ 500m, 1분

카할라 룩아웃

↓ 14km, 20분

하나우마 베이

↓ 3.1km, 7분

할로나 블로우 홀

↓ 700m, 2분

샌디 비치

↓ 3.7km, 5분

마카푸우 룩아웃 , 트레일 헤드 입구

↓ 700m, 2분

시 라이프 파크

↓ 4km, 4분

와이마날로 비치

↓ 13km, 20분

라니카이 비치, 필박스 하이크

↓ 3.3km, 4분

카일루아 비치 파크

↓ 13km, 17분

누아누 팔리 전망대

↓ 13km, 20분

와이키키

위에서 보나 아래서 보나, 전망 맛집

# 다이아몬드 헤드 Diamond Head

와이키키 동쪽 오아후 최고의 랜드마크이다. 10만 년 전 화산 폭발로 생긴 분화구는 와이키키 쪽에서 바다와 함께 올려다보는 풍경도 멋지지만, 분화구에 올라 와이키키 쪽을 내려다보는 전망도 기가 막히다. 와이키키는 다이아몬드 헤드가 있기에 더 빛이 난다.

트레킹을 하려면 홈페이지에서 주차와 입장권을 미리 예약해야 한다. 접속한 날부터 2주간 예약 일자와 시간을 선택할 수 있다. 차량은 1대당 주차료, 사람은 수만큼 예약과 결제가 필요하다. 정상까지 1.1km, 편도 약 40분 소요된다. 트레킹 길은 중간에 벙커를 오르는 가파른 계단 외에는 경사가 심하지 않다.

## Info

주소 Diamond Head. Honolulu
요금 입장 1인당 $5
운영시간 06:00~18:00(입장은 16:00까지) 크리스마스, 1/1 휴무
주차정보 유료 주차장 $10
주차좌표 757V+CV 호놀룰루 미국 하와이
홈페이지
www.visitdiamondhead.org

예약 먼저!

# 하나우마 베이 Hanauma Bay

명실상부 오아후 최고의 스노클링 포인트이다. 이곳은 1967년부터 국가에서 관리를 하고 있는 수중 생태 공원이다. 또한 입장료가 있는 오아후의 단 하나뿐인 비치이기도 하다. 예전엔 하와이 여행 중 누구나 가는 필수 관광지였으나 지금은 아무나 갈 수 없는, 운과 노력이 따라야만 갈 수 있는 곳이 되었다.

예약제인 하나우마 베이는 방문하는 날 2일 전 예약창이 오픈된다. 오전 7시부터 오후1시 30분까지 10분 단위로 시간별 30~35석 예약을 받는다. 워낙 인기가 많은 관광지라 예약은 1초컷. 예약을 했다면 현장에 예약 시간 15분 전에 도착해야 한다. 예약 시간보다 늦으면 입장이 안 되고 예약 후에는 양도와 취소가 안 되니 예약도 신중하게 할 것. 현장에서 신분증 확인을 하니, 신분증은 잊지 말고 꼭 챙길 것. 다른 곳에서 다 하는 스노클링 한번 하자는데 뭐가 이렇게 번거로운가 하는 불평은 잠시 접어두자. 오랫동안 많은 관광객에게 시달리다가 이제야 조금 한가로운 바다가 된 것이니.

원래도 깨끗하고 보존이 잘 된 하나우마 베이지만 덕분에 더 아름다운 바닷속을 볼 수 있다. 바닷속에는 빨갛고 노란 열대어들이 봄날의 꽃밭처럼 가득하다. 하와이를 닮은 형형색색 열대어들이 얼굴을 스치고 지나가며 커다란 바다거북이가 눈앞에서 유유히 헤엄친다. 비록 입장료를 내고 들어왔지만 대자연 안에서 만나는 바다 생물과의 교감은 매우 감동적이다.

## Info

**예약** pros12.hnl.info/hanauma-bay
**주소** 100 Hanauma Bay Rd, Honolulu
**운영시간** 수~일 06:45~13:30
**요금** 성인 $25, 스노쿨 장비 렌트 $12, 구명조끼 $10
**주차정보** $3
**주차좌표** 78F4+93 호놀룰루 미국 하와이

잠시 멈춤

# 카할라 룩아웃 Kahala Lookout

다이아몬드 헤드 입구에서 내려오는 길가에 있는 뷰포인트다. 오가는
길에 잠시 들러가기 좋다. 낮은 곳이지만 부드러운 곡선을 만들어내
는 해안선과 카할라 마을의 풍경이 조화롭다. 해가 뜨는 시간, 바다부
터 카할라를 붉게 물들이는 해돋이 관람 최적의 장소이기도 하다. 룩
아웃은 주차장에서 바로 풍경을 볼 수 있다.

### Info

주소 Kahala Lookout, Honolulu
운영시간 06:00~18:00
요금 무료
주차정보 유료 주차장 시간당 $5
주차좌표 7672+Q7 호놀룰루

용암동굴이 숨을 내뱉는 순간

# 할로나 블로우 홀 & 할로나 비치 코브
Halona Blowhole & Halona Beach Cove

광활한 용암 절벽이 이어지는 드라이브 길, 이 길에서 가장 유명한 뷰포인트는 할로나 블로우 홀이다. 수천
년 전 화산 폭발이 만들어 놓은 흔적이다. 거친 파도가 용암 바위에 부딪히며 바위 사이의 홀에서 물기둥이
뿜어져 나온다. 새파란 바다 위로 물보라가 일면 무지개도 종종 나타난다. 물기둥의 높이에 따라 사람들의
달라지는 반응을 구경하는 재미도 있다. 블로우 홀 바로 옆에는 할로나 비치 코브가 있다. 절벽 아래로 내
려가면 예쁜 물빛에서 수영을 할 수 있는 곳인데 사람이 많지 않고 와일드한 풍경과 영롱한 바닷빛 때문에
웨딩 촬영도 자주 한다. 절벽 위에 서 있는 모델을 멀리서 찍으면 아찔한 절벽 배경의 사진을 건질 수 있다.

### Info

주소 Halona Blowhole, Honolulu
운영시간 24시간
요금 무료
주차정보 무료주차
주차좌표 78JF+X5 호놀룰루

Info

주소 Sandy Beach, Honolulu
운영시간 24시간
요금 무료
주차정보 무료주차
주차좌표 78PH+F8 호놀룰루

별명이 무려 오바마 비치!

## 샌디 비치 Sandy Beach

오래전 미 전 대통령이 서핑을 하던 비치였다고 한다. 여기서 서핑을 했다고 하면 실력이 대충 어느 정도인지 감이 온다. 섬의 동쪽 비치 중에서 가장 파도가 거세고 위험한 비치로 알려져 있다. 거친 파도가 멀리서부터 무서울 정도로 강하게 밀려와 모래사장에 철썩하고 떨어지니 항상 주의해야 한다. 서핑 초보나 아이들이 바다에 들어가려 하면 발을 물에 담그기도 전에 안전요원에게 호출당한다. 서핑에 자신 없다면 그저 진한 선글라스를 준비해서 구릿빛 피부에 멋진 타투를 그려 넣은 '근육질 언니 오빠들'을 구경하는 재미로 시간을 보낼 것.

오아후의 하나뿐인 빨간 등대를 찾아

## 마카푸우 포인트 라이트하우스 트레일헤드 Makapu'u Point Lighthouse Trailhead

동쪽 해안 도로 드라이브 길에서 가장 쉽게 하이킹을 시작할 수 있다. 예약도 필요 없고 주차장 넉넉하고 차를 세우면 바로 하이킹이 시작되는 편안한 관광지다. 왕복 4km로 한 시간이 넘게 걸리는데 길이 완만하고 걷는 내내 바다와 산의 풍경이 좋아 인기 트레킹 코스다. 오아후의 하나뿐인 빨간 등대까지 오가는 길에 뜨거운 햇볕을 피할 곳이 없으니 모자, 얇은 긴팔, 선크림과 생수는 필수 준비물이다.

© 하와이 관광청

Info

주소 Makapuu Point State
Wayside, Waimanalo
운영시간 07:00~19:45
요금 무료
주차정보 무료주차
주차좌표 884V+7R 호놀룰루 미국
하와이

THIRD STEP

엽서를 찢고 나온 풍경

## 마카푸우 룩아웃 Makapu'u Lookout

어떻게 찍어도, 누가 찍어도 엽서 같은 풍경이 나오는 전망대이다. 연한 청록색 바다와 인공적으로 만들어 놓은 것 같은 토끼섬Manini Island이 그림 같다. 200m 절벽 위의 풍경은 사진 속 모습보다 훨씬 더 광활하며 아름답다. 아~ 감탄사가 저절로 나온다. 유명 광고가 촬영된 장소이기도 하고, 하와이 관광 홍보 사진 속에 자주 등장하는 풍경이기도 하다. 하와이가 이렇게 예쁜 곳이라고 자랑하고 싶다면 이곳의 사진 한 장 내밀자. 모두가 인정하지 않을 수 없을 것이다. 주차해 놓고 딱 세 걸음만 걸으면 이런 풍경이 널렸다. 그야말로 흔한 풍경이며 무엇보다 모두 공짜라는 것! 겨울이면 바다에 고래들까지 제 집 앞마당처럼 뛰어노는 곳이라고.

### Info

주소 Makapuu Lookout, Waimanalo
운영시간 24시간
요금 무료
주차정보 무료 주차
주차좌표 885V+Q7 와이마날로

돌고래와 함께 춤을

## 씨 라이프 파크 Sea Life Park

마카푸우 비치Makapuu Beach 근처에 위치한 씨 라이프 파크는 영화 〈첫 키스만 50번째〉의 주인공인 아담 샌들러가 극중 조련사로 일하던 곳이다. 돌고래 체험 프로그램이 유명하다. 물개 쇼와 돌고래 쇼도 괜찮은 볼거리 중 하나. 사실 이곳은 비싼 입장료를 내고 들어가기엔 '너무 작고 볼거리가 적다' 라는 불만을 종종 듣는다.

돌고래나 물개들과 함께 수영하거나 만질 수 있는 프로그램에 참여한다면 $100 이상을 더 지불해야 하니 참 비싼 테마파크가 아닐 수 없다. 따라서 동물에 별로 관심이 없는 사람이라면 흥미를 못 느낄 수도 있다. 하지만 아이를 동반한 여행자라면 적극 추천한다.

### Info

주소 41-202 Kalaniana'ole Hwy, Waimanalo
운영시간 10:00~16:00
요금 $59.99(홈페이지에서 2주전 예약 시 $39.99)
주차정보 무료 주차
주차좌표 887P+6Q 와이마날로 비치
홈페이지 www.sealifeparkhawaii.com

등 떠밀어서라도 보내고 싶은 하이킹 코스

# 라니카이 필박스 하이크 & 라니카이 비치
Lanikai Pillbox Hike & Lanikai Beach

라니카이 비치 주차장에 차를 세우면 하이킹도 가고, 비치도 갈 수 있다. 하이킹 입구가 비치와 도보 5분 정도로 가깝다. 동부 해안 72번 도로 드라이브 길에는 라니카이 필박스 하이크 외 다이아몬드 헤드, 마카푸우까지 세 곳의 하이킹 코스가 포함되어 있다. 딱 한 곳만 오르겠다면 무조건 이곳을 추천한다. 오르는 길이 흙길이라 험하지만 짧은 시간 안에 최고의 풍경을 볼 수 있다. 오르기 시작한 후 5분만에 저세상 풍경이 나타나니 한껏 기대하고 올라도 좋다. 운동화와 생수는 꼭 챙겨갈 것. 필박스까지 오르는 데 소요시간은 왕복 40분 정도 잡으면 넉넉하다.

## Info

**주소** 265 Kaelepulu Dr. Kailua
**운영시간** 06:00~20:00
**요금** 무료
**주차정보** 라니카이 비치 주차장 C
**주차좌표** 97WG+4X 카일루아

미국 전체에서 열 손가락 안에 드는 바다

# 카일루아 비치 파크 Kailua Beach Park

오래전부터 이미 세계적으로 유명한 비치이지만 최근 몇 년 사이 여러 이유로 더욱 유명세가 거세졌다. 미 전 지역에서 1, 2위를 다툴 만큼 아름다운 비치인데 오바마 전 대통령이 현직에 있을 때에도 겨울이면 이곳의 별장에서 휴가를 보내며 오바마 휴양지로 인기를 보탰다. 에어비앤비의 숙소 예약이 활발해지며 근처에 있는 고가의 비치하우스가 다양한 매체에 소개되었기 때문이다. 세계 유명한 셀럽들도 휴가를 보내는 곳이다. 물빛 곱기로 소문난 비치로 바라만 봐도 좋지만, 부기보드, 서핑, 카약 등 다양한 해양스포츠를 많이 해서 활기가 넘친다. 또한 로컬들의 애정 스폿이라 여유롭게 강아지를 데리고 산책하는 현지인들도 눈에 자주 띈다. 곱디 고와 푸딩처럼 발을 감싸는 모래와 바다에서 불어오는 청량한 바람까지. 다녀온 후엔 누구라도 카일루아 앓이가 시작될 것이다. 여행사의 투어 차량 입장은 안 되고, 대중교통을 타고 오기도 애매한 곳이라 대부분 차를 가지고 방문한다. 그래서 주차장이 항상 인산인해. 특히 주말이면 주차 공간을 찾기가 힘들다. 웬만하면 주말을 피해서 갈 것.

## Info

**주소** 325 Makalii Pl, Kailua
**운영시간** 05:00~22:00
**요금** 무료
**주차정보** 무료 주차
**주차좌표** 97WF+GJ 카일루아

# 동부 호놀룰루 맛집
## Honolulu restaurant in the east

동부 코스를 돌 때 맛집을 가기 좋은 위치는 드라이브 초반에 나오는 하와이 카이 타운과 카일루아 타운이다. 와이키키처럼 맛집이 줄줄이 늘어선 곳은 아니지만 현지인 맛집이 많다. 브런치와 런치, 가볍게 먹기 좋은 유명 맛집을 소개한다.

### 심쿵한 쉐이브 아이스
## 엉클 클레이 하우스 오브 퓨어 알로하
Uncle Clay's House of Pure Aloha

색소로 맛을 내는 쉐이브 아이스가 다 비슷한 맛이지 뭐~ 라고 생각한다면 이곳은 꼭 들러봐야 한다. 천연 과일로 만든 수제 시럽을 두르고 원하는 생과일을 토핑하고, 쫀득한 아이스크림을 얹고 마지막으로 하트 모양 생딸기를 올린 쉐이브 아이스는 비주얼도 맛도 심쿵하다. 한 입 맛보면 누구라도 하와이 쉐이브 아이스의 원탑으로 인정할 맛! 딸기 구아바 파인애플 코코넛 초콜렛 등 다양한 재료를 취향에 따라 토핑해서 오더할 수 있다. 가장 인기 있는 메뉴는 쫀득한 모찌가 들어간 스트로베리 드림, 망고와 파인애플이 들어간 클래식 레인보우이다.

**Info**
**주소** 820 W Hind Dr #116. Honolulu
**위치** 마우나루아 베이 아이나 하이나 쇼핑센터
**운영시간** 10:30~18:00
**요금** 클래식 레인보우 $8.95~
**주차정보** 무료주차
**주차좌표** 76HW+H9 호놀룰루

### 팬케이크의 압승
## 시나몬 레스토랑 카일루아
Cinnamon's Restaurant Kailua

시나몬은 40년이 넘은 브런치 레스토랑으로 카일루아에서는 단연 가장 인기 있는 맛집이다. 부드러운 질감의 팬케이크 위에 적당히 달콤한 화이트 초콜릿 시럽을 뿌려 입에 넣으면 살살 녹아 사라지는 천상의 맛. 하와이 팬케이크 중 가히 최고라 할 수 있다. 반죽에 비밀이 있다는 빨간색 레드벨벳 팬케이크가 시그니처 메뉴이다. 피스타치오, 구아바, 캐롯, 블루베리 등 다양한 팬케이크를 맛볼 수 있다. 다만, 단 음식을 즐기지 않는다면 에그 베네딕트를 추천한다. 영업시간이 짧아 레스토랑에 갈 시간이 애매하다면 와이키키 지점을 이용할 것.

**Info**
**주소** 315 Uluniu St. Kailua
**위치** 카일루아 스퀘어
**운영시간** 07:00~14:00
**요금** 팬케이크 $10~
**주차정보** 유료 주차장 20분에 $0.25
**주차좌표** 26 Aulike St, Kailua
**홈페이지** www.cinnamons808.com

**물멍하기 딱 좋아**

# 아일랜드 브루 커피하우스 Island Brew CoffeeHouse

하와이 카이는 집과 연결된 바다에서 바로 개인 보트를 타고 다니는 해안 부촌 마을이다. 바다 사이사이 단층 주택과 현지인들의 쇼핑 외식 장소가 옹기종기 모여 있는데, 잔잔한 바다 뷰를 보며 물멍하기 딱 좋은 위치이다. 아일랜드 브루 커피 하우스는 이 뷰를 차지한 브런치 카페이다. 코나 커피와 함께 아사히 볼, 샌드위치, 토스트, 로코모코 등 가볍게 먹기 좋은 메뉴가 다양하다. 알라 모아나 센터에도 지점이 있다.

**Info**

**주소** 377 Keahole St. Honolulu
**위치** 하와이 카이 타운센터
**운영시간** 06:00~18:00
**요금** 코나커피 $4.25~ 아사이 볼,
토스트 $13.95
**주차정보** 무료주차
**주차좌표** 77MV+J4 호놀룰루

**가격도 맛도 너무 착하다!**

# 칼라파와이 카페 & 델리 Kalapawai Cafe & Deli

카일루아 타운 초입에 위치해 있어 찾아가기 쉬운 카페 & 델리이다. 주차장이 있는 단독 건물이라 주차가 쉽고, 다양한 메뉴가 저렴하고 맛있기까지 하니 고맙다. 들어가면서 셀프 주문을 하고 착석하면 자리로 음식을 서빙해 주는데 팁이 없어 더없이 만족스럽다. 가볍게 먹을 수 있는 머핀, 베이글, 토스트와 라이스 메뉴인 밴또, 피자까지 메뉴가 많다. 베이커리는 커피까지 포함해도 $10을 넘지 않고 식사도 $15~17 정도면 든든하게 먹을 수 있다.

**Info**

**주소** 750 Kailua Rd. Kailua
**운영시간** 06:30~21:00, 토 · 일
07:00~21:00
**요금** 베이커리 $5~
**주차정보** 무료 주차
**주차좌표** 97V4+C2 카일루아

THIRD STEP

# 오아후 서부 일일 나들이

오아후 서쪽은 중심에 와이아나에 산맥이 자리하고 있어 와이아나에Waianae 혹은 리워드 Leeward 지역이라고 한다. 이 지역에서 우리에게 익숙한 곳은 남서쪽의 고급 리조트 단지 인 코올리나이지만 그 외에도 갈 만한 곳이 많다. 섬에서 가장 건조한 지역이라 쾌청한 날씨 와 수정처럼 맑은 물빛을 자랑한다. 와이키키나 북부처럼 관광지로 개발된 곳이 많지 않아 날것의 풍경이 이어진다. 광활한 산맥, 한적하고 거대한 비치, 오아후에서 가장 먼저 생겨난 용암지대 등 하와이는 원래 이런 모습이었다, 라는 듯 거칠고 웅장한 풍경을 뽐낸다. 여행 기간이 짧아 이웃 섬까지 갈 시간이 안 된다면 서부를 다녀오는 것도 좋다.

오아후는 와이키키와 쇼핑만을 위한 곳이 아니라는 것을 느낄 수 있는 지역. 오아후 서부는 와이키키에서 가장 멀리 위치한 북서쪽, 카에나 포인트부터 비치를 따라 남쪽으로 이동하는 일정을 추천한다. 북쪽에서 해안 도로를 따라 내려오며 드라이브하는 풍경이 좋고 코올리나에 늦은 오후에 도착하는 동선이 더 낫다. 선셋은 코올리나 라군에서 맞이하자. 안전하고 식사할 곳도 많다.

스노클링과 트레킹, 두 가지 모두를 할 수 있게 준비를 해가는 게 좋다. 레스토랑이 많지 않은 곳이니 간단한 도시락과 생수를 챙겨가자. 식사할 수 있는 곳은 코올리나 지역과 카폴레이이다. 관광객보다는 현지인이 많고 한적한 비치는 홈리스가 비치에 거주하는 경우도 있으니 주차를 할 때엔 차 안에 물건을 놓고 가는 일이 없도록 주의한다. 소지품 도난 사고가 간혹 일어난다. 코올리나에서 와이키키로 돌아오는 길, 퇴근시간(오후 4~6시)에 프리웨이 차량 정체가 있으니 그 시간은 피하는 것이 좋다.

## 1일 코스

### 총 150km, 6~7시간 소요

와이키키

↓ *67km, 60분*

카에나 포인트 트레일

↓ *500m, 1분*

키와울라 비치

↓ *24km, 25분*

머메이드 케이브

↓ *5km, 6분*

파라다이스 코브 퍼블릭 비치

↓ *500m, 1분*

코올리나 라군

↓ *42km, 35분*

와이키키

멸종 위기 동물들의 안식처

# 카에나 포인트 트레일 Ka'ena Point Trail

카에나 포인트 주립공원 내에 있는 트레킹 코스이다. 거대한 산맥과 바다를 따라 걷다 보면 이곳에 오랫동안 터를 잡고 살아가는 하와이의 멸종 위기 야생동물 알바트로스와 몽크 바다표범을 볼 수 있다. 트레킹 코스는 비포장길이지만 평지로 되어 있어 아주 쉬운 코스. 힘든 것은 뜨거운 태양이니 햇빛을 가릴 수 있는 모자와 긴팔, 선크림은 필수로 가져가야 한다.
트레킹 코스는 총 10km로 긴 코스이지만 계속해서 비슷한 풍경이 나오므로 완주할 필요는 없다. 체력만큼 걸을 것. 입구가 남, 북 두 곳인데 93번 국도가 끝나는 남쪽 지점에서 시작하고 끝내야 다음 일정을 소화할 수 있다. 내비게이션에 키아울라 비치 Keawaula Beach를 검색해서 가는 게 좋다.

**Info**

**소요시간** 2시간 난이도 하
**주소** 81-780 Farrington Hwy, Waianae
**운영시간** 06:00~19:00
**요금** 등산로 입구 비포장 주차장 무료
**주차정보** 무료 주차
**주차좌표** HQ42+GC 와이알루아

요코하마 비치라고도 해요

# 키와울라 비치 Keawaula Beach

북서쪽의 마지막 비치이자 카에나 주립공원과 맞닿은 바다이다. 굽이굽이 굴곡진 해변, 하얀 모래사장, 수정처럼 반짝이는 바다 색 그리고 바다를 감싼 거대한 산맥의 모습까지 가장 멋진 바다를 상상한다면 바로 이런 모습이 아닐까. 와이키키를 관광특구로 개발할 때 후보로 지정되었던 비치였다고 한다. 와이키키에서 가장 멀리 떨어져 있기 때문에 여행자의 발길이 많지 않아 야생 돌고래, 바다표범 등 천혜 자연이 살아있는 바다가 된 곳.
1900년대 일본인 어부들이 고기를 잡으러 오는 바다였는데 당시 어부들에 의해 요코하마 베이로 불렸다. 붉은색 오징어가 가득하다는 뜻의 카와울라가 정식 명칭. 여행자가 많지 않지만 라이프가드와 주차장 샤워시설 등이 잘 관리되고 있다.

**Info**

**주소** Keawaula Beach, Waianae
**운영시간** 24시간
**요금** 무료
**주차정보** 무료 주차
**주차좌표** 21.5489663997339,
-158.24146830489715
섬의 끝 부분이라 구글맵 좌표는 없음

은밀하고 신비로운 시크릿 스폿

# 머메이드 케이브 Mermaids Cave

오아후 최고의 비밀스러운 장소. 인어동굴이라는 이름이 찰떡처럼 어울린다. 용암 바위 속 바다와 연결된 동굴이다. SNS 포토존으로 핫한 장소이지만 아는 사람만 갈 수 있는 곳. 이곳은 나나쿨리Nanakuli 비치 파크의 좌측 용암 지대에 숨겨져 있다. 넓은 용암 필드를 조금 걷다 보면 동굴로 내려갈 수 있는 몇 개의 작은 구멍을 발견할 수 있다. 자연적으로 생긴 동굴이기 때문에 오르고 내리는 길이 조금 험하지만 일단 동굴 안쪽으로 내려가면 눈앞에 펼쳐지는 풍경에 마음이 뿌듯해진다. 몇 개의 구멍으로 동굴에 빛이 쏟아지고 파도가 칠 때마다 바닷물이 동굴을 채우는 모습이 세상 신비롭다. 여러 개의 구멍이 있는데 파도가 세게 들어오는 초입의 큰 구멍은 위험하니 피해야 한다. 안쪽의 작고 얕은 입구를 찾아 내려갈 것. 용암이 날카로우니 워터 슈즈는 필수로 챙겨가자. 'Nanakuli Beach'를 목적지로 검색하고 나나쿨리 비치 주차장을 이용하면 된다.

### Info

주소 89-435 Keaulana Ave, Waianae
운영시간 05:00~22:00
요금 무료
주차정보 나나쿨리 비치 파크 무료 주차
주차좌표 9VF5+WW 와이아나에

골라가는 재미가 있다!

# 코올리나 라군 Ko Olina Lagoon

코올리나는 포시즌스, 디즈니 리조트, 비치빌라, 메리어트 비치클럽 등 고급 리조트가 모여 있는 단지이다. 이곳에 리조트 단지가 들어올 때 인공 라군 4개를 만들어 두었다. 라군은 각각의 이름이 있지만 지도상 북쪽부터 라군 1, 2, 3, 4로 부른다. 각 라군은 고급 리조트에서 관리를 해서 라군 풍경이 리조트 만큼이나 럭셔리하다. 주차, 샤워 등 편의시설도 잘 되어 있다. 3, 4번 라군의 주차장이 넓고 잔디와 어우러지는 풍경이 예쁘다. 어느 라군이든 파도가 잔잔해서 안전하고, 수심도 깊지 않아 스노클링 초보자나 어린아이와 함께라면 적극 추천한다. 특히 라군 뒤로 해가 넘어가는 시간은 근사한 감동을 선물한다. 선셋 시간은 꼭 코올리나에서 보내자.

## Info

**주소** Ulua Lagoon, Kapolei (Lagoon 4)
**운영시간** 일출~일몰까지
**요금** 무료
**주차정보** 무료 주차장 있음. 일몰 시간까지 주차 가능. 바로 옆에 유료 주차장 있음. 1일 $25
**주차좌표** 8VHH+2J 카폴레이

### tip

코올리나 라군은 각 라군마다 작은 무료 주차장과 유료 주차장이 있다. 5곳의 무료 주차장은 규모가 작아 만차인 경우가 많다. 유료 주차장은 넉넉한 편. 일일 주차 요금으로 $20~25 부과한다. 위의 'Info'에는 라군 4의 무료 주차 정보를 넣었다. 주차장 검색은 구글맵에 'Parking near me' 라고 검색하면 내 주변의 가까운 주차장이 검색된다.

거북이가 사는 동네

# 파라다이스 코브 퍼블릭 비치
Paradise Cove Public Beach

오아후의 스노클링 명소이다. 비치 앞 바위가 파도를 막아주고 수심이 성인 허리춤 정도로 얕아서 편하고 안전하게 스노클링을 할수 있다. 열대어가 많지는 않지만 주인공은 거북이! 스노클링을 시작하자마자 눈앞에 두둥 나타나는 거북이 때문에 놀라지 말 것. 코올리나 리조트 단지 내에 파라다이스 코브 루아우를 진행하는 바다라 깨끗하고 예쁘게 관리되고 있다. 비치가 작아서 아기자기한 맛이 있지만 무료 주차장도 작다는 단점이 있다.

약 10대 정도 주차가 가능한데 이른 아침 도착해야 편하게 주차장 자리 확보가 가능하다. 주차장이 꽉 차 있다면 대기를 하거나, 코올리나 라군 1 주차장 혹은 대각선 맞은편의 코올리나 센터 유료 주차장을 이용하는 방법이 있다. 탈의실, 샤워시설, 화장실 등의 편의시설이 없으니 스노클링 후 코올리나 라군에서 잠시 시간을 보내고 샤워시설도 이용하자.

### Info

**주소** Paradise Cove Public Beach, Kapolei
**운영시간** 24시간
**요금** 무료
**주차정보** 무료 주차
**주차좌표** 8VRF+M8 카폴레이

전쟁의 아픈 기억을 가진

## 진주만 Pearl Harbor

호놀룰루에서 서쪽으로 10km 정도 떨어진 곳에 있는 진주만은 1941년 12월 7일 일본군이 진주만을 무차별 폭격하여 태평양 전쟁의 시발이 된 곳이다. 당시 침몰한 애리조나 호에서는 아직도 기름이 새어 나오는데, 바다 위 애리조나 호에 희생자 1,100여 명을 기리는 애리조나 기념관Arizona Memorial이 세워졌다. 애리조나 기념관은 무료입장이 가능하다. 공원 내 다양한 자료, 시청각 자료 등으로 그날의 처참함을 잘 기록하고 있다. 보우핀 잠수함과 전함 미주리호 기념과 항공 박물관은 유료로 운영되고 있다. 테러 대비로 카메라는 물론 작은 손가방조차 허용이 안 되니 유의할 것. 만약 가방을 가져왔다면 $6를 내고 맡겨야 한다. 애리조나 기념관은 사이트에서 예약비 $1로 시간 예약이 가능하다. 예약 없이 방문하면 오전 11시 이후부터 긴 줄을 서야 할 때가 많다.

### Info

**주소** 1 Arizona Memorial Pl, Honolulu
**운영시간** 07:00~17:00, 크리스마스, 1/1, 추수감사절 휴무
**요금** 무료
**주차정보** 무료 주차
**주차좌표** 9396+2F 호놀룰루
**홈페이지** www.pearlharboroahu.com

# 코올리나 라군에서 즐기는 한 끼

하루를 알차게 여행하고 먹는 저녁식사는 그야말로 꿀 같다. 리조트에서 즐기면 가격은 비싸지만 그만큼 좋은 풍경이 따라온다. 식사 비용을 아끼고 싶다면 코올리나 센터나 근처 카폴레이 커먼스 쇼핑센터를 이용할 것. 알뜰하고 풍성한 현지식 만찬을 즐길 수 있다.

### 마우이의 히트작
## 몽키팟 키친 바이 메리맨 Monkeypod Kitchen by Merriman

마우이의 라하이나와 와일레아에서 히트 친 '바 & 레스토랑'이다. 오아후에는 코올리나 센터에만 지점이 있다. 넓고 뻥 뚫린 홀에서 라이브 음악을 들으며 흥겨운 저녁을 보내는 곳이다. 농장 직거래 재료를 사용한 건강한 먹거리와 맥주, 칵테일을 파는 곳. 패션프루트 크림이 올라간 마이 타이 칵테일이 유명하다.

### Info

**주소** 92-1048 Olani St. Kapolei
**위치** 코올리나 센터 1층 (센터가 건물이 아니고 그냥 빌리지 같은 것)
**운영시간** 11:00~22:00
**요금** 칵테일 $16, 맥주 $8~, 피나 $15.5~
**주차정보** 유료 주차장 시간당 $2.5
**주차좌표** 8VRG+WF 카폴레이

### 라군 뷰와 함께하는 정통 해산물 요리
# 미나스 피시 하우스 Mina's Fish House

포시즌스 리조트 1층에 위치한 해산물 레스토랑으로 미국의 쉐프 레스토랑 경영자 상인 제임스 비어드 어워드 James Bearrd Award를 수상했다. 라군의 뷰와 럭셔리 리조트 서비스가 훌륭하다. 태평양에서 공수한 해산물이 주 재료인데 신선한 킹크랩 그릴, 부드럽게 요리한 대구Cod 요리, 참치 타르타르가 대표 메뉴이다. 전통 하와이식 해산물 요리 레시피를 고수하는 곳. 가격은 높은 편. 예약은 필수.

**Info**

주소 92-1001 Olani St. Kapolei
위치 포시즌스 리조트 코올리나 1층
운영시간 16:00~21:00
주차정보 포시즌스 호텔 발레파킹 3시간 무료 주차
주차좌표 8VQF+PM 카폴레이

### 필요한 건 여기서 다 하자
# 카폴레이 커먼스 Kapolei Commons

서쪽 현지인들의 쇼핑센터이다. 타겟, 코스트코, TJ 맥스, 로스 등 할인 마트와 베이커리, 스시집, 맥도날드 등 저렴한 먹거리부터 인기 있는 레스토랑, 주유소까지 있다. 식사와 쇼핑 원하는 것은 다 할 수 있다. 서쪽 코스를 도는 날 도시락을 구입하거나 마트 쇼핑을 편리하게 이용할 수 있다.

**Info**

주소 4450 Kapolei Pkwy, Kapolei
운영시간 10:00~21:00 (일 10:00~18:00)
주차정보 무료 주차
주차좌표 8WJ5+37 카폴레이

### 가볍고 건강하게
# 아일랜드 컨추리 마켓 Island Country Market

아침나절 건강하게 한 끼 식사로, 오후 나른한 시간 가볍게 간식으로, 카페인이 필요한 시간엔 코나 커피로 종일 가도 모두 다른 메뉴로 입맛을 채울 수 있는 델리 마켓이다. 샌드위치부터 스테이크까지 없는 게 없어 취향에 따라 골라 먹을 수 있고, 가격도 팁을 줘야 하는 레스토랑보다 월등이 저렴하니 고마운 곳. 음식뿐 아니라 여행에 필요한 용품도 살 수 있는 마켓이라 사람들이 끊임없이 드나든다. 테이크아웃 음식점으로 추천한다.

**Info**

주소 92-1048 Olani St. Kapolei
위치 코올리나 센터 1층
운영시간 06:00~23:00
주차정보 유료 주차장 시간당 $2.5
주차좌표 8VRG+WF 카폴레이

# BIG ISLAND

빅아일랜드

빅아일랜드의 본래 명칭은 하와이 아일랜드이다. 하와이 제도와 이름이 같아 애칭인 빅아일랜드로 부른다. 이름에서 알 수 있듯이 하와이에서 가장 큰 섬이다. 제주도보다 약 8배 정도 넓은 면적을 자랑한다. 그 크기만큼이나 다양한 기후와 풍광을 지니고 있다. 서쪽의 코나와 동쪽의 힐로, 섬 양쪽 끝에 공항 두 곳이 있다. 코나 쪽 공항의 이용자가 더 많은 편. 어느 공항으로 들어갈지는 본인의 여행 스타일에 따라 정하면 된다. 힐로 공항 쪽은 화산과 폭포, 계곡 등 자연 관광지가 많다. 지금도 활발하게 활동 중인 화산국립공원과 고대 유적지를 탐험하며 드라이브하기 제격이다. 반면 코나 지역은 최고의 날씨를 자랑하는 휴양지. 특히 세계 3대 커피 중 하나인 코나 커피를 맛보는 재미를 놓칠 수 없다.

빅아일랜드의 대표적인 관광명소는 마우나 케아 천문대 투어와 화산국립공원! 이 두 곳을 보러 빅아일 랜드에 온다고 해도 과언이 아니지만, 이 밖에도 코나 커피농장이나 카할루우 비치 파크 등도 다양한 풍 광과 분위기를 선사한다. 특히, 와이키키처럼 북적거리는 장소를 좋아하지 않는다면 조용하면서도 프 라이빗한 빅아일랜드를 추천한다. 가족여행에도 좋다. 처음 하와이를 방문하는 경우라면 오아후를 중 심으로 코스를 짜는 게 좋겠지만, 재방문 여행자라면 빅아일랜드를 중심으로 코스를 짜는 것도 괜찮다. 마우나 케아 천문대에서 바라보는 일몰 풍경은 평생토록 가슴에 남는 최고의 명장면이 될 것이다.

# ■ 어서 와~ 빅아일랜드 공항은 처음이지? ■

빅아일랜드는 힐로와 코나 두 곳에 공항이 따로 있다. 힐로는 빅아일랜드의 행정도시고, 코나는 관광도시다. 두 공항 모두 규모가 아주 작아 게이트도 한두 곳뿐이며, 공항 전체가 한눈에 다 보일 정도다. 두 공항은 섬의 동서를 가로질러 양쪽 끝에 위치해 있고, 두 공항 간 이동 시간은 차로 약 1시간 40분 정도 소요된다.

### 힐로 국제 공항 Hilo International Airport, ITO

힐로 공항은 버스나 셔틀 등 대중교통 서비스는 없다. 무조건 렌터카로 이동해야 한다. 비행기에서 내려 공항을 빠져나오자 마자, 'Baggage Claim' 표지판을 따라가 짐을 찾은 후 렌터카 표지판을 이어서 따라가면 된다. 게이트 건너편에 렌터카 영업소가 있어 바로 차량 인수가 가능하다. 빅아일랜드 화산 헬리콥터 투어를 시작하는 탑승장도 이곳에 있다.

### 코나 국제 공항 Kona International Airport, KOA

코나 공항의 공식 명칭은 엘리슨 오니즈카 코나 국제 공항Ellison Onizuka Kona International Airport 이다. 하와이주 안에서뿐 아니라 시애틀, 샌프란시스코, LA, 산호세, 달라스 등 미국 본토에서 들어오는 항공편도 많다. 빅아일랜드 제 2의 도시인 카일루아 코나까지는 차로 약 10분 정도 소요된다.

## 코나 공항 렌터카 인수&반납 방법

공항이 작은 편이다. 수화물을 찾은 후 렌터카 셔틀버스를 탑승한다. 예약한 렌터카 회사의 셔틀을 탑승해야 한다. 5~10분에 한 대씩 운행한다. 코나 공항의 렌터카 영업소는 공항 바로 옆에 위치해 있다. 소요시간 3분. 예약한 렌터카 회사 오피스에서 차량 인수증을 받고 주차 번호를 확인한다. 렌터카 오피스와 주차장이 같이 있어 한눈에 보인다. 반납할 때도 같은 주차장으로 돌아오면 된다. 키를 차에 두고 내리면 반납 완료!

## 힐로 공항 렌터카 인수&반납 방법

공항이 한눈에 다 보일 정도로 매우 작다. 수화물을 챙겨서 게이트 밖으로 나오면 바로 길 건너에 렌터카 오피스가 있다. 예약한 렌터카 회사 카운터에서 인수증을 받고 주차 번호를 확인한다. 카운터 바로 뒤편이 주차장이다. 본인 주차 번호에서 차량을 확인한다. 차량 내부와 주유 상태를 확인한 후 바로 출차하면 된다. 반납할 때도 같은 주차장으로 들어와 주차하면 반납이 완료된다. 마우나 케아, 사우스 포인트를 갈 계획이 있다면 꼭 사륜구동을 렌트할 것. 섬이 커서 이동거리가 길고 비포장도로가 있다.

**tip**

빅아일랜드의 가장 좋은 여행 코스는 힐로 공항으로 들어가서 코나 공항으로 나오는 '힐로-코나 인·아웃 in out' 코스다. 들어갈 때와 나올 때 각기 다른 곳의 공항을 이용하면 두 공항의 장단점을 고루 경험할 수 있다. 단, 렌터카 편도 요금을 내야 하니 비용은 잘 따져보자.

## 렌터카로 시내 이동

빅아일랜드에서는 되도록 공항에서 렌터카를 인수하고 반납하는 게 좋다. 그래야 이동에 불편이 없고, 여행 일정을 조정하는 일도 편리하다. 셔틀이나 일반버스가 있기는 하지만 배차 간격이 크고 노선이 한정적이다. 근로자를 위한 버스라 이른 새벽 출근시간과 오후 퇴근시간에 맞춰 움직인다. 일요일이나 공휴일은 운행을 하지 않는 노선도 꽤 있다. 여행에 제약이 많기 때문에 짧은 여행에는 추천하지 않는다. 단, 호텔로 곧바로 이동하거나 관광지로 바로 가거나 할 때는 아래 대중교통을 고려할 수도 있으니 참고하자.

## 대중교통으로 시내 이동

### 택시

일반택시 및 우버, 리프트 모두 사용 가능하다. 공항에서는 택시 승차장에서 탑승 가능하고, 그 외 지역이라면 일반택시는 전화 혹은 홈페이지에서 픽업이 가능하다. 우버와 리프트가 약 10~20% 정도 저렴하다. 대략적인 택시요금은 코나 공항에서 힐튼 와이콜로아 빌리지까지 약 $100 정도다. 카일루아 코나에서 카할루우 비치까지 약 $70, 힐로 타운에서 화산국립공원까지는 $100, 힐로 타운에서 와이메아까지는 $190 정도다.

**코나 택시** www.konataxicab.com

### 코나 트롤리 Kona Trolly

헬레온 버스 #201은 코나 트롤리라고 한다. 카일루아 코나 타겟부터 카할루우 비치 파크를 오가는 노선이다. 오전 6시부터 밤 9시까지 시간당 1대씩 운행한다. 1회 탑승 시 $2 4세 이하 무료.

### 셔틀버스

스피디 셔틀Speedi Shuttle을 이용할 수 있다. 공항에서 호텔로 이동하는 서비스다. 위치와 거리에 따라 요금이 달라진다. 2인 이상 탑승 가능하다. 하차 시 $3~4 정도 팁을 지불해야 한다. 단독 차량을 렌트해서 관광하는 것도 가능하다.

**홈페이지** www.speedishuttle.com

### 헬레온 버스 Hele on Bus

**코나 공항** #202 카일루아 코나로 이동 #75 노스코할라로 이동
**힐로 공항** #101 키아우카하Keaukaha로 이동한다. 그 외 힐로와 코나를 오가는 노선, 화산 국립공원, 노스 코할라로 향하는 버스 등 약 20개의 노선이 있다. 한 시간에서 세 시간 간격으로 버스를 운행한다. 노선과 운행시간은 홈페이지에서 확인 가능하다. 1회 탑승 $2.

**홈페이지** www.heleonbus.org

THIRD STEP

# 후회없는
# 빅아일랜드 추천 일정

하와이 여행이 처음이라면 보통 오아후를 위주로 일정을 짜지만, 하와이 재방문 여행자들의 경우는 이웃 섬에 더 길게 머물고 싶어 한다. 그 가운데서도 특히 빅아일랜드는 여행자들이 단연 첫손에 꼽는 여행지. 하와이 여행이 처음이고 여행 일정이 일주일이라면 오아후 4박 + 빅아일랜드 2박 정도를 추천한다. 2박 3일 동안 빅아일랜드를 여행하려면 코나와 힐로의 핵심 관광지를 렌터카로 빡빡하게 돌아보는 일정이 나온다. 섬이 커서 일정을 길게 잡을수록 좋다.

# 빅아일랜드 하루 핵심 일정

## 힐로 & 화산국립공원 하루

힐로 공항

↓ *9.5km, 차로 15분*

칼스미스 비치 파크

↓ *6km, 차로 10분*

릴리우오칼라니 가든

↓ *5km, 차로 5분*

레인보우 폭포

↓ *5km, 차로 5분*

힐로타운 관광, 점심식사

↓ *50km, 차로 40분*

화산 국립공원

↓ *50km, 차로 50분*

힐로 공항

## 코나 커피농장 & 카일루아 코나 하루

코나 공항

↓ *10km, 차로 15분*

코나 커피농장 드라이브, 농장 방문

↓ *10km, 차로 10분*

더 커피샤크 카페 런치

↓ *10km, 차로 10분*

페인티드 교회

↓ *4.5km, 차로 5분*

푸우호누아 오 호나우나우 국립공원

↓ *27km, 차로 25분*

카할루우 비치 파크

↓ *8km, 차로 12분*

카일루아 코나 타운 관광

↓ *12km, 차로 10분*

코나 공항

## 빅아일랜드 1박 2일 추천 일정

### 1일차

힐로 공항

↓ *50km, 차로 40분*

하와이 화산 국립공원

↓ *115km, 차로 1시간 40분*

마우나 케아

↓ *110km, 차로 1시간 40분*

코나 호텔 체크인

*힐로 In, 코나 Out, 숙소는 코나 1박

### 2일차

코나 호텔 조식 및 체크아웃

↓ *15km, 차로 20분*

코나 커피농장 드라이브, 농장 방문

↓ *12km, 차로 15분*

카할루우 비치 파크

↓ *8km, 차로 12분*

카일루아 코나 타운 관광

↓ *12km, 차로 10분*

코나 공항

---

## 빅아일랜드 2박 3일 추천 일정

### 1일차

코나 공항

↓ *45km, 차로 40분*

코할라 코스트 드라이브
(푸우 코홀라 하이아우
네셔널 파크, 하푸나 비치)

↓ *16km, 차로 15분*

퀸스 마켓 클레이스 런치

↓ *15km, 차로 15분*

코나 호텔 체크인 후 휴식

↓ *20km, 차로 15분*

카일루아 코나 타운 관광

### 2일차

코나 호텔 조식 후 휴식

↓ *15km, 차로 20분*

코나 커피농장

↓ *10km , 차로 10분*

페인티드 교회

↓ *20km, 차로 20분*

카할루우 비치 파크

↓ *110km, 차로 1시간 40분*

마우나 케아

↓ *110km, 차로 1시간 40분*

힐로 호텔

### 3일차

힐로 호텔 조식 후 체크아웃

↓ *100km, 차로 1시간 20분*

사우스 포인트

↓ *30km, 차로 30분*

푸날루우 블랜 샌드비치

↓ *28km, 차로 20분*

화산 국립공원

↓ *45km, 차로 40분*

힐로 공항

*코나 In, 힐로 Out,
숙소는 코나 1박, 힐로 1박

Special 1

마우나 케아에서 붉은 석양과 쏟아지는 별 보기!

# 마우나 케아 Mauna Kea

하와이 여행을 마친 후, 가장 기억에 남는 곳은 바다가 아닌 산이 될지도 모르겠다. 마우나 케아를 오른다면! 마우나 케아는 전 세계의 천문대가 설치된 곳이자, 하와이에서 가장 높은 곳이다. 자동차를 타고 가긴 하지만 고산병을 조심해야 할 정도. 날씨도 우리가 아는 하와이 날씨가 아니다. 겨울처럼 추울 때가 많다. 하지만 매력도도 그만큼 높은 곳! 하와이에서 바다보다 아름다운 산, 산을 뒤덮은 별빛을 만끽할 수 있는 장소라 강력 추천한다. 산 정상의 풍경만으로도 가슴이 벅차 오른다. 자신 있게 말하는데, 기대해도 좋다.

해발 4,205m인 마우나 케아 화산은 해수면에 감추어진 높이까지 더하면 10,203m다. 에베레스트산보다 높다면 믿어질까? '하얀 산'이란 뜻을 지닌 마우나 케아는 지대가 높다 보니 여름에도 영하의 날씨에 눈이 군데군데 보인다. 겨울엔 스키를 탈 수 있을 정도다.

하와이에서 가장 감동적인 순간이 언제였냐고 묻는다면, 이곳 마우나 케아 국립공원에서 본 선셋이었다고 1초의 고민도 없이 말하겠다. 마우나 케아 여행은 웅장한 용암지대를 오르면서 시작한다. 드라이브하며 오르는 길 초입부터 예사롭지 않다. 해가 지기 전에 올라서 하늘에 맞닿은 산의 풍경, 발 아래로 물드는 저녁 노을 그리고 해가 진 후 별 구경까지 하고 내려오는 게 코스. 고급 레스토랑의 코스 요리를 즐기듯, 빠짐없이 이 순서대로 모두 즐기기를 추천한다. 어느 한 순간도 빠뜨릴 수 없을 만큼 최고의 향연이 펼쳐진다. 관광 시간을 여유 있게 잡고 다녀올 것.

**Info**

**주소** Mauna Kea Access Rd, Hilo
**운영시간** 비지터 인포메이션 스테이션
09:00~21:30
**요금** 무료
**위치** 카일루아 코나 타운에서 90분,
힐로에서 70분 소요
**주차정보** 무료 주차장

THIRD STEP

마음속까지 숙연해지는 선셋의 감동이 채 사라지기도 전에 하늘의 별잔치가 시작된다. 마우나 케아 정상에는 11개국에서 운영하는 13개국의 천문대가 있다. 태평양 한가운데 위치한 섬. 인공 빛이 없고 맑은 대기층이라, 별 관측하기에 세계 최고의 위치이다. 태양의 자취가 완전히 사라진 후에는 까만 하늘에 빈틈이 안 보일 만큼 빽빽하게 수 놓인 별을 볼 수 있다. 반짝이는 별들이 하늘의 주인공이 되는 시간. 현 세계를 넘어 천상계에 와 있는 건지 믿기지 않을 정도다. 해가 완전히 사라지기 전에 정상에서 내려가야 한다. 별 관측은 방문자 센터에서 할 수 있다. 방문자 센터에서 무료로 별보기 투어도 진행하고 있다.

방문자 센터까지는 포장도로로 일반차량도 올라가기 좋다. 방문자 센터에서 정상에 오르는 길 14km 구간, 20분 정도 소요되는 길은 비포장 도로의 자갈길이라 꼭 사륜구동 차량을 이용해야 한다. 산 정상은 산소가 60% 정도로 고산병 위험이 있으니 방문자 센터에서 30분 정도 쉬었다 천천히 올라갈 것. 코나와 힐로의 중간 지점에 있어서 어디서 출발하든지 소요시간이 비슷하다. 쉬는 시간을 포함해 편도 2시간 정도 잡으면 된다. 오후 3시 정도에 출발하면 여유롭게 전망을 즐길 수 있다. 생각보다 많이 추우니 두꺼운 옷을 반드시 챙겨입을 것. 11세 미만, 심장 질환자, 호흡기 질환자, 24시간 전에 스쿠버 다이빙을 한 사람은 올라갈 수 없다.

• • •

# 마우나 케아 갈 때 주의할 점 & 준비물

## 고산병 위험 있어요!

에베레스트보다 높은 산이다. 가볍게 생각하면 곤란! 미리 고산병 예방약을 먹자. 고산병에 걸리지 않는 가장 좋은 방법은 몸이 높이에 적응할 수 있도록 천천히 고도를 올리는 것. 방문자 센터에서 충분히 쉬었다 가야 한다. 물을 충분히 마실 것.

## 엄청 추워요. 한겨울 날씨에요!

정상에서 해가 지면 많이 춥다. 과하다 싶을 만큼 방한용품 챙기자. 패딩점퍼, 두꺼운 양말, 장갑, 털모자 같은 겨울용품이 필요하다. 선셋 투어업체를 이용할 경우, 패딩 등 방한용품까지 투어업체에서 준비해 주는 경우도 있으니, 투어 예약 시 확인할 것.

## 사륜구동 차만 갈 수 있어요!

승용차를 렌트했다면 차라리 투어를 신청하는 게 낫다. 마우나 케어에서는 사륜구동 SUV가 아니면 불안하다. 정상에 오르기 전 여행자 센터까지는 일반차량 진입이 가능하지만 정상까지의 도로는 일반 승용차는 매우 위험하다. 혹시 사고가 나더라도 렌터카 보험이 적용되지 않는다. 또한 사륜구동 차량이라 해도 운전자의 운전 실력이 미숙하다면 추천하지 않는다.

## 간식을 챙겨가요!

관광 시간이 6시간 이상 소요되는데 여행자 센터 외에 다른 편의점이나 레스토랑이 없다. 든든히 먹을 수 있는 무스비나 샌드위치 등 도시락을 챙겨가자. 텀블러에 따뜻한 커피나 차를 챙겨가면 좋다.

**tip**

**투어 신청 방법** www.maunakea.com

**마우나 케아 서밋 어드벤쳐** Mauna Kea Summit Adventures

1983년부터 전문적으로 마우나 케아 정상과 별 관찰 투어를 진행하는 현지 업체이다. SUV 투어 차량과 가이드의 진행, 편리한 픽업 위치 등에 대한 후기가 매우 좋다. 현지 영어 가이드가 진행하는데 영어가 미숙하다면 마우나 케아 히스토리를 미리 읽어보고 갈 것. 투어는 총 7~8시간 소요된다.

**※투어 포함 사항**

픽업과 드롭 (위치 : 카일루아 코나, 와이콜로아, 마우나 케아 관광안내소)

패딩 점퍼와 장갑, 차와 커피, 간식, 프리미엄 천체 망원경 (투어 출발 24시간 이내 취소 가능 / 1인 $300)

## Special 2

지금도 지하에는 용암이 꿈틀댄다

# 하와이 화산 국립공원
## Hawaii Volcanoes National Park

거대한 산이 숨을 쉬며 살아있다는 걸 두 눈으로 확인할 수 있는 곳. 바로 여기 하와이 화산 국립공원이다. 세계 3대 활화산 중 하나이며 세계에서 가장 활발한 화산 활동을 하고 있는 곳이다. 빅아일랜드는 이 풍경 하나 보러 왔다고 해도 고개를 끄덕일 만큼 화산만으로도 여행이 충분하게 완성된다.

깊고 웅장한 킬라우에아산에는 세계 자연유산인 하와이 화산 국립공원이 있다. 팔레트에서 까만 물감이 흘러내린 듯 용암이 흘러내려 굳어진 산 곳곳에서는 여전히 연기가 피어오른다. 금방이라도 산이 용솟음치며 벌떡 일어날 것만 같다. 빅아일랜드는 지금도 바다로 흘러내린 용암이 굳어져 일 년에 독도 크기만큼씩 넓어지고, 손톱이 자라나는 속도만큼 북서쪽으로 이동하고 있다고. 이런 초자연적인 신비로움 때문에 하와이안들은 불의 여신 펠레Pele가 그곳에 산다고 믿는다.

© 하와이 관광청 hbgoodie

**Info**

**주소** National Park, 1 Crater Rim Drive, Volcano
**운영시간** 비지터센터 09:00~17:00, 공원 24시간
**요금** 차 1대당 $30 / 7일, 주차료 포함
**위치** 카일루아 코나에서 2시간, 힐로 타운에서 40분
**주차좌표** CPHV+V4 볼케이노 하와이
**홈페이지** www.nps.gov/havo

차를 가지고 이곳에 도착하면 방문자 센터에서 날씨와 현재 화산의 상태, 추천 코스를 안내받고 한국어 지도와 화산 설명서를 얻을 수 있다. 용암 동굴이나 용암 절벽, 유황 냄새가 가득한 전망대에서 분화구도 볼 수 있다. 까만 용암 틈에서 다시 풀과 나무, 꽃이 자라난 모습도 신기하다. 밤에 도착했다면 붉은 분화구를 가장 가까이 볼 수 있는 재거 박물관 Jagger Museum으로 가자. 숨 쉬고 있는 활화산의 모습을 실감나게 관람할 수 있다. 사실 이곳에서 빨간 용암을 실제로 보기는 쉽지 않다. 너무 위험해서 가까이 접근할 수 없도록 막아놓았기 때문이다. 그러니 영화처럼 타오르는 붉은 용암을 기대하지는 말 것! 날씨가 쌀쌀하니까 긴 소매 옷은 필수.

**tip**

### 미국 국립공원 연간 패스 사용 가능해요!

하와이에는 세 곳의 국립공원이 있다. 마우이섬의 할레아칼라, 빅아일랜드의 화산 국립공원과 푸우호누아 오 호나우나우 국립공원이다. 이 국립공원들은 미국 전역의 국립공원 입장이 가능한 애뉴얼 패스Annual Pass 사용이 가능하다. 미국 본토에서 이 카드를 구입했다면 보너스처럼 하와이에서도 사용 가능하니 여행 시 꼭 챙기도록 하자. 하와이 국립공원만 사용이 가능한 하와이 트리 파크 애뉴얼 패스Hawaii Tri-Park Annual Pass도 있다. 가격은 $55로 역시 일 년간 세 곳의 하와이 국립공원 입장이 가능하다. 여행 중 세 곳 모두 방문 계획이 있다면 하와이 트리 파크 애뉴얼 패스를 구입하는 게 이익이다.

## Special 3

화산 공원을 탐험하는
# 세 가지 방법 3 WAY

© 하와이 관광청 Paul Zizka

### 첫째, 어디서도 경험할 수 없는 화산 드라이브!

킬라우에아 방문자 센터와 재거 박물관을 들른 후 체인 오브 크레이터스 로드Chain of Craters Road를 따라 달려보자. 해안까지 이어진 편도 29km의 도로는 까만 용암과 맞닿은 바다가 펼쳐져 환상적인 풍경을 자랑한다. 중간중간 라바 동굴Lava Tube, 전망대 등을 관람하는 드라이브 코스로 넉넉 잡아 왕복 3시간 정도 소요된다. 코스의 마지막은 파도에 의해 만들어진 홀레이 시 아치Holei Sea Arch로 마무리하자. 늦은 오후에 출발해 해가 지는 시간에 맞춰 재거 박물관으로 돌아오면 일몰 후 분화구의 용암이 빨갛게 달아오른 모습을 볼 수 있다.

## 둘째, 헬리콥터에서 내려다보는 진기한 풍경!

용암을 볼 수 있는 가장 편한 방법이다. 단, 편한 만큼 비싼 것은 함정. 힐로 공항에서 출발해 하와이 화산공원Hawaii Volcanoes National Park을 가로지르는 헬리콥터 안에서 푸우 오오 분화구Pu'u O'o Crater를 감상할 수 있다. 연기가 모락모락 나는 살아 있는 화산을 가장 실감 나게 체험할 수 있는 시간. 빨간 마그마가 보이는 화산을 돌아 힐로 근처의 폭포와 열대우림까지 샅샅이 감상하자. 50분 정도 비행하는 동안 가슴 벅차고 진기한 풍경이 이어진다. 땅에서는 볼 수 없는 특별한 화산 투어는 하와이에서 가장 빛나는 순간을 선사할 것이다.

### Info

**블루 하와이안 헬리콥터**
**Blue Hawaiian Helicopter**

**주소** 2650 Kekuanaoa St, Hilo
**오픈** 07:00~19:00
**요금** 50분 코스 $379, 1시간
45분 코스 $679
**주차좌표** PX74+WJ 힐로 하와이
**홈페이지**
www.bluehawaiian.com/
bigisland

## 셋째, 자전거로 달리는 볼케이노 파크!

빅아일랜드의 구석구석을 돌아볼 수 있는 자전거 투어다. 차로는 갈 수 없는 곳과 가벼운 화산 트레킹을 할 수 있는 기회다. 현지 가이드가 함께하는 투어가 있고 추천 포인트를 GPS 오디오를 들으며 찾아다니는 셀프 투어 등이 있다. 취향에 따라 다양한 투어 선택이 가능하다. E-바이크를 이용해서 힘들이지 않고 라바 필드 구석구석을 누빈다. 4시간 투어로 화산 정상 부근의 주요 뷰포인트를 다니는데, 분화구 주변을 돌며 활화산을 만날 수 있다. 마그마 분출이나 화산의 상태에 따라 투어 일정은 조금씩 변동된다. 드라이브로는 볼 수 없는 진기한 풍경을 볼 수 있어 특별하다.

### Info

**볼케이노 바이크 투어**

**주소** 19-3972 Old Volcano Rd.
**운영시간** 10:00~16:00
**요금** 4~6시간 코스 $110~
**홈페이지**
www.bikevolcano.com

# 카일루아 코나 & 서부

커피와 예쁜 마을과 바다! 볼 것 많은

빅아일랜드에서 가장 다양한 볼거리가 촘촘하게 붙어있는 동네다. 빅아일랜드에서 시간이 딱 하루뿐이라면 이 지역을 파헤쳐 보자. 빅아일랜드 서쪽 해안인 코나 지역에서는 커피농장에 가는 게 가장 중요한 일정. 코나 커피는 자메이카의 블루마운틴과 더불어 세계적으로 가장 알아주는 고급 원두의 대명사다. 코나 커피농장을 방문하여 직접 커피 생산 과정을 체험하는 것은 진한 커피향을 오래 음미할 수 있는 값진 일이다. 화산 국립공원이나 마우나 케아를 가지 못했다면 서쪽 해안을 드라이브하면서 카할루우 비치 파크로 차를 몰아보자. 예쁜 바다거북이 사진을 찍을 수 있는 곳이다.

# 카일루아 서부

## 드라이브 추천 코스

○ 푸우코홀라 헤이아우 내셔널 히스토릭 사이트

(5.5km, 6분)

○ 하푸나 비치

(14km, 15분)

○ 와이콜로아 비치

(45km, 40분)

○ 카일루아 코나 타운

(10km, 15분)

○ 코나 커피농장

(7km, 8분)

○ 페인티드 성당

(4km, 5분)

○ 호나우나우 역사공원

(200m, 1분)

○ 원스텝 투스텝

(24km, 25분)

○ 카할루우 비치 파크

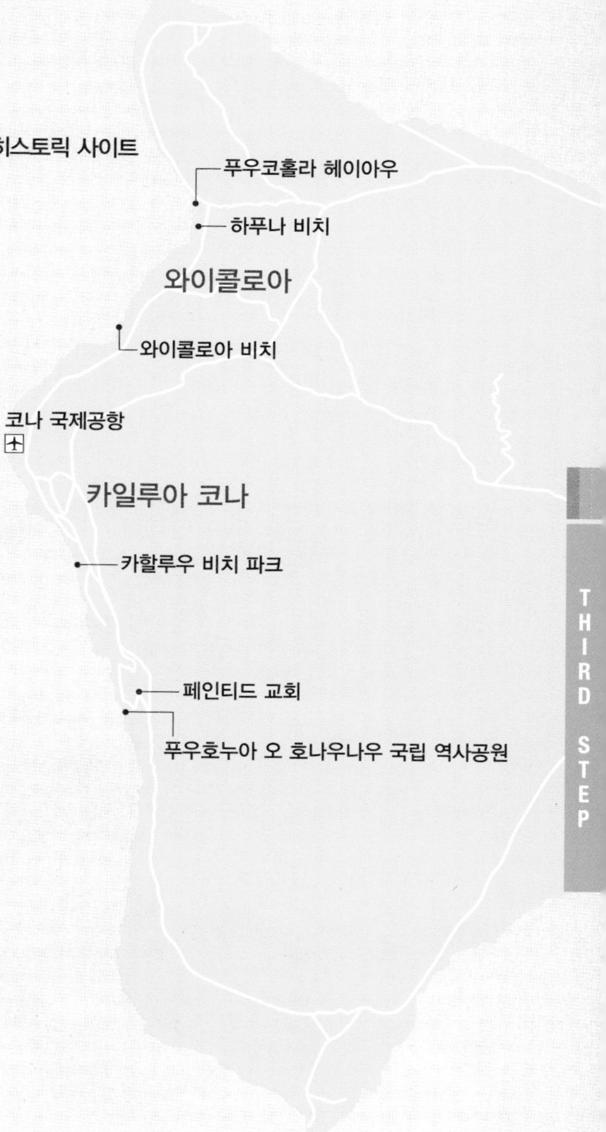

━ 푸우코홀라 헤이아우

━ 하푸나 비치

와이콜로아

━ 와이콜로아 비치

코나 국제공항

카일루아 코나

━ 카할루우 비치 파크

━ 페인티드 교회

푸우호누아 오 호나우나우 국립 역사공원

THIRD STEP

무지갯빛 알록달록한 카일루아

# 코나 타운 Kona Town

코나에서 이곳이 빠지면 섭섭하지!

빅아일랜드에서 가장 활기 넘치는 마을을 꼽으라고 하면 코나 타운이
으뜸이다. 코나 타운은 카일루아 코나에 있다. 공항에서 약 10분이면
도착한다. 거대한 라바 필드 (용암지대)가 이어지는 곳이며 맛집과 관
광지가 오밀조밀 붙어있는 남쪽의 카일루아 코나Kailua-Kona와 대
형 고급 리조트가 늘어선 북쪽의 코할라 코스트Kohala Coast 지역
으로 나뉜다. 코나 타운은 이국적인 휴양도시답게 알록달록한 풍경
을 한껏 내뿜는다. 해안선을 따라 나지막한 목조 건물이 바다를 향해

늘어서 있다. 시선이 낮은 곳에 머무는 것만으로도 마음이 편안해진
다. 특별한 무엇을 하지 않아도, 산책만으로도 즐겁다. 작은 마을이
지만 비치바, 맛집, 쇼핑숍 등 여행자들이 즐길 만한 곳들이 꽤 있어
여행자가 적당히 북적거린다. 하와이 최초의 교회인 모쿠아이카우아
교회Mokuaikaua Church와 하와이 왕조의 여름 궁전인 훌리헤에 궁

## Info

**주소** 75-5718 Alii Dr. Kailua-Kona
**위치** 코나 국제공항에서 19번
도로를 타고 남쪽으로 약 13분
**주차정보** tip 참고

전Hulihee Palace, 카메하메하 1세가 노년을 보낸 초가집을 복원한
유적 카마카호누 내셔널 히스토릭 랜드마크Kamakahonu National
Historic Landmark 등 여러 유적지들이 마을 곳곳에 자리 잡고 있
다. 저녁이면 예쁜 선셋도 볼 수 있다. 코나 여행 중이라면 코나 타운
에서 하루쯤 쉬어갈 것.

❶ 타운 안쪽에는 주차장이 많지 않다. 게다가 모두 유료 주차장으로 시간당 $7~12. 매우 비싸다. 알리 선셋 플라자Ali'i Sunset Plaza, 코코넛 그로브 마켓 플레이스Coconut Grove Market Place 주차장을 이용하고 마켓의 식당이나 쇼핑을 이용하면 주차 요금 2시간에 50% 할인받을 수 있다. 할인받아도 $6~7로 비싼 편이다. 코나 타운에 길게 머물 예정이라면 타운 북쪽과 남쪽 끝에 위치한 로열 코나 리조트, 코트야드 바이

메리어트 코나 비치 호텔의 유료 주차장을 이용할 수 있다. 하루 주차 요금 $25이다. 주차 요금을 아끼고 싶다면 도보 20분 거리에 위치한 월마트, 타겟, 롱스드럭스 등 대형 마트 주차장을 이용할 것. 무료 주차가 가능하다.

❷ 빅아일랜드 코나의 인기 투어인 나이트 만타 보기 스노클링 & 다이빙 투어는 카일루아 코나 지역의 하버에서 시작한다. 나이트 만타 보기 투어를 한다면 카일루아 코나 지역 근처에 숙소를 잡는 게 좋다.

옛 공항의 대변신!

# 올드 코나 에어포트 주립 휴양지 Old Kona Airport State Recreation Area

2차 세계대전 때 건설되어 한동안 공항으로 사용되던 곳이다. 1960년대 코나 지역에 호텔과 리조트가 개발되며 지금의 공항이 새로 생겼고 이곳은 여행자와 현지인이 휴식을 취하는 공간으로 바뀌었다. 활주로로 사용되던 긴 도로는 주차장으로 이용된다. 주차 공간이 넓고 열대 식물이 가득한 산책로와 축구장, 바비큐장 등이 있어서 피크닉 장소로 인기가 많다. 나무 아래 테이블도 많으니 저녁시간 도시락을 챙겨서 가보자. 선셋을 보기 위한 가장 좋은 비치다.

**Info**

**주소** 75-5560 Kuakini Hwy. Kailua-Kona
**운영시간** 24시간
**요금** 무료
**위치** 코트야드 바이 메리어트에서 차로 3분
**주차정보** 무료
**주차좌표** JXRR+WW 카일루아-코나

© IHVB / Kirk Lee Aede

하와이 왕족의 별장

# 훌리헤에 궁전
## Hulihe'e Palace

하와이 왕족의 옛날 여름 별장으로 사용되던 곳이
다. 현재는 칼라카우아 왕과 카피올라니 여왕 시절
에 사용한 가구, 초상화, 하와이 퀼트 등의 유물을
전시하는 박물관으로 사용되고 있다. 셀프 오디오
가이드 투어 혹은 영어 도슨트 가이드 투어로 입장
이 가능하다. 도슨트 투어는 미리 예약해야 한다.

100년 전 카메하메하 왕의 마지막 거처

# 카마카호누 내셔널 히스토릭 랜드마크
## Kamakahonu National Historic Landmark

카메하메하 왕 1세가 수도를 이곳으로 옮겨오고
죽기 전 여생을 보냈던 초가집이다. 원래의 건물은
사라져 비슷하게 복원했다.
예배실, 작업 공간, 왕이 죽은 후 뼈를 묻은 납골당
등을 볼 수 있다. 하와이에서 가장 중요한 유적지
가운데 한 곳이다.

**Info**

주소 75-5718 Ali'i Drive, Kailua-Kona
오픈 수 · 목 11:00~16:00, 금 11:00~14:00,
토 10:00~12:30 , 일 · 월 · 화 휴무
요금 셀프 가이드 $16, 도슨트 성인 $22
위치 카일루아 코나 타운 초입
주차정보 없음

**Info**

주소 Kaahumanu Pl, Kailua-Kona
운영시간 24시간
요금 무료
위치 코트야드 바이 메리어트 건너편
주차정보 없음
홈페이지 www.historichawaii.org

작고 소중한 교회

# 성 베네딕트 가톨릭 처치
## St. Benediict's Catholic Church

커피농장 끝자락, 초록 정원에 둘러싸인 소박한 교회이다.
1899년 교회를 세울 당시 글을 읽을 수 없는 현지인들에게 성경
말씀을 전하고자 성서 이야기를 그려 넣으며 '페인티드 교회'라
는 별명이 붙었다. 성경의 내용과 함께 하와이 풍경이 어우러져
있다. 지금도 일요일 예배시간이면 현지 사람들이 예배를 보기
위해 참석한다. 입장료는 무료지만 방문자의 기부금으로 보존
작업을 하고 있다.

**Info**

주소 84-5140 Painted Church Rd,
Captain Cook
운영시간 화~금 09:30~15:30
요금 무료
위치 코나 커피농장 남쪽 끝
주차좌표 C4P6+2M 캡틴 쿡 미국 하와이

신비로운 행성에 도착한 듯, 운전만 해도 감동스런 풍경

# 코할라 코스트 Kohala Coast

이 지역에서 관광지는 거들 뿐. 가장 좋은 풍경은 운전하며 이미 만끽한다. 길 따라 풍경 따라 마음이 이끄는 대로 한없이 드라이브만 해도 좋다. 광활한 용암지대를 지나 코할라로 향하는 19번 도로 약 40분은 신비로운 어느 행성을 여행하는 기분이다.

신성한 땅

# 푸우호누아 오 호나우나우 역사 공원 Pu'uhonua O Honaunau National Historical Park

하와이에 최초로 폴리네시안들의 거주가 시작된 후 현재까지 격동의 역사를 거쳤다. 빅아일랜드에는 예전 폴리네시안들의 사상이나 역사 흔적을 엿볼 수 있는 유적지가 몇 곳 있는데 가장 중요한 유적지가 바로 이 공원이다. 이곳은 '피난의 장소', '신성지'라는 뜻을 가졌다. 옛날 하와이에서는 왕족이 영적인 힘을 소유했다고 믿었는데, 사람들이 그들이 정한 금기 사항을 어기면 가차 없이 죽음에 이르는 무서운 형벌이 가해졌다. 남자와 여자가 함께 식사하는 것, 족장의 그림자를 밟는 것, 여자가 바나나를 먹는 것, 신전에 여자가 들어가는 것 등 요즘 시대에는 말도 안 되는 것들이 당시에는 금기 사항이었다고. 금기를 어긴 죄인들에게 다시 삶의 기회를 주는 곳이 바로 여기 성지였다. 당시엔 이곳에 들어오기조차 쉽지 않아 몰래 숨어 들어왔다고 하는데, 일단 들어오면 면죄 의식을 거행하여 다시 살 수 있도록 해주었다. 다시 살고자 한 이들에겐 얼마나 고맙고도 신성한 생명의 땅이었을지! 이제는 엄격했던 과거의 흔적을 담은 역사공원으로 바뀌었다.

THIRD STEP

### Info

**주소** State Hwy 160, Honaunau
**운영시간** 08:30~16:30
**요금** 차 한대당 $20 입장료, 주차료 포함
**주차좌표** C35W+GX Hōnaunau, 호노노-나푸푸

빅아일랜드의 얼굴, 미국 최고의 비치로 선정된 곳!

## 하푸나 비치 주립공원 Hapuna Beach State Park

빅아일랜드 북서쪽에 위치한 코할라 코스트Kohala Coast 지역을 대
표하는 비치다. 항상 건조한 날씨에 강한 햇볕이 내리쬐어 매일 따뜻
한 바다를 즐길 수 있다. 하와이주에서 철저히 관리하는 만큼 '월드 베
스트 비치 리스트' 순위권에 항상 랭크되며, 전미 최고의 비치로도 종
종 선정됐다. 적당한 수심과 얌전한 파도, 투명한 바다가 어우러진 편
안한 분위기에 해안 하이킹 코스, 피크닉 장소, 바비큐 시설, 캠핑장
까지 마련돼 있어 휴식에 최적화된 곳이다. 코할라 코스트 드라이브
코스와 함께 일정을 잡으면 좋다. 공원 안쪽에서 파라솔, 스노클링 장
비 등의 대여가 가능하다. 간식거리를 준비해 가자. 캠핑을 원한다면
최소 일주일 전 예약이 필수이며 가격은 1박당 $70.

**Info**

주소 Old Puako Rd, Waimea
운영시간 07:00~18:30
요금 1인 $5, 샤워시설 있음
주차정보 $10
주차좌표 X5RG+H2 와이메아 하와이
홈페이지 www.dlnr.hawaii.gov


전쟁의 신에게 제물을 바치던 신전

## 푸우코홀라 헤이아우 내셔널 히스토릭 사이트
Pu'ukohola Heiau National Historic Site

헤이아우 라는 말은 하와이어로 '신전'을 의미한다. 이곳은 하와이의 가
장 규모가 큰 헤이아우. 1927년에 복원되었다. 하와이가 서양의 영향
을 받기 전 가장 마지막으로 세워진 신전이다. 전쟁의 신에게 재물을 바
치면 하와이 제도를 통일하는 데에 도움이 될 것이라는 예언을 듣고 카
메하메하 대왕이 1790년에 세웠다고 한다. 그리고 결국 얼마 후 예언
대로 하와이 제도가 통일되었다. 얼핏 보면 돌무덤처럼 생겼는데, 이
돌들은 모두 32km 떨어진 곳에서 카메하메하와 부하들이 인간 사슬
을 만들어 옆 사람에게 전달하는 방식으로 옮긴 것이라고. 이곳을 걸
어 다니다 보면 1500년대에 건축된 마일레케이니 헤이아우Mailekeini
Heiau와 상어신에게 바치기 위한 수중 신전 '할레 오 카푸니 헤이아우
Hale O Kapuni Heiau' 등 다른 볼 만한 사적들도 있다. 푸우코홀라
헤이아우는 '고래 언덕'이라는 뜻이다. 12~3월이면 고래들이 점프하
는 모습을 볼 수 있다.

**Info**

주소 62-3601 Kawaihae Rd,
Waimea
운영시간 07:30~17:00
요금 무료
위치 코나 국제공항에서 30분, 하푸나
비치에서 7분 소요
주차정보 무료
주차좌표 25GH+67 와이메아 하와이
홈페이지 www.nps.gov/puhe

# 코나 쇼핑 어디서 할까?

## 퀸스 마켓 플레이스 & 킹스 샵스 Queen's Marketplace & King's Shops

와이콜로아 비치 근처 마주 보고 있는 두 곳의 쇼핑센터다. 야외 쇼핑센터로 쇼핑센터가 흔하지 않은 와이콜로아 지역에서는 가장 규모가 크고 활기차다. 주유소를 비롯해 하와이의 인기 브랜드 의류, 수영복, 기념품 숍과 각종 다이닝 레스토랑, 카페 등 퀸스 마켓 플레이스는 50개, 킹스 샵스는 40개의 숍이 입점되어 있다. 퀸스 마켓 플레이스가 최근 오픈하여 더 쾌적한 편. 쇼핑 브랜드와 레스토랑도 더 많다. 특히 ABC스토어에서 만든 하이엔드 마트 아일랜드 고메Island Gourmet가 인기다. 슈퍼마켓이면서 유기농 현지 먹거리를 파는 브랜드로 프리미엄 육류, 해산물, 베이커리와 도시락 등이 있어 다양한 식사가 가능하다. 스타벅스와 아일랜드 빈티지 커피 등의 카페도 있다.

**Info**

**주소** 69-201 Waikōloa Beach Dr, Waikoloa Village
**운영시간** 10:00~20:00
**위치** 코나 국제공항에서 20분
주차 무료
**주차좌표** W479+8Q 와이콜로아 빌리지
**홈페이지** queensmarketplace.com

**tip**

## 코나의 대형 슈퍼마켓

코나 지역은 슈퍼마켓이나 쇼핑센터도 카일루아 코나 타운 초입에 옹기종기 모여 있다. 이곳을 벗어나면 대형마트가 있는 타운이 많지 않다. 필요한 게 있다면 카일루아 코나에서 저렴하게 미리 쇼핑을 해두는 게 좋다. 대형 마트는 우리에게 익숙한 코스트코, 월마트, 세이프 웨이 등이 있는데 오아후에서 기념품이나 초콜릿 등 자잘한 쇼핑을 못했다면 이곳에서 모두 구입할 수 있다. 규모와 가격, 판매하는 제품이 동일하다. 월마트는 기념품과 초콜릿 너트 등을 구입하기 좋고 세이프 웨이는 도시락 등 먹거리 쇼핑이 좋다. 코스트코 회원카드가 있다면 코스트코가 가장 저렴하다. 코스트코와 세이프 웨이는 주유소도 함께 있는데 다른 주유소보다 더 저렴하게 주유까지 가능하다.

# 카일루아 코나의 소박한 맛집
## Kailua Kona Restaurant

카일루아 코나의 주요 레스토랑은 코나 타운 메인 도로인 알리 드라이브Alii Dr.에 모여 있다. 여행 중 즐기는 한 끼 한 끼는 무척 소중하다. 당연히 맛집 선택도 신중할 수밖에 없다. 여행 후 '그 집 참 좋았었지.'라고 추억할 만한 곳은 어디일까? 기억에 남을 만한 코나 대표 맛집을 소개한다.

**코나에 갔다면 여긴 꼭!**
### 코나 브루잉 컴퍼니 Kona Brewing Co.

코나의 최고 인기 레스토랑이자 하와이를 대표하는 맥주 양조장이다. 하와이 가면 누구나 한 번쯤은 마시는 유명 맥주를 생산하는 곳! 취향에 따라 선호하는 맥주가 달라서 다들 추천 맥주가 다르다. 선택이 힘들다면 네 가지 맥주를 한 번에 맛볼 수 있는 맥주 샘플러를 주문해 보자. 피자와 타코 등 안주도 만족스럽다.

**코나의 분위기 맛집**
### 온 더 락스 On the Rocks

코나 타운의 끄트머리에 위치한 비치바. 흘러간 팝송, 우크렐레 연주, 훌라 쇼 등 여러 가지 라이브 공연과 함께 맥주나 식사를 할 수 있다. 야외 공간에는 바닷가 모래를 바닥에 깔아서 바닷가 분위기를 한껏 살렸다. 해변을 그대로 옮겨온 듯 익숙한 하와이의 풍경이다. 맨발로 모래를 밟고 선셋을 보며 칵테일을 홀짝거리는 시간. 감성 부자가 된다.

## Info

주소 74-5612 Pawai Place, Kailua Kona
운영시간 11:00~22:00
요금 맥주 $5.25~, 가이드 투어 $20
주차정보 무료
주차좌표 J2V2+6X 카일루아-코나
홈페이지 www.konabrewingco.com

## Info

주소 75-5824 Kahakai Rd, Kailua-Kona
운영시간 12:00~21:00
요금 칵테일 $13~, 타코 $18~
주차정보 무료 주차 가능하나 주차장이 협소함
주차좌표 J2M6+92 카일루아-코나
홈페이지 huggosontherocks.com

**수십 년간 지켜온 코나 No 1.**

## 코나 인 레스토랑 Kona Inn Restaurant

코나 타운의 중심가인 코나 인 쇼핑 빌리지 안에 입점한 이곳은 코나 타운에서 가장 눈에 띄는 인기 레스토랑이다. 40년이 넘는 역사를 자랑하는 코나 인은 그날그날 잡아올린 신선한 해산물이 주 메뉴다. 하지만 이곳의 주인공은 해산물이 아니다. 이 레스토랑의 가장 유명한 메뉴는 바로 디저트! 쿠키와 생크림으로 감싼 커다란 아이스크림 위에 초콜릿 시럽을 가득 뿌린 머드파이되시겠다. 40년 이상 코나의 가장 유명한 맛집 자리를 지킬 수 있게 해준 고마운 메뉴다. 숱하게 메뉴가 바뀌었지만 머드파이 하나만큼은 예나 지금이나 맛도 인기도 변함없다.

### Info

주소 75-5744 Alii Dr. Kailua-Kona
운영시간 11:30~21:00
요금 버거 $20~, 머드파이 $13
위치 훌리헤에 궁전에서 도보 3분
주차정보 없음
홈페이지 www.
konainnrestaurant.com

**이웃 섬까지 소문난 포케 맛집**

## 다 포케 샤크 Da Poke Shack

하와이의 전통 음식 중 하나인 포케는 생선회를 깍두기처럼 썰어 양념한 회무침이다. 고급 레스토랑에서 애피타이저로 접할 수 있는 음식이지만, 이곳 다 포케 샤크에서는 홈메이드 레시피의 포케를 본격적으로 푸짐하게 맛볼 수 있다. 태평양에서 갓 잡은 신선한 참치가 특히 인기다. 오픈한 지 얼마 되지 않은 신생 맛집을 트립어드바이저의 상위권에 랭크시켰을 만큼 유명하다. 밥과 함께 두 가지 포케를 고를 수 있는 포케볼Poke Bowl과 네 가지 포케를 선택할 수 있는 포케 플레이트Poke Plate, 그리고 찐 돼지고기를 잘게 찢어 흰쌀밥과 함께 먹는 하와이 전통 돼지고기 요리 라우라우LauLau 등이 있다. 모두 도시락 용기에 포장해주며, 2인이라면 넉넉한 양의 포케 플레이트를 추천한다.

### Info

주소 76-6246 Ali'i Drive, Kailua-Kona
운영시간 10:00~16:00 토·일 휴무
요금 포케 플레이트 $35
주차정보 무료
주차좌표 J25F+54 카일루아-코나
홈페이지 www.dapokeshack.com

• • •

세계 3대 커피 생산지

# 코나 커피농장

빅아일랜드는 세계 3대 커피 중 하나인 코나 커피의 생산지이다. 카일루아 코나의 남쪽으로 11번 도로를 타고 내려가다 보면 끝이 보이지 않는 초록 커피농장이 펼쳐진다. 커피농장은 해안부터 시작해 약 3km 폭, 50km 길이다. 현재는 약 600개 정도의 소규모 커피농장에서 연간 12톤 정도를 생산하고 있고, 이 중 100여 개의 농장은 고유 브랜드를 가지고 있다. 1825년부터 커피를 재배해온 코나 커피는 코나를 지탱해 주는 생활의 축이자 자부심이다. 코나 커피가 이토록 맛이 좋은 이유는 비옥한 땅과 기후 덕분.

코나 지역의 땅은 용암이 녹아내려 굳어진 곳인데, 이러한 땅은 영양분이 풍부하고 배수가 잘 되기 때문에 100년 넘은 커피나무들도 새 가지를 칠 정도로 건강하다. 또한, 해가 뜰 때부터 정오까지는 쨍쨍하다가 오후 4~5시부터는 구름이 끼거나 비가 내리는 날씨가 매일 이어진다. 커피나무에 충분한 일조량과 수분을 공급할 수 있는 기후적 요인도 장점이다.

코나 커피의 수확 시기는 8~1월이다. 커피체리는 같은 시기 한번에 익지 않기 때문에 한 나무에서 여러 번에 걸쳐 수확한다.

잘 익은 시기를 맞춰 사람이 손으로 직접 따서 가공하는 것까지 수작업으로 이루어지기 때문에 생산량이 적은 편이다. 생산지인 코나에서 구입해도 가격이 비싸기는 마찬가지. 100% 코나 커피가 가격이 높으니 코나 커피를 10%만 넣은 코나 블랜드 제품을 구매해도 괜찮다. 시중에 많이 나와 있다. 200g에 $25 아래의 가격이라면 대부분 블랜드 제품이고 100% 코나 커피는 100%라는 문구가 눈에 띄게 표시되어 있으니 구입 시 참고할 것.

매년 9~11월이면 커피나무에 빨갛게 익은 열매를 볼 수 있고, 3~5월이면 스노우라고 부르는 하얀색 커피 꽃을 볼 수 있다. 커피 마니아라면 두말 할 것 없이 필수 관광지이고 커피를 좋아하지 않더라도 한 번쯤은 세계적으로 유명한 코나 커피농장을 돌아보자. 무료 시음과 투어를 하며 커피나무와 열매를 관찰할 수 있는 좋은 기회! 100% 코나 커피도 구매할 수 있다.

**Info**

**주소** Mamalahoa Hwy. Kealakekua
**위치** 코나 국제공항에서 19, 11번 도로를 타고 남쪽으로 약 20분

# 가장 유명한 코나 커피농장 & 카페

코나 커피농장은 대부분 오픈이 되어 있다. 뷰가 좋은 농장 카페와 농장 투어를 유료, 무료로 진행하는 곳들이 여러 곳 있다. 2~3곳 정도 들러서 코나 커피도 마시고 농장 투어도 참여해 보자.

### 입소문 난 커피농장
## 코나 조 Kona Joe Coffee LLC

캘리포니아 와이너리의 노하우로 코나 커피를 생산하는 농장이다. 엄격한 테스트를 거쳐 생산되는 커피 품질로 주목을 받았다. 뷰를 보며 커피를 즐길 수 있는 카페로도 알려진 핫플이다. 100% 코나 커피 227g에 $55.

**Info**

주소 79-7346 Mamalahoa Hwy. Holualoa
운영시간 08:00~15:00
주차정보 무료
주차좌표 G3M9+RJ 킬레이크쿠아
홈페이지 www.konajoe.com

### 가장 수확량이 많은 농장
## 그린웰 팜스 Green Well Farms

무료 농장 투어를 하고 있는 그린웰Green Well은 하와이에서 가장 많은 수확량을 자랑하는 농장이다. 투어 가이드의 센스 있는 설명과 함께 커피가 만들어지는 과정을 한눈에 볼 수 있다. 100% 코나 커피 8oz는 $22.95.

**Info**

주소 81-6581 Mamalahoa Hwy. Kealakekua
운영시간 08:00~17:00
주차정보 무료
주차좌표 G36H+CR 킬레이크쿠아
홈페이지 www.greenwellfarms.com

### 일본의 유명 커피 브랜드
## UCC 하와이

일본 커피 브랜드 UCC가 소유한 농장이다. 너른 농장을 바라보며 로스팅하는 과정을 직접 보고 구매할 수 있다. 갓 내린 에스프레소로 만든 아포가토 맛집! 100% 코나 커피 8oz는 $26~

**Info**

주소 75-5568 Mamalahoa Hwy. Holualoa
운영시간 09:00~16:30, 토·일 휴무
위치 카일루아 코나 타운에서 15분
주차정보 무료
주차좌표 J2RW+PW 홀루아로아
홈페이지 www.ucc-hawaii.com

### 하와이의 인기 커피 브랜드
## 로열 코나 커피 센터
Royal Kona Coffee Center

하와이에서 가장 많이 볼 수 있는 커피 브랜드. 작은 커피 박물관도 딸려 있다. 코나 커피 이외에 바닐라 마카다미아, 초콜릿 마카다미아 등 여러 종류의 다양한 커피를 만나볼 수 있다. 100% 코나 커피 7oz는 $22.95.

**Info**

주소 83-5427 Mamalahoa Hwy. Captain Cook
운영시간 09:00~16:00, 일 휴무
주차정보 무료
주차좌표 F44C+52 캡틴 쿡
홈페이지 www.royalkonacoffee.com

**커피농장에서 브런치**

## 더 커피 샤크 The Coffee Shack

코나 커피농장 사이에 자리해 풍경이 열일하는 카페. 언덕 위 푸른 커피농장과 새파란 바다의 어울림이 환상적이라 한동안 넋을 놓고 쳐다보게 된다. 덕분에 이른 아침 문을 여는 순간부터 점심시간까지 발 디딜 틈 없을 만큼 사람들로 붐빈다. 시그니처 메뉴는 당연히 코나 커피. 샌드위치와 오믈렛, 피자 등 가볍게 한 끼 먹을 수 있는 메뉴도 있다. '카페는 분위기다!' 라고 믿는 사람에게 추천. 코나에서 이보다 더 근사한 카페는 찾기 힘들 듯.

**Info**

**주소** 83-5799 Mamalahoa Hwy, Hōnaunau
**운영시간** 07:00~15:30
**요금** 샌드위치 $12~, 샐러드 $14~, 코나 커피 $4.5~
**주차정보** 무료
**주차좌표** F4G5+43 캡틴 쿡
**홈페이지** www.coffeeshack.com

**천국에 맞닿은 커피농장**

## 헤븐리 하와이안 코나 커피

Heavenly Hawaiian Kona Coffee

과테말라와 에티오피아의 개량 품종으로 부드럽고 쓴맛이 없는 가벼운 커피를 맛볼 수 있다. 다른 농장보다 더 높은 지대에 위치해 있어서 광활한 농장 뷰를 볼 수 있다. 유료 커피농장 가이드 투어를 진행하고 있다. 1시간 $15, 커피 227g $42~.

**Info**

**주소** 78-1136 Bishop Rd. Holualoa
**운영시간** 09:00~17:00
**주차정보** 무료
**주차좌표** H34C+F3 홀루아로아
**홈페이지**
www.heavenlyhawaiian.com

**tip**

### 수확철에는 코나 커피 축제가 있어요!

매해 11월 코나 커피 수확량이 가장 많은 시기에 약 2주간 코나 커피 컬처 축제가 열린다. 커피 관련 다양한 문화를 경험할 수 있다. 축제는 해마다 오픈 날짜가 약간씩 다르다. 축제에 참여하고 싶다면 웹사이트를 확인하자. www.konacoffeefest.com

# 스노클링 즐기기 좋은 비치 베스트 3!

코나 커피농장을 방문하는 날 오전은 농장과 관광지, 오후엔 스노클링 일정을 잡아보자. 온종일 알찬 일정으로 꽉 찬다.

**코나 지역 스노클링 최고의 명소**

### 카할루우 비치 파크 Kahalu'u Beach Park

빅아일랜드에서 거북이를 가장 쉽게 볼 수 있는 바다다. 얕은 물에서 스노클링하며 열대어 거북이 등을 볼 수 있어 아이들과 함께 여행한다면 꼭 추천하고 싶은 장소다. 거북이 스노클링 포인트로 워낙 유명해서 관광객도 꽤 많다. 다른 비치보다 라이프 가드, 주차장, 샤워시설, 피크닉 테이블 등의 편의시설이 잘 갖추어져 있다. 바다 안쪽에는 바위와 성게 등이 많아 다칠 위험이 있으니 워터 슈즈는 필수다.

**Info**

**주소** Ali'i Dr, Kailua-Kona
**운영시간** 07:00~19:00
**요금** 무료, 샤워시설 있음
**위치** 카일루아 코나 타운에서 12분
**주차정보** 무료
**주차좌표** H2HM+P8 카일루아-코나

### 한 발짝만 떼면 깊은 바다!
# 투 스텝 Two Step

푸우호누아 오 호나우나우 유적지 앞 바다다. 호나우나우 비치Honaunau Beach가 원래 이름이지만 닉네임인 '투 스텝'으로 통한다. 손이 바닥에 닿을 듯 물이 너무 맑아서 깊이를 가늠할 수 없지만 한 발짝 떼고 두 발짝 떼어 디디면 발이 쑥 빠져들 만큼 깊다. 바다 속에는 옐로 탱, 엔젤 피시 등 열대어도 많고 거북이는 아주 흔하다. 그러나 이 바다의 진짜 주인공은 돌고래. 이른 아침에 특히 돌고래의 출몰이 잦은 곳이다. 한번 나타나면 수십 마리 떼로 몰려와 사람들과 같이 수영하며 평생 잊지 못할 환상적인 경험을 선사한다. 돌고래떼와 함께 수영하고 싶은 로망이 있다면 이곳에서 운을 시험해 보자.

다만 샤워시설, 주차장 등 편의시설이 없어 아쉽다. 파도도 센편이라 바위에서 바다로 드나들기도 쉽지 않다. 스노클링 초보자와 아이가 있는 여행자에게는 추천하지 않는다. 길거리 무료주차가 가능하고 유료 주차장($5)을 이용할 수 있다.

### Info

**주소** 84-5571 Honaunau Beach Rd. Captain Cook
**운영시간** 24시간
**요금** 무료, 샤워시설 없음
**위치** 푸우호누아 오 호나우나우 유적지 앞
**주차정보** 갓길주차 가능하나 협소함
**주차좌표** C3FQ+9G8 호노노-나푸푸 하와이

---

### 카약을 타고 가는 스노클링 포인트
# 케알라케쿠아 베이 Kealakekua Bay

### Info

코나 지역의 인기 스노클링 포인트로 수심이 깊은 편. 하와이를 처음 발견한 제임스 쿡 선장이 최후를 맞이한 곳에 캡틴 쿡 기념비Captine Cook Monument를 세웠다. 역사적인 장소일 뿐 아니라 기념비 바로 앞이 산호 숲이라 불리는 바다다. 물 반 고기 반이라 할 만큼 많은 열대어가 떼지어 다닌다. 운이 좋은 날은 돌고래도 나타난다. 해양보호구역으로 지정되어 있어 그 어느 바다보다 맑고 깨끗하다. 스노클링 포인트까지 수영으로 진입하기 어려워 대부분 투어로 다녀온다. 가이드가 함께 하는 그룹 카약 투어, 스노클링 요트 투어를 이용할 수 있다. 셀프로 간다면 편도 1시간 코스의 캡틴 쿡 모뉴먼트 트레일 Captain Cook Monument Trail 코스를 따라 다녀올 수 있다.

**주소** Captain James Cook Monument
**운영시간** 24시간
**요금** 무료
**주차정보** 무료
**주차좌표** F3RJ+RR 캡틴 쿡 하와이 (트레일코스 주차장)

---

### tip

## 케알라케쿠아 베이 스노클링 투어
### Get Your Guide_카약, 요트 등 여러 가지 투어가 있다.

**요금** $120~
**홈페이지** www.getyourguide.com

# 고요한 밀림의 세계
# 힐로 & 북부 Hilo & North

빅아일랜드에서 가장 울창하고 비옥한 땅, 짙은 초록이 가득한 풍경을 간직한 곳이다. 몸과 마음까지 힐링되는 순수한 자연 코스다. 코나 지역에 비하면 여행자가 적어 어딜 가나 고요하고 여유롭다. 향기 좋은 숲길을 걸으며 형형 색색 치장한 새들의 합창을 즐겨보자. 청정 하와이는 바로 여기! 대표적인 여행지로는 와이피오 계곡 전망대와 아카카 폭포 주립공원이 있다. 와이피오 계곡은 빅아일랜드를 소개할 때 대표 사진으로 많이 쓰인다. 시간이 많지 않다면 아카카 폭포 대신 힐로에서 가까운 레인보우 폭포를 다녀와도 좋다. 일정에 조금 여유가 있다면 힐로 & 북부쪽도 꼭 돌아보자. 놓치기 아깝다.

# 힐로 북부

## 드라이브 추천 코스

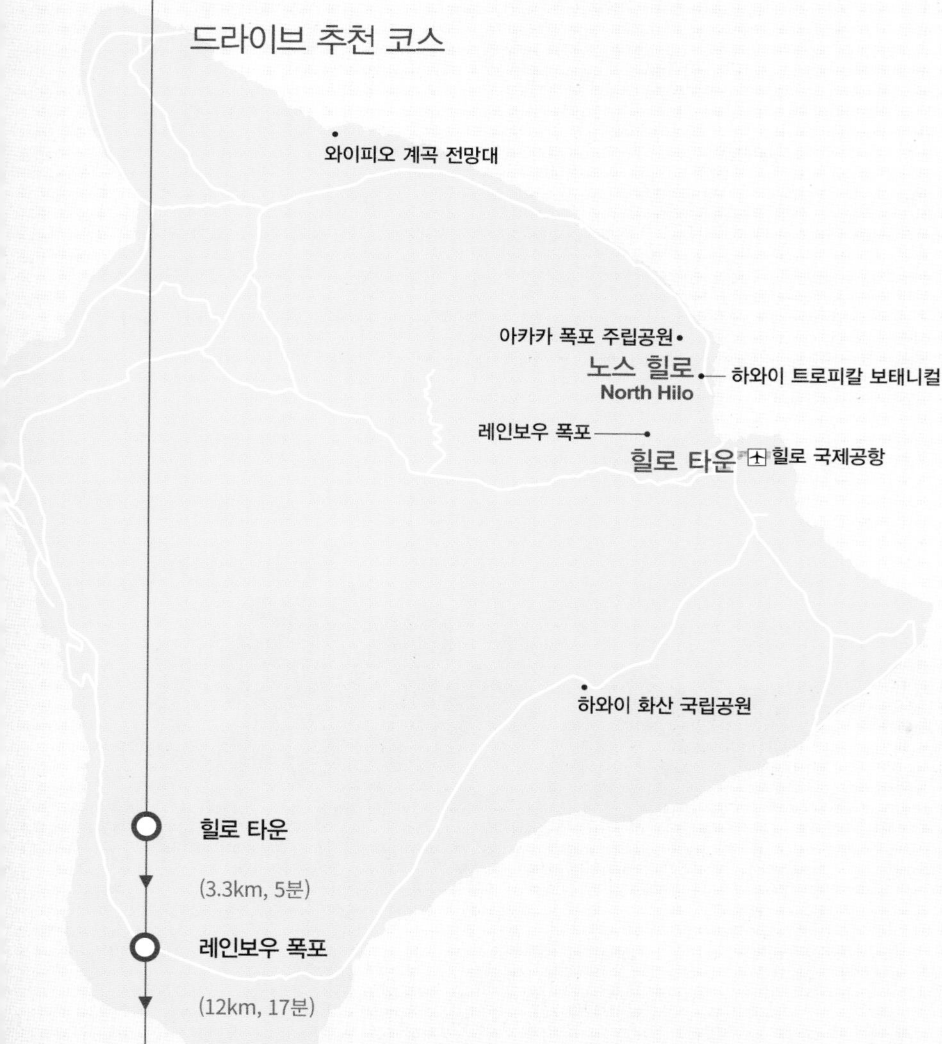

와이피오 계곡 전망대

아카카 폭포 주립공원 •
노스 힐로
North Hilo ←— 하와이 트로피칼 보태니컬 가든

레인보우 폭포 ——
힐로 타운 ⊞ 힐로 국제공항

하와이 화산 국립공원

○ **힐로 타운**

(3.3km, 5분)

○ **레인보우 폭포**

(12km, 17분)

○ **하와이 트로피칼 보태니컬 가든**

(15km, 18분)

○ **아카카 폭포 주립공원**

(66km, 60분)

○ **와이피오 계곡 전망대**

T H I R D  S T E P

여유로움이 묻어나는
# 힐로 타운
Hilo Town

힐로 타운은 빅아일랜드 동부에서 가장 큰 마을이다. 초승달 모양의 해안을 따라 형성된 귀엽고 재미난 곳이다. 가게들의 영업시간이 원래 들쭉날쭉한 데다 문을 열지 않을 때도 많아 처음엔 조금 불편하게 느껴진다. 그러나 '그러면 그런 대로, 이러면 이런 대로' 받아들이다 보면 불편함도 오히려 슬로우 시티다운 여유와 자유로움으로 다가온다. 은근히 매력적! 목적 없이 타박타박 마을을 한 바퀴 걷다 보면 하와이 본래의 얼굴을 만나기라도 한 듯 친근하고 익숙하다.

**tip**

힐로는 한적해서 레스토랑이나 숍마다 길거리 주차를 자유롭게 할 수 있다. 힐로 파머스 마켓 앞 길거리 무료 주차장에 주차를 하고 도보로 둘러보자. 길거리에 주차할 때엔 주차금지 혹은 견인 표지판이 있는지 꼭 확인할 것.

Info

주소 189 Lihiwai St #151, Hilo
운영시간 05:45~19:30
요금 무료
위치 힐로 타운에서 차로 3분
주차정보 무료
주차좌표 PWGJ+GQ 힐로

일본식 정원 산책

# 릴리우오칼라니 가든 Liliuokalani Gardens

이곳은 분위기가 독특하다. 1900년대 초 일본계 이주민이 이주 100주년을 기념하여 만든 일본식 정원이
다. 작은 연못과 다리, 나무 등 이곳저곳 일본 사람들의 손길이 닿아 아기자기하고 정갈하다. 힐로 베이와
코코넛 아일랜드가 보이는데 다리를 건너면 코코넛 아일랜드로 갈 수 있다. 100년이 지나도록 힐로 주민들
에게도 사랑을 듬뿍 받는 피크닉 장소. 산책이나 도시락 먹을 장소가 필요하다면 한 번쯤 들러 여유로운 시
간을 보내도 좋겠다.

작은 인공 섬

# 코코넛 아일랜드 Coconut Island

이름도 예쁜 코코넛 아일랜드! 퀸 릴리우오칼라니 가든에서 보이는 다리를 건너면 인공 섬이 하나 나온다.
잔디 향 가득한 작은 공원이 바로 코코넛 아일랜드다. 제자리에 서서 한 바퀴 휙 돌면 모든 것이 한눈에 들
어올 정도로 아담하다. 주민들에게는 조깅 장소로 인기 있다. 아이들과 피크닉 나와서 바비큐를 해먹거나
선탠할 만한 곳을 찾는다면 제격이다. 조그맣게 조성된 모래사장은 어린아이들이 물놀이하기에도 괜찮다.

Info

주소 189 Lihiwai St #151, Hilo
운영시간 05:45~19:30
요금 무료
위치 힐로 타운에서 차로 3분
주차정보 무료
주차좌표 PWGJ+GQ 힐로

## Info

주소 Hwy. 220, Honomu, Hilo
운영시간 08:30~17:00
요금 $5
주차정보 $10
주차좌표 VR3X+H4 호노무

타잔이 나올 것만 같은 밀림 탐험

# 아카카 폭포 주립공원 Akaka Falls State Park

울창한 나무가 가득한 이곳은 금방이라도 타잔이 덩굴줄기를 붙잡고 나타날 것만 같은 밀림이다. 사람의 손이 닿은 곳이라고는 폭포를 보는 전망대에 설치된 난간뿐인 듯. 이름은 아카카 폭포 주립공원이지만 카후나 폭포Kahuna Falls와 아카카 폭포 두 개의 폭포가 함께 있다. 약 1km 정도의 짧은 하이킹 코스를 돌면 두 폭포와 함께 사람 키의 몇 배씩 되는 어마어마한 나무 사이를 지나는 재미가 있다. 야생 정글을 탐험하는 기분! 숲 사이 30m 길이의 하쿠나 폭포와 130m 엄청난 길이를 자랑하는 아카카 폭포를 볼 수 있다. 아카카 폭포는 하와이에서 가장 아름다운 폭포로 알려져 있다. 수직으로 힘차게 낙하하는 물줄기가 장관을 이룬다. 이 지역의 암반이 약해 수만 년 동안 폭포에 의해 웅덩이가 파이며 폭포가 조금씩 이동하고 있다고 한다. 비가 왔다 그치기를 반복하는 날씨라 폭포 사이로 비치는 무지개도 볼 수 있다.

매일매일 무지개가 뜨는 곳

# 레인보우 폭포 Rainbow Falls

레인보우 폭포. 이름처럼 항상 무지개가 걸려 있는 폭포다(물론 맑은 날에 한해서지만). 폭포의 길이는 짧지만 힘차게 떨어지는 물줄기에 물보라가 일어나면서 크고 선명한 무지개가 떠오른다. 무지개를 보는 사람마다 활짝 웃음꽃을 피우는 곳이다. 레인보우 폭포에서는 언제나 행복한 기운이 샘솟아 이미 몇 번을 다녀왔어도 자꾸만 다시 찾고 싶어지는 장소다. 특히 주차장과 폭포의 위치가 가까워 폭포를 보기 위해 멀리 걸어갈 필요가 없는 장점이 있다. 체력이 약한 사람들에게는 매우 고맙다. 힐로 타운에서 약 5분 정도로 가까워 편하게 다녀올 수 있다.

**Info**

**주소** 2-198 Rainbow Dr, Hilo
**운영시간** 08:00~17:00
**요금** 무료
**주차정보** 무료
**주차좌표** PV9R+FH 힐로 하와이

힐로의 인기 장터

# 힐로 파머스 마켓 Hilo Farmer's Market

힐로 타운의 파머스 마켓은 빅아일랜드에서 가장 활기찬 야외 시장이다. 이곳에서는 힐로에서 재배한 신선한 과일, 채소 등을 저렴한 가격에 살 수 있다. 하와이의 특산품인 마카다미아 너트, 빅아일랜드에서만 재배되는 달콤한 파파야와 아삭아삭 씹히는 신기한 식감의 애플 바나나도 맛보자. 예쁘게 포장된 스팸 무스비 역시 이곳의 '완소' 품목. 물론 과일이나 채소, 음식만 있는 건 아니다. 하와이 패션 소품이나 수공예 액세서리도 실컷 구경할 수 있다. 타운을 돌아다니면 같은 상품도 많이 볼 수 있지만 이곳의 가격이 가장 저렴하다. 일찍 갈수록 좋은 물건이 많은 건 당연하겠지만 늦게 갈수록 덤이 많아진다는 사실도 잊지 말자! 매주 수요일과 토요일에 장이 가장 크게 열린다.

**Info**

**주소** Corner of Kamehameha Ave.
& Mamo St. Hilo
**운영시간** 07:00~15:00
**주차정보** 무료, 갓길주차 가능
**주차좌표** PWF7+6X 힐로 하와이
**홈페이지** hilofarmersmarket.com

덜컹덜컹 사륜구동 타고
## 와이피오 계곡 Waipio Valley

빅아일랜드를 대표하는 사진에 자주 등장하는 와이피오 계곡. 사진 속 풍경은 와이피오 계곡 전망대에서 볼 수 있다. 하와이의 가장 큰 계곡으로 알려진 이곳은 늘상 하이킹하는 관광객들의 발걸음이 끊이질 않는다. 높이 600m에 길이 9km, 폭 1.6km의 거대한 계곡으로, 짙푸른 해변을 끼고 있다. 과거 왕족들이 거주했으며, 카메하메하 대왕이 어린 시절을 보냈던 곳으로도 유명하다. 와이피오 계곡 안쪽에는 울창한 숲길과 까만 용암이 깔린 비치가 있고, 우기 때 가면 멋진 폭포도 볼 수 있다. 그냥 걸어도 좋고 마차를 타거나 승마, 사륜 구동차로도 돌아볼 수 있다. 어떤 방법이든 아름다운 와이피오 계곡을 둘러보는 행복감을 한껏 누리기에 부족하지 않다. 단, 길은 비포장이다. 운전에 미숙하거나 일반 승용차를 렌트했다면 차를 가지고 들어가지 말 것. 벌레 물림 방지 스프레이와 모기약은 필수품!

### Info

주소 48 Waipio Rd. Kukuihaele
운영시간 24시간
요금 무료
주차정보 무료
주차좌표 4C98+67 쿠쿠이을

---

진저 꽃향기 가득한 열대 가든
## 하와이 트로피컬 보태니컬 & 가든 Hawaii Tropical Botanical & Garden

강우량이 높은 힐로는 땅이 비옥하여 모든 식물들이 잘 자라는 환경을 갖추었다. 그래서 난초와 꽃, 생강 농사 등이 굉장히 활발한데, 그 모든 것을 한자리에서 볼 수 있는 유명한 식물원이 바로 트로피컬 보태니컬 가든이다. 2,000여 종의 다양한 열대식물이 자생 중이다. 줄기가 굵고 잎사귀가 넓은 나무과의 열대식물부터 자그마한 꽃과 풀이 가득한 낙원의 풍경! 고혹적인 꽃을 피우는 난초와 붉은색 생강나무에 열린 샛노란 생강꽃, 파파야 나무에 가득 열린 파파야까지 온통 처음 보는 진귀한 식물이 가득하다. 가든 안쪽으로 들어갈수록 숲은 울창해져 고요하다. 바닷가 쪽에서 들리는 파도 소리와 새소리가 가든을 가득 채우는 신비로운 분위기를 만끽할 수 있다. 천천히 걸으며 온전한 힐링을 경험해 보자.

### Info

주소 27-717 Old Mamalahoa Hwy. Papaikou
운영시간 09:00~17:00
요금 성인 $30, 6~12세 $22
주차정보 무료
주차정보 RW63+9H 파파이쿠
홈페이지 www.htbg.com

거북이와 함께 춤을

## 칼스미스 비치 파크 Carlsmith Beach Park

힐로 타운에서 칼라니아나오레 스트리트로 5분 정도만 가면 나
오는 비치이다. 바다라기보다 수영장 느낌이다. 바다가 바위로
둘러싸여 수영장처럼 잔잔한 물에서 수영할 수 있다. 수영장 사
다리까지 설치해 두었다. 물 밖은 돌이라 맨발로 다니기가 힘들
지만 비치 안쪽은 신기하게도 하얗고 고운 모래가 깔려 있다. 수
심이 얕고 파도가 없어 아이들이 놀기에도 그만이다. 이 비치는
물이 얕은데도 사람만 한 거북이들이 몰려든다. 사람에게 다가
와 미역이나 잡초를 받아먹기도 하고 같이 수영도 즐기는 거북이
들! 동물과 교감을 나누는 즐거움이 크다.

Info

주소 1815 Kalanianaole St. Hilo
운영시간 07:00~20:00
요금 무료, 샤워시설 있음
주차정보 무료
주차좌표 PXMF+52 힐로 하와이

흑사해 속의 열대어 천국

## 리차드슨즈 오션 파크 Richardsons Ocean Park

칼스미스 비치 파크에서 5분 정도 더 들어가면 나오는 곳이다.
도착하자마자 미니 골프장이 떠오르는 가지런한 잔디와 작은 인
공 연못이 보인다. 그 연못과 맞붙어 있는 곳이 바로 리차드슨즈
오션파크. 검은 모래로 이루어진 작은 비치인데, 물 밖에서 보면
물빛이 그다지 예쁘지 않지만 스노클링 장비를 끼고 바닷속으로
들어가면 반전 상황이 펼쳐진다. 흑백의 대비로 해변과는 너무
다른 모습이라 깜짝 놀라게 될 것이다. 바닷속 수심이 2~3m로
얕은 편은 아니지만 스노클링 장비만 있으면 혼자서도 산호 바다
를 누비며 예쁜 물고기들과 인사 나누며 온종일 놀 수 있다. 거북
이도 많이 출몰한다. 이도 저도 다 귀찮으면 키 큰 야자나무 그늘
에서 선탠만 해도 좋다.

Info

주소 2355 Kalanianaole St. Hilo
운영시간 07:30~19:30
요금 무료, 샤워시설 있음
주차정보 무료
주차좌표 PXPP+8M 힐로

# 찐 로컬의 맛을 즐긴다, 힐로 맛집

## Hilo's restaurant

힐로 근처의 맛집을 찾기 위해 구글 검색 중이라면 아래 네 곳의 이름을 만나게 될 것이다. 리뷰와 평점이 좋은 대표 맛집. 맛과 가격과 양, 어느 면에서든 실망하지 않는다. 다만, 미국이라는 나라가 워낙 프랑스 같은 미식의 나라와는 거리가 멀고, 전통 요리라고 부를 만한 게 없기도 해서 늘 어디를 가든 약간 뻔한 느낌이 있는 게 사실. 그러나 이 정도면 흔쾌히 '엄지척' 해줄 정도로 만족도가 높다.

### Info

**주소** 681 Manono St, Hilo
**운영시간**
화·수·목 08:00~14:00, 17:00~20:30,
금·토 07:00~14:00, 17::00~21:00
**요금** 로코모코 $14.95~
**주차정보** 무료
**주차좌표** PW7J+63 힐로
**홈페이지** www.hawaiianstylecafe.us

대~박 소리가 절로 나는
### 하와이안 스타일 카페 힐로 Hawaiian Style Cafe Hilo

어마어마한 양에 입이 떡 벌어지는 로컬 하와이안들의 인기 맛집이다. 먹음직스럽고 푸짐한 음식이 현지인의 큰 몸집과 식성을 대변하는 듯하다. 지금은 각종 하와이 매거진에 오르내리고, 여행 후기 사이트의 폭발적인 리뷰 덕분에 힐로 여행자들 사이에서도 가고 싶은 맛집 1위로 등극했다. 식사 시간마다 너무 긴 웨이팅에 지친 사람들이 일부러 평점을 적게 줬다는 말이 있을 정도. 평점이 낮아지면 혹시라도 더 이상 기다리지 않아도 될까 싶어서. 로코모코의 탄생지답게 다양한 로코모코 메뉴가 있다. 샌크림이 듬뿍 올

라간 거대한 팬케이크와 여러 가지 하와이 음식이 믹스된 멘토 벤토Mento Bento 등 무엇을 시켜도 만족스럽다.

로코모코의 발상지
### 카페 100 Café 100

카페100은 한두 번 방문으로는 성이 차질 않는다. 로코모코가 처음 생겨난 곳이 바로 이곳으로 다들 원조 로코모코를 맛보기 위해 들른다. 메뉴 가격이 단돈 $8부터 $12까지 다양하고 저렴하다. 70~80년간 힐로를 꽉 잡은 유명 맛집인 만큼 맛도 훌륭하다. 슈퍼 로코모코는 둘이서 먹어도 될 만큼 양도 충분하다. 로코모코 외에도 버거, 칼루아 피그, 치킨가스 등 도시락으로 싸들고 갈 메뉴가 다양해서 힐로 여행 중 포장용 맛집으로 추천한다.

### Info

**주소** 969 Kilaueea Ave. Hilo
**운영시간** 11:00~18:00, 토 휴무
**요금** 로코모코 $7.5~, 치킨 $8.9
**주차정보** 무료
**주차좌표** PW7F+Q4 힐로
**홈페이지** www.cafe100.com

**현지인도 좋아하는**

## 켄즈 하우스 오브 팬케이크 Ken's House of Pancakes

힐로의 레스토랑들은 영업시간이 짧거나 쉬는 날이 많다. 그 속에서 드물게 새벽부터 늦은 저녁까지 매일 영업을 하는 동네 맛집을 소개한다. 가격도 적당하고 다양해서 보기 드물게 줄을 서는 곳이기도 하다. 주말이면 아이들의 손을 잡고 이곳에 와서 외식하는 현지인들도 많고, 여행 도중 편하게 한 끼를 배불리 먹기에도 좋기 때문에 힐로에서는 가장 유명한 레스토랑이다. 1971년에 오픈하여 50년 이상을 한자리에서 운영하다 보니 레스토랑 안에는 이곳의 역사를 보여주는 사진들과 상장들이 보기 좋게 걸려 있다. 갈 때마다 하와이안풍 드레스를 입고 기분 좋게 서빙하는 직원들의 친절 또한 자꾸 이곳으로 발걸음을 옮기고 싶게 만드는 이유. 팬케이크가 주메뉴지만 하와이식 라면인 사이민과 로코모코도 큰 인기를 누리고 있다.

**Info**

**주소** 1730 Kamehameha Ave. Hilo
**운영시간** 06:00~21:00
**요금** 팬케이크 $9.95~
**주차정보** 무료
**주차좌표** PWCP+W4 힐로
**홈페이지** www.
kenshouseofpancakes-hilohi.com

**힐로에서 만나는 알로하 스피릿**

## 파인애플 아일랜드 프레쉬 퀴진

Painapples Island Fresh Cuisine

힐로 타운 한복판에 있는 패밀리 레스토랑이다. 이곳은 지역 공동체로서의 역할을 톡톡히 하고 있다. 재능 있는 주민들이 직접 레스토랑을 가꿔가고 있기 때문. 레스토랑의 벽면을 채운 그림은 힐로 출신 아티스트들의 작품이고, 매일 다양한 밴드들이 새로운 공연을 펼친다. 식자재도 마찬가지. 커피, 너트, 버섯, 두부 등 모든 식재료를 힐로와 힐로 주변 농장에서 직접 공수해 와 정성 가득 신선한 상을 차려낸다. 요리 솜씨도 물론 수준급! 하와이의 독창적인 퓨전 음식 장르인 퍼시픽 림Pacific Rim 요리가 주메뉴인데 라바 버거, 포케 타워 등 메뉴가 독창적이다. 뭘 시켜야 할지 모르겠다면 주변 테이블을 한 번 둘러보는 센스를 발휘하자. 힐로 여행 중엔 꼭 한번 들러 식사를 즐겨볼 것.

**Info**

**주소** 332 Keawe Street, Hilo
**운영시간** 11:00~21:30, 월 휴무
**요금** 음료 $4.5~, 메인 $14~
**주차정보** 무료, 갓길주차
**주차좌표** PWF7+4G 힐로
**홈페이지** www.pineappleshilo.com

수채화 같은

# 빅아일랜드 남부

남부 지역은 힐로나 코나 어느 지역에서 출발해도 비슷한 시간(약 90분)이 소요된다. 힐로 지역이나 코나 지역을 여행하다 반대편으로 이동할 때 거쳐가는 일정으로 잡는 것도 좋은 방법!

주로 화산 국립공원을 갔다가 남부 지역으로 드라이브를 하는 경우가 많다. 다른 지역에 비해 입이 쩍 벌어질 만큼의 볼거리가 있는 곳은 아니지만, 가는 길에 한 바퀴 돌면서 빅아일랜드 전체를 일주하고자 한다면 들러봐도 좋겠다. 하와이의 그 어떤 곳보다 맑고 순수한 얼굴을 보여주는 곳이기도 하다. 특히 미국의 최남단을 찍어볼 수 있는 곳이 이곳에 있다.

이름처럼 까만 모래

# 사우스 포인트 공원
South Point Park

이곳은 하와이의 최남단이자 미국의 최남단이다. 11번 도로를 따라 달리다 사우스 포인트에 다다를 때쯤이면 아스팔트 길은 사라지고 먼지 폴폴 날리는 비포장도로가 나온다. 길 옆으로 보이는 초록 잔디, 낡은 풍력발전기가 청명한 하늘과 어우러져 운치 있는 한 폭의 수채화를 보는 듯 가슴이 벅차오른다.

끝 부분에 다다르면 태평양의 푸른 전경이 한눈에 들어오는데, 그곳의 절벽에서 내려다보면 물이 너무 투명하고 깨끗해서 한 번쯤 뛰어내리고 싶은 충동이 일 정도다. 실제로 점프 절벽으로 유명하기도 하다. 그러나 거센 파도와 조류 탓에 사고가 여러 번 발생한 곳이니 주의할 것! 평화로운 이곳에서 탁 트인 바다를 보며 유유자적 낚시를 하거나 겨울이면 나타나는 혹등고래를 찾는 것도 이곳을 즐기는 좋은 방법이다.

하와이의 최남단, 미국의 최남단

# 푸날루우 블랙 샌드 비치
Punaluʻu Black Sand Beach

뜻밖의 고운 모래, 빅아일랜드의 보석이다. 최남단 사우스 포인트 근처의 푸날루우 블랙 샌드 비치의 모래는 이름처럼 검은색이다. 화산섬인 빅아일랜드의 용암이 잘게 부서져 만들어졌기 때문. 발을 까맣게 물들일 것 같지만 보기와는 다르게 곱고 부드럽다.

한적한 빅아일랜드에서 이 해변만 유독 여행자로 붐비는 까닭은 검정 모래 때문만이 아니다. 바다거북들이 산란을 위해 해변에서 휴식을 취하는 장소가 바로 이곳이기 때문! 바다에 몸을 담그지 않아도 쉽게 거북이를 볼 수 있으니 이 얼마나 행복한가. 파도가 잔잔한 날은 스노클링을 하며 바다에서 수영을 즐길 수도 있다. 바다거북에 둘러싸여 수영을 하는 흔치 않은 행운의 기회! 힐로와 카일루아 코나의 중간쯤 위치해 있어 양쪽 어디에서 와도 90분 정도 소요된다. 사우스 포인트와 함께 코스를 짜면 좋다.

## Info

주소 South Point Rd. Naalehu
운영시간 06:00~21:00
요금 무료
주차정보 무료
주차좌표 W889+53, Ocean View, HI
홈페이지 www.gohawaii.com/big-island/regions-neighborhoods/kau/ka-lae-south-point

## Info

주소 Ninole Rd. Pahala
오픈 06:00~23:00
요금 무료, 샤워시설 있음
주차정보 무료
주차좌표 4FMV+JW 파할라 하와이

# MAUI

## 마우이

신화와 전설이 가득한 섬 마우이! '태양의 집'이라는 뜻의 할레아칼라 휴화산이 있는 곳. 반신 반인이 태양을 밧줄로 매어 가두어 놓았다는 전설을 간직한 곳. 해발 3,000m 할레아칼라의 해돋이는 하늘이 내린 꽃처럼 신비롭다. 환상의 섬 하와이의 진면목을 보고 싶다면 마우이가 정답이다.

마우이는 신혼여행자들에게 인기가 많다. 고급 리조트 단지가 잘 형성되어 있고 해수욕을 즐길 수 있는 비치가 많아서 한적하게 휴양을 즐기고 싶다면 마우이에서 보내는 일정을 길게 잡아도 좋다. 하와이는 마우이가 있어 더 하와이답고 더 완벽해진다.

**tip**

2023년 8월 마우이에 큰 화재가 났었다. 현재 라하이나를 제외한 모든 지역이 정상적으로 여행이 가능하지만 예전에 비하면 관광객의 발길이 줄었다. 특히, 외부 여행자들에 대한 이재민들의 시선이 곱지 않다고 전해지며 여행을 꺼리는 사람들이 있다. 그러나 마우이섬이 재난을 극복하고 예전의 모습으로 완전히 돌아가기 위해서는 오히려 여행자들의 진심 어린 응원과 방문이 필요하지 않을까 싶다.

마우이는 빅아일랜드에 이어 하와이에서 두 번째로 큰 섬이다. 당일치기 일정으로 마우이를 여행할 계획이라면 좀 아쉽다. 고급 리조트도 많고, 즐길거리, 볼거리 모두 풍성한 곳이라 적어도 1박 2일, 못해도 2박 3일 정도는 머물러야 마우이의 매력에 충분히 빠져볼 수 있다. 핵심 관광지는 단연코 할레아칼라 국립공원! 세계 최대 휴화산 정상에서 맞는 일출은 코끝이 찡할 만큼 감격스럽다. 또 자동차 여행자에게 '로드 투 하나' 드라이브는 절대 빼놓을 수 없는 코스다.

# ■ 어서 와~ 마우이 공항은 처음이지? ■

마우이의 카훌루이Kahului 공항이 메인 공항이다. 이름이 비슷한 카팔루아Kapalua 공항이 북쪽에 위치해 있는데 렌터카의 제약이 있고 항공 편수가 많지 않다. 대부분 렌터카 픽업은 카훌루이에서 이루어지는데 비슷한 이름 때문에 카팔루아 공항으로 잘못 예약해서 난감한 일을 겪는 경우가 종종 있으니 예약할 때 주의할 것.

마우이 공항Kahului International Airport, OGG은 연간 800만 명이 이용하는 공항이다. 두 개의 터미널이 있는데 규모는 아담하다. 카훌루이 타운과는 약 5km 정도 떨어져 있어 가까운 편이지만 리조트 단지는 카훌루이의 반대편에 위치해 있으니 참고할 것. 차로 공항에서 와일레아는 30분, 카아나팔리는 40분, 카팔루아는 50분 정도 소요된다. 공항에는 기념품 숍, 스타벅스, 작은 카페 등이 있다.

## 카훌루이 공항에서 렌터카 인수 방법

본인 차를 받은 후, 주차장 출구를 빠져나갈 때 바코드로 차량을 확인하는 시스템이다. 반납 시에도 같은 주차장으로 들어와 주차만 하면 반납이 완료된다. 입국 심사를 마치고 캐리어를 챙겨 게이트를 나온 다음, 길을 건넌다. 그린 색 지붕이 렌터카 센터로 가는 무료 트램 탑승장이다. 트램은 7분에 한 대씩 운행하며, 약 3~5분이면 렌터카 영업소와 주차장이 있는 3층 건물에 도착한다. 내리면 바로 렌터카 영업소가 있어 찾기 쉽다.

트램 운행시간은 06:00~22:00. 2~3 정류장을 지나 렌터카 센터에 도착하면 렌터카 영업소들이 한눈에 보인다. 본인이 예약한 렌터카 회사 오피스에서 차량 인수증을 받는다. 인수증을 받을 때 주차장에 내 차가 주차된 번호를 알려준다. 오피스 바로 뒤쪽이 주차장이다. 주차장에서 예약한 등급의 차량이 맞는지 확인할 것. 차가 맘에 들지 않는다면 같은 등급의 다른 차량으로 바꿔달라고 요청할 수 있다. 주유량과 차량 내부가 깨끗한지 확인한다. 렌터카를 가지고 출구로 나가면서 차량 바코드로 확인 작업하면 끝!

## 공항에서 렌터카 반납하기

공항으로 이동한다. 'Rental Car Return' 표지판을 따라 주차장으로 이동한다. 각 렌터카 회사의 주차장 표지판을 따라 주차장 위치를 확인한다. 본인 렌터카 회사 주차장에 주차 후, 키를 차 안에 두면 반납 완료! 건물 안으로 들어가서 트램을 타고 공항으로 이동한다.

# ■ 마우이 공항에서 이동하기 ■

## 렌터카로 이동하기

하와이 다른 섬들도 마찬가지지만, 마우이에서도 렌터카는 필수다. 대중교통으로 이동, 여행하기는 어렵다. 렌터카는 카훌루이 공항에서 인수 반납하는 게 일반적이다. 리조트 단지인 카아나팔리나 카팔루아 공항 쪽 영업소가 있는 렌터카 업체도 있지만 차량 종류나 브랜드가 매우 제한적이다.

카훌루이 공항으로 들어가 렌터카로 리조트 단지로 이동하는 게 가장 쉬운 방법. 리조트 단지는 카아나팔리, 카팔루아, 와일레아이며 공항의 반대편에 위치해 있다. 차로 30~50분 정도 소요된다. 숙소가 가깝지 않으니 공항에서 나와 바로 숙소로 가서 체크인을 할 것인지 아니면 바로 관광지로 이동할 것인지는 개인의 컨디션과 취향에 따라 정하자. 당일치기 여행이라면 공항에서 바로 할레아칼라로 이동하는 것도 좋다.

## 대중교통으로 이동

### 택시

일반택시 및 우버, 리프트 모두 이용 가능하다. 공항 택시 승차장에서 탑승하면 되고 그 외 지역이라면 전화 또는 홈페이지를 통해 픽업이 가능하다. 호텔 컨시지어에서도 예약할 수 있다. 우버와 리프트는 일반택시에 비해 10~20% 정도 저렴하다.

### 대략적인 택시요금

카훌루이 공항 → 와일레아 $60
카훌루이 공항 → 카아나팔리 $100
카훌루이 공항 → 카팔루아 $130

### 마우이 택시

홈페이지 www.royaltaximaui.com
전화 808-874-6900

# 평생 기억에 남을
# 마우이 여행 추천 코스

마우이에서 며칠을 머물든 가장 중요한 일정은 할레아칼라 국립공원을 가는 것이다. 일출을 볼지 말지, 언제 이곳에 들를지를 우선 결정해야 한다. 할레아칼라 일정을 중심으로 코스를 짜야 나머지 장소에서 머물 시간과 동선이 나올 것이다.

## 하루 핵심 코스

마우이를 하루만 여행한다면, 할레아칼라와 쿨라(Kula, 쿠라) 지역을 추천한다. 당일치기 여행에서는 일출이나 일몰을 즐길 수 없지만 달나라 같은 풍경은 낮 시간에도 충분히 신비롭다.

마우이 공항

↓ *60km, 1시간 20분*

할레아칼라 정상

↓ *45km, 1시간*

마카와오 마을 걷기

↓ *10km, 15분*

쿨라 지역 드라이브

↓ *30km, 30분*

마우이 공항

© 하와이 관광청

## 1박 2일 코스

마우이에서 1박 2일을 보내는 일정이라면 중산간과 서부를 집중 공략하는 게 좋다. 마우이의 가장 멋진 곳이 서쪽에 포진해 있기 때문이다. 할레아칼라에서 일출을 보려면 부지런하게 예약을 해야 한다. 예약을 못했다면 1일차에 해넘이를 보는 것으로 일정을 바꿀 것. 숙소는 카아나팔리 추천.

### 1일차

마우이 공항
↓ 45km, 45분
카아나팔리, 블랙락 스노클링
↓ 25km, 30분
북서부 해안도로 드라이브
↓ 16km, 25분
카팔루아 코스탈 트레일
↓ 11km, 15분
저녁식사 후 일찍 잠들기

### 2일차

할레아칼라 일출
↓ 45km, 1시간
마카와오 마을
↓ 10km, 15분
쿨라 드라이브
↓ 16km, 18분
파이아 마을
↓ 6km, 8분
호오키파 룩아웃
↓ 15km, 20분
마우이 공항

## 2박 3일 코스

마우이에서 사흘의 시간이 주워진다면 왠만한 마우이 핵심 지역을 다닐 수 있다. 스노클링도 하고 하이킹도 해보자. 드라이브 취향에 맞는 액티비티에 시간을 더 보태어 일정을 잡으면 풍부한 경험을 알차게 채울 수 있다. 숙소는 와일레아 혹은 카아나팔리 둘 다 좋다.

### 1일차

마우이 공항
↓ 12km, 16분
파이아 마을
↓ 75km, 2시간
하나로 가는 길 드라이브

### 2일차

할레아칼라산 일출
↓ 45km, 1시간
마카와오 마을
↓ 10km, 15분
쿨라 드라이브
↓ 40km, 35분
와일레아 비치

### 3일차

카아나팔리 블랙락
↓ 25km, 30분
북서부 해안도로 드라이브
↓ 16km, 25분
카팔루아 코스탈 트레일
↓ 53km, 55분
마우이 공항

마우이를 여행하는 가장 큰 이유는 바로 이곳! 해발 3,000m가 넘는 할레아칼라를 만나기 위해서다. 산기슭을 따라 비옥한 땅의 푸르름과 마우이의 절경이 펼쳐진다. 바다가 좋은 하와이지만 마우이에서 보낼 시간이 딱 하루뿐이라면 열 일 제쳐두고 할레아칼라산으로 달려가자. 서둘러 할레아칼라의 위용을 두 눈으로 직접 목격해야만 한다. 할레아칼라에서 해돋이나 해넘이를 보면 마우이에 발을 디딘 행운에 벅찬 감동이 밀려올 것이다.

© 하와이 관광청 Kuni Nakai

구름 위에 떠오른 천상의 해돋이

# 할레아칼라 국립공원 Haleakala National Park

마우이가 건네는 선물 놓치면 후회할걸?!

마우이 관광의 하이라이트는 누가 뭐라 해도 '태양의 집'이라 불리는 할
레아칼라의 해돋이다. 해발 3,058m에서 볼 수 있는 장관. 절대 놓칠
수 없는 경험이다. 카훌루이 공항에서 동남쪽으로 약 61km 떨어진
곳에 있다. 할레아칼라산으로 해돋이를 보러 갈 땐 조금 부지런을 떨
자. 보통 해 뜨는 시각이 오전 6시~6시 30분 사이니까 마우이의 어
디에서라도 새벽 4시 정도에는 출발해야 해돋이 시각 안에 도착할 수
있다.

할레아칼라의 새벽시간 주차(오전 3~7시)는 선착순 예약제다. 원
하는 날짜의 2달 전부터 예약이 가능하다. 예약은 홈페이지(www.
recreation.gov)를 통해 이루어지며, 예약비 $1.50이 든다. 예약자
의 신분증과 영수증을 챙겨야 입장 가능! 예약을 놓쳤거나 일정을 급하
게 바꿔야 한데도 아쉬워하지 말 것. 공원 측에서는 해당 날짜의 이틀
전 오후 4시부터 미리 쟁여두던 40석을 새로 푼다. 오전 7시 이후로
는 예약하지 않아도 주차할 수 있다. 예약하지 못했다면 선셋 시간에
가는 방법도 추천한다. 이때는 예약이 필요 없다.

할레아칼라 해돋이의 감동은 이루 다 말할 수 없다. 동쪽 하늘을 가르
고 올라온 태양은 세상을 진한 붉은빛으로 물들인다. 마치 지구에서
첫 번째 태양이 솟아오르는 것처럼 웅장하다. 새벽에는 기온이 영하
로 내려가는 일이 많으니 겨울 재킷은 필수로 챙길 것.

예약 사이트

**Info**

주소 Haleakala National Park, Kula
운영시간 24시간, 관광안내소
09:30~16:00 국립공원
요금 차 1대당 $30 (3일간 유효)
주차좌표 PQ82+23 쿠라 하와이
홈페이지 www.nps.gov

달의 표면을 닮은

# 할레아칼라 Haleakala

둥그런 해가 완전히 떠오르고 나면 관광객들은 저마다 뿔뿔이 흩어진다. 대개는 커다란 분화구를 관찰하러 가는 것. 원주 34km 길이로 세계에서 제일 큰 분화구를 가진 할레아칼라는 뉴욕 맨해튼이 통째로 들어갈 수 있는 크기라고 한다. 작은 분화구가 많이 있어 달 표면과 생김이 아주 흡사한데, 닐 암스트롱의 달 착륙 사진도 이곳을 배경으로 조작되었다는 루머가 있을 정도다. 할레아칼라에는 은검초 Silversword처럼 멸종 위기에 처한 희귀 고산 동식물들이 서식하고 있어 유네스코가 지구 생태계 보존 지역으로 지정했다. 새벽에 일출 보러 할레아칼라로 가는 길은 가로등 하나 없이 어두우므로 운전할 때 각별히 주의해야 한다. 해발이 높아질수록 안개가 낀 곳도 많으니 조심할 것. 시간이 넉넉하다면 해돋이 이후 천문대로 드라이브를 가거나 분화구 트레킹을 해보는 것도 좋다. 트레킹은 길고 짧은 여러 코스가 있는데 한두 시간 정도만 해도 분화구 풍경을 보다 생생하게 느낄 수 있다. 해돋이 포인트인 관광안내소에서 시작해 가볍게 분화구를 볼 수 있는 케오네헤헤 트레일Keonehe'ehe'e Trailhead 코스를 추천한다. 잠시만 걸어도 깊이 있게 분화구의 심장부로 걸어들어가는 듯한 느낌을 갖게 만드는 코스다. 할레아칼라 정상에서 관광을 마치고 내려가는 길에 만나는 여러 뷰 포인트도 놓치지 말 것.

Info

**바이크 마우이** Bike Maui
요금 $220
홈페이지 www.bikemaui.com

Info

**마우이 선라이더스** Maui Sunriders
요금 $129
홈페이지 www.mauisunriders.com

### 선셋과 선라이징 투어

차가 없거나 정상까지 운전할 자신이 없다고? 선라이징이나 선셋 패지키 투어가 많이 있으니 걱정 말자! 가장 인기 있는 패키지는 할레아칼라에서 해돋이를 본 후 자전거를 타고 내려오는 투어다. 마치 구름 위에서 자전거를 타는 기분! 타는 사람도, 보는 사람도 짜릿하다.

THIRD STEP

# 특별한 여행의 맛을 선사하는 업컨트리

할레아칼라 국립공원 산자락에 자리한 매력적인 마을 마카와오. 쿨라 지역과 함께 업컨트리라 부르는 곳이다. 자그마해 보여도 중산간에서는 가장 큰 마을. 스페인계 카우보이 파니올로Paniolo가 살던 곳이다. 넓은 잔디에 소를 방목하여 키우던 과거 전통이 남아 있다. 지금은 예술가 마을로 더 유명한 곳. 몇 시간 동안 구석구석 걸어다니면 색다른 재미를 느낄 수 있다. 꽃과 식물이 가득한 시골마을 쿨라 지역도 할레아칼라 국립공원을 갔다가 내려오는 길에 들르기 좋다.

### 카우보이의 마을
# 마카와오 Makawao 걷기

여기 뭐 볼 게 있나 싶겠지만, 이래뵈도 미국의 25대 예술 여행지로 선정된 곳이다. 마을 전체가 독특하고 세련된 느낌이다. 눈길을 끄는 이색적인 숍과 부티크, 갤러리가 많다. 갤러리에서 작업하는 작가의 모습이나 작품도 직접 볼 수 있고, 아기자기한 소품을 구매하기에도 좋다. 매년 7월 4일에는 카우보이 마을답게 50년 전통의 하와이 최대 파니올로 대회가 열린다.

**Info**

**주소** Makawao Ave. Makawao
**위치** 할레아칼라에서 내려오는 길 정상에서 약 1시간
**주차정보** 마카와오 퍼블릭 랏, 마을 갓길 주차 무료
**주차좌표** VM3Q+9C 마카와오 하와이

이색적인 마카와오 갤러리의
내부 모습

## 100년을 이어가는 마카와오 맛집
### 코모다 스토어 베이커리 Komoda Store and Bakery

마카와오 마을에는 1930년부터 성업 중인 코모다 스토어 & 베이커리
가 유명하다. 식품과 각종 생활잡화도 판매하는데 도넛이 가장 유명.
아침 10시쯤이면 이미 다 팔려버릴 정도로 인기가 높다. 특히 크림퍼
프가 맛있기로 유명하다. 이색적인 소품도 많아서 구경하는 재미가
쏠쏠하다.

**Info**

주소 3674 Baldwin Ave.
Makawao
전화번호 808-572-7261
운영시간 07:00~13:00, 일·수 휴무

## 마우이의 푸르름을 따라 드라이브
### 쿨라 Kula

할레아칼라의 중산간, 쿨라 37번 도로를 따라 드라이브할 수 있다. 이름조차 로맨틱하게 다가오는 쿨라
는 할레아칼라 화산 남쪽 산기슭에 경사면을 따라 펼쳐진 아름다운 지역. 하와이에서 지겹게 보는 코코
넛 트리 대신 고즈넉한 언덕과 초록을 눈에 실컷 담을 수 있다. 비옥한 땅이라 유명 보태니컬 가든, 라벤
더 농장 등이 자리하고 있다. 오픈카를 타고 마우이 바다가 파노라마처럼 펼쳐진 길을 달리면 근사한 로
맨스 영화의 주인공이 부럽지 않다. 앞바다에 몰로키니섬과 카호올라웨섬이 보인다.

노부부가 가꾼 비밀의 화원

# 쿨라 보태니컬 가든 Kula Botanical Garden

쿨라 보태니컬 가든은 워렌Warren과 헬렌Helen 부부가 1968년부터
직접 가꾸어온 개인 소유의 정원이다. 예쁜 산책로와 작은 폭포, 열대
식물이 아기자기하게 모여 있다. 매일 많은 여행자가 방문하여 아름다
움에 감탄하는 식물원이지만 가든으로 개발되기 이전에는 황무지였다
고 한다. 부부가 정성과 사랑으로 재탄생시킨 기적의 산물이다. 하와
이 토착 식물 컬렉션부터 꽃이 만발한 정원에 날아다니는 나비와 하와
이의 새 네네, 초록 향기 가득한 잔디와 연못까지 비밀의 화원을 탐사
하듯 가든 지도를 들고 신비로운 보태니컬 가든을 둘러보자.

## Info

주소 638 Kekaulike Ave. Kula
운영시간 09:00~16:00
요금 성인 $10, 6~12세 $3
주차정보 무료
주차좌표 PMRG+J3 쿠라 하와이
홈페이지
www.kulabotanicalgarden.com

매해 10월이면 더 특별한 곳

# 쿨라 컨트리 팜스 Kula Country Farms

## Info

주소 6240 Kula Hwy, Kula
운영시간 09:00~16:00, 일 휴무
요금 입장료는 무료
위치 쿨라 보태니컬 가든에서 1분
주차정보 무료
주차좌표 PMQ8+VH 쿠라 하와이
홈페이지
www.kulacountryfarmsmaui.com

쿨라를 달리다 보면 차를 세울 수밖에 없는 풍경과 마주하게 된다. 언
덕 너머로 눈부시게 파란 바다가 햇빛에 반짝이는 모습이 시선을 잡
아끌기 때문. 쿨라 컨트리 팜스는 그 명당 자리에 위치한 농장. 이곳
에서는 4대째 최고 품질의 과일과 채소, 꽃 등을 생산하고 있다. 언뜻
보면 그저 평범한 피크닉 장소 같지만, 사실은 하와이 전역 유명 레스
토랑에 유기농 식자재를 납품하는 이름난 농장이다. 농장 일부를 개
방해 과일과 야채, 수제잼과 꿀 등을 저렴한 가격에 살 수 있는 기회니
놓치면 아깝다.
매년 할로윈 축제가 열리는 10월이면 농장은 더욱 특별해진다. 커다
란 오렌지색 호박이 넓은 농장을 가득 메우기 때문. 핼러윈 파티를 위
해 예쁜 호박을 고르려는 사람들로 활기가 가득해지는 시간, 10월에
쿨라를 여행한다면 이국적인 분위기가 물씬 풍기는 컨트리 팜스에 꼭
가자. 특히, 어린이가 있는 가족 여행자들에게 강추.

• • •

백악관에도 들어가는 고퀄리티

# 마우이 와인 Maui Wine

쿨라 하이웨이를 타고 거의 남쪽 끝까지 내려가면 마우이 와인을 만날 수 있다. 마우이가 와인 생산지라는 걸 아는 사람이 드물다. 마우이 와인이 우리에게 낯선 이유는 생산량이 극히 적어 현지에서 모두 소비되기 때문. 외국인인 우리 손에까지 올 겨를이 없었던 것이다. 할레아칼라 산기슭에서 재배한 질 좋은 포도와 파인애플로 만든 수제 와인은 미국 내에서도 수상 경력이 화려하고 백악관에도 들어간다는 사실! 맛을 보면 더욱 놀라게 된다.

마우이의 와인 종류는 약 15가지로, 미국식 코티지에서 와인 시음이 가능하다(유료 $12). 이곳에서 가장 인기 있는 와인은 달콤하고 톡 쏘는 맛이 목에 착 감기는 파인애플 스파클링 와인. 가격도 $16~25니 비싼 편은 아니다. 마우이 와인 한 병을 구입해 숙소에서 분위기를 내봐도 좋겠다. 워크인도 가능하지만 홈페이지에서 예약하고 가면 웨이팅 없이 곧장 둘러볼 수 있다. 간단한 안주와 글라스 와인도 판매한다.

**Info**

**주소** 14815 Piilani Highway, Kula
**운영시간** 11:00~17:00 월 휴무
**요금 입장료** 무료, 와인 테이스팅
$12(신분증 지참)
**주차정보** 무료
**주차좌표** JJX3+72 쿠라 하와이
**홈페이지** www.mauiwine.com

# 서부 카아나팔리와 카팔루아

남자의 상반신처럼 생긴 마우이 지도에서 머리 부분에 해당하는 지역이다. 마우이의 역사 도시인 올드타운 라하이나가 서부의 가장 큰 마을이었는데 2023년 8월 대화재로 마을이 전소되었다. 현재는 도시 재건을 준비하고 있어 앞으로 몇 년은 출입이 통제될 예정이다. 그러나라하이나를 뺀 나머지 지역은 자유롭게 여행이 가능하다. 리조트 단지인 카아나팔리와 카팔루아는 마우이에서 여행자가 가장 많이 머무는 지역이다. 로맨틱하고 세련된 리조트 단지에서 휴양지 기분을 만끽해 보자. 해안도로를 따라 북쪽 방면으로 드라이브해도 좋다.

사랑이 새록새록

# 카아나팔리 비치 Kaanapali Beach

마우이의 와이키키! 마우이를 대표하는 비치다. 와이키키에 비할 바는 아니지만 마우이에서 가장 북적거리는 곳. 마우이에서 가장 많은 리조트가 모여 있는 리조트 단지이기도 하다. 5km의 긴 해변은 예전에 마우이 왕족 휴양지였다. 해변이 길고 해변 바로 앞에 늘어선 리조트로 휴양지 느낌이 물씬 난다. 짙푸른 바다 건너 보이는 라나이의 풍경은 마우이를 대표하는 오션 뷰. 유명 쇼핑몰인 웨일러스 빌리지가 있어서 숙박, 휴양, 식사, 쇼핑까지 모두 편하게 즐길 수 있다. 인기 비치인 만큼 주차장을 찾기가 쉽지 않다. 하얏트 리조트와 웨스틴 리조트 근처에 비치 이용자를 위한 작은 공영 주차장이 있으니 빈 자리를 잘 찾아보자.

**Info**

**주차좌표**
하얏트 리젠시 근처  W865+WP 라하이나
메리어트 마우이 근처 W884+5M 라하이나
웨일러스 빌리지 근처 W8C3+9R 라하이나

카아나팔리가 인기 있는 또 다른 이유

# 블랙 록 Black rock

마우이를 대표하는 스노클링 포인트이다. 카아나팔리 비치의 북쪽 끝자락 쉐라톤 마우이 리조트 앤 스파 바로 앞에 우뚝 솟은 바위가 블랙 록이다. 수심이 조금 깊긴 하지만 바닷속으로 햇빛이 비치면 신비로운 수중 세계가 손에 잡힐 듯 드러난다. 이 모습이 압권! 야생 바다거북이 자주 출몰한다는 것도 이곳의 큰 매력이다. 마우이 일정이 짧아 한 곳의 바다만 가야 한다면 블랙 록을 추천한다. 오전 시간에 가면 바람이 적게 불어 훨씬 좋다. 인기 비치라 주차가 어려운 편이다. 가까운 무료 퍼블릭 주차장 혹은 쉐라톤 리조트($24 / day)와 웨일러스 빌리지의 유료 주차장을 이용할 것.

**Info**

**주소** Kaanapali Beach, Lahaina
**운영시간** 24시간
**요금** 입장 및 샤워시설 무료
**주차정보** 무료와 유료 모두 있음
**주차좌표** W8F4+PV5 카어나팔리

연인들이 찾는 낭만의 쇼핑몰

# 웨일러스 빌리지 Whalers Village

3개 동으로 이루어진 이 쇼핑센터는 카아나팔리 비치가 보이는
명당을 차지했다. 몰 내부 인테리어도 리조트풍으로 아름답다.
아이쇼핑하며 산책하기 좋다. 90여 개의 명품 매장과 쥬얼리 숍
등에서 쇼핑을 즐기고, 다양한 무료 쇼도 보고, 푸드코트에서 맛
있는 식사까지 할 수 있다.

웨일러스 빌리지 안에는 그릴 요리로 유명한 훌라 그릴Hula Grill
과 수제 햄버거로 유명한 레일라니스Leilanis가 있다. 1층에는
샌드위치나 도시락 맛집 조이스 키친Joey's Kitchen, 마우이 포
케 등이 있어 비치갈 때 도시락 포장하기 좋다. 쇼핑몰을 이용하
면($15 이상) 2시간 무료 주차권을 제공한다.

## Info

주소 2435 Ka'anapali Pkwy. Lahaina
운영시간 09:00~21:00
위치 카아나팔리 비치 웨스틴 마우이 옆
주차정보 시간당 $8
주차좌표 W8C4+WC 라하이나 하와이
홈페이지 www.whalersvillage.com

# 마우이 북쪽을 달려라!

할레아칼라와 유명 리조트에 밀려 상대적으로 덜 알려진 마우이의 북쪽. 울창한 밀림과 바다의 절경, 사람의 손길이 닿지 않은 자연의 신비로움을 만날 수 있다. 카아나팔리에서 30번 도로를 따라 북쪽으로 약 30분, 22km쯤 달리면 나카렐레 블로우 홀Nakalele Blow Hole이 나온다. 달리는 길에 늘어선 명소를 하나씩 클리어해 볼 것! 각 관광지마다 거리가 멀지 않아 이동에 시간 부담이 없고 입장료가 모두 무료라 더욱 좋다. 도시락과 생수, 비치타올만 챙겨 떠나면 된다.

## 마우이 북쪽 코스 짤 때 꿀팁

나카렐레 블로우 홀을 지나면 렌터카 진입 금지 구간이다. 카아나팔리를 시작으로 가장 북쪽(멀리)에 위치한 나카렐레 블로우 홀을 목적지로 잡고 남쪽으로 되돌아오며 여러 전망대와 비치 스노클링, 하이킹을 즐기면 가장 효율적으로 꽉찬 반나절을 보낼 수 있다.

카아나팔리 → 나카렐레 블로우 홀 → 호노코하우 룩아웃 → 호놀루아 베이 하이킹과 스노클링 → 호놀루아 베이 룩아웃 → 드래곤 티스(Makaluapuna point) → 카팔루아 코스털 트레일 → 카팔루아 베이 스노클링 → 카아나팔리

거대한 물기둥

# 나카렐레 블로우 홀 Nakalele Blow Hole

용암 바위 사이에서 뿜어져 나오는 30m 높이의 거대한 물줄기. 파도가 거셀수록 물줄기는 하늘 높은 줄 모르고 치솟는다. 섬마다 한두 곳씩 관광지로 알려진 블로우 홀 중 가장 힘차게 물기둥을 쏘아 올리는 곳이다. 해가 반짝이는 날에는 무지개를 동반해 더욱 장관이다. 블로우 홀의 거센 물줄기는 주차장 쪽에서도 충분히 잘 보이지만 10분 정도 걸어내려와 하트 쉐이프 락Heart Shaped Rock 에서 볼 때 더 아름답다. 하트 모양으로 구멍이 뚫린 모습은 힘들여 내려온 사람들에게만 주어지는 선물 같은 광경이다. 단, 블로우 홀의 근사한 광경에 홀린 듯 너무 가까이 다가가지는 말 것. 여러 번의 사고가 있었던 장소다.

**Info**

주소 Poelua Bay, Wailuku
운영시간 24시간
요금 무료
위치 카아나팔리에서 30번 도로를 타고 북쪽으로 약 30분
주차정보 무료
주차좌표 2CG6+VH 와이루쿠 하와이

거대한 숲을 지나
# 호놀루아 베이 Honolua Bay

호놀루아 베이는 거친 돌이 가득한 비치이다. 비치만 보면 특별할 게 하나도 없지만 마우이의 인기 스노클링 스폿이다. 바닷속 돌덩이 사이사이 자라는 산호, 열대어, 거북이, 돌고래까지 모두 다 주연급이다. 바다는 수심이 깊은 곳도 있고, 앞은 곳도 있으니 누구라도 놀기 좋다. 초짜들도 스노클링하기 괜찮다. 라이프 가드와 샤워시설 등의 편의시설은 없다. 안전은 스스로 지켜야만 한다. 워터 슈즈와 스노클링 장비도 필수 준비물이다. 호놀루아 베이는 주차장이 따로 없다. 비치 진입로가 있는 굽어진 숲길에 주차해야 한다. 비치까지 약 10분 정도 숲을 지나는데 이 숲이 특히 장관이다. 판타지 영화 속 한 장면처럼 하늘을 온통 뒤덮은 야생 정글을 만날 수 있다. 스노클링을 하지 않더라도 거대한 숲속 산책은 꼭 해볼 것.

## Info

**주소** Honolua Bay Access, Lahaina
**운영시간** 24시간
**요금** 무료
**주차정보** 베이 입구 도로 주차
**주차좌표** 2978+CH 라하이나 하와이

호놀루아 베이가 한눈에 들어오는
# 호놀루아 베이 룩아웃
Honolua Bay Lookout

절벽 아래로 살포시 안긴 호놀루아 베이를 내려다볼 수 있는 곳이 바로 호놀루아 베이 룩아웃이다. 해가 쨍쨍히 내리쬐는 날이면 햇빛을 머금은 바위와 산호가 한 알 한 알 빛을 반사한다. 투명한 바닷속을 샅샅이 염탐할 수 있는 최고의 장소. 룩아웃 반대편 절벽 뷰 또한 색달라 또 다른 감탄을 자아낸다.

## Info

**주소** 6501 HI-30, Lahaina
**운영시간** 24시간
**요금** 무료
**주차정보** 무료
**주차좌표** 2976+68 라하이나 하와이

신비로운 용암지대

## 드래곤 투스 트레일 Dragon Tooth Trail

드래곤 투스는 이름처럼 용의 이빨 모양을 한 독특한 용암지대다. 리츠칼튼 호텔 안쪽 무료 주차장에 차를 세우고 트레일 코스를 따라 약 10분 걸어가면 된다. 마우이에서 흘러내린 가장 마지막 용암이 굳어서 생긴 해안 가이다. 다른 용암에 비해 밀도가 높고 부드러운 것이 특징. 위아래로 불어오는 바람을 사정없이 맞은 탓에 깎여나간 용암이 특이하게 용의 이빨 모양을 띠게 되었다. 마치 누군가가 인위적으로 깎아놓은 듯 정교한 굴곡이다. 바위 위에 서 있으면 앞으로는 플레밍 비치Fleming Beach가, 뒤로는 오넬로아 베이Oneloa Bay가 한눈에 들어온다. 카팔루아 비치에서 시작되는 카팔루아 코스탈 트레일이 끝나는 지점이기도 하다.

**Info**

주소 Dragon's Teeth Access Trail, Lahaina
**운영시간** 24시간
**요금** 무료
**주차정보** 무료
**주차좌표** 283V+6H 라하이나 하와이

바다만 좋은 게 아니야!

## 카팔루아 코스탈 트레일 Kapalua Coastal Trail

카팔루아 베이는 바다만 즐기고 마는 곳이 아니다. 그러기엔 너무 아쉽다. 왜냐하면 빼어난 트레일 코스가 있기 때문이다. 카팔루아 베이가 마우이 북쪽의 인기 바다가 된 것은 카팔루아 코스탈 트레일 코스도 한몫 단단히 했다. 카팔루아 베이를 시작으로 절벽을 따라 산책길이 이어진다. 트레일 코스의 길이는 플레밍 비치Fleming Beach까지 왕복 4.5km 정도이고 해안 트레일 코스가 끝나면 북부 산악 지역으로 이어지는 마하나 릿지 트레일 코스Mahana Ridge Trail와 연결된다. 가볍게 해안도로를 따라 걷기만 해도 좋다.

**Info**

**소요시간** 1시간 **난이도** 하
주소 Kapalua Coastal Trail
**운영시간** 24시간
**요금** 무료
**주차정보** 무료 카팔루아 베이 비치 주차장 동일
**주차좌표** X8XM+58 라하이나 하와이

작지만 강력한 아름다움

# 카팔루아 베이 비치 Kapalua Bay Beach

마우이에서는 여기가 최고야! 라고 손꼽을 만한 비치가 열 손가락으로도 모자란다. 그러나 그중에서도 단
하나만 꼽으라면 단연코 으뜸은 카팔루아 베이다. 엄청난 경쟁을 뚫고 마우이 최고 비치로 선정된 곳. 그 명
성에 걸맞게 하와이에서 가장 비싼 리조트인 몬타지Montage가 카팔루아 베이를 차지하고 있다. 럭셔리한
리조트에서 직접 관리하는 비치라 언제 가도 깨끗하다. 둥근 해안선을 따라 늘어선 야자수와 조경이 예쁘
다. 비치에서 보이는 라나이섬과 몰로카이섬의 풍경은 카팔루아 베이에서만 볼 수 있는 작품이다. 파도가
잔잔해 수영하기에도 더없이 좋은 바다다. 무엇보다 산호와 거북이가 물속을 가득 채우고 있으니, 이보다
더 이국적인 바다 수영은 아마 없을 것이다. 퍼블릭 비치로 오픈되어 있어 누구나 출입이 가능하고, 무료 주
차장과 샤워시설까지 잘 갖추어져 있다. 보드나 스노클링 장비, 비치체어 등을 빌려주는 편의시설도 좋다.

**Info**

주소 Kalua Bay Beach
운영시간 24시간
요금 무료
주차정보 무료
주차좌표 X8XM+58 라하이나 하와이

# 마우이 남부

마우이 지도의 앞 목 부분부터 가슴까지 이어진 지역이다. 크고 작은 비치가 각자 다른 개성을 뽐내며 끝도 없이 이어진다. 스노클링 장비 하나 들고 바닷속 탐험을 몇 날 며칠 할 수 있는 동네. 하와이의 섬들 중 비치 투어가 가장 즐거운 곳이다. 남부의 키헤이 지역에는 다른 지역에 비해 저렴한 에어비앤비 베케이션 하우스가 많고 와일레아 지역에는 포시즌스와 안다즈, 페어몬트 등 고급 리조트와 골프 코스가 모여 있다. 여행 취향이나 여행 성격에 따라 알맞는 지역을 고르자.

**Info**
주소 Wailea Beach Kihei
요금 무료
운영시간 07:00~20:00
주차정보 무료
주차좌표 MHJ5+F9 키헤이 미국 하와이

남부에서 딱 한 곳만 간다면

# 와일레아 비치 Wailea Beach

남부 쪽에서 딱 한 곳의 비치만 가야 한다면 와일레아 비치를 추천한다. 포시즌스, 안다즈 등 럭셔리 리조트가 드넓은 바다를 차지하고 있다. 와이키키 비치의 세 배 면적을 가지고 있는데 각기 다른 이름의 크고 작은 비치가 촘촘히 붙어 있다. 그중에서도 가장 넓고 고운 모래 백사장이 펼쳐진 와일레아 비치가 메인이다. 복작복작한 카아나팔리와는 다르게 한적한 무료 주차장, 샤워시설과 안전요원까지 갖추고 있어 안심이 된다. 게다가 바다는 둥근 만을 형성하고 있어 아늑하고 놀기 좋으며, 양쪽으로 펼쳐진 바위를 따라 스노클링을 하다 보면 수족관이 따로 없을 만큼 볼 게 많다. 바닷가를 따라 난 산책로도 잘 정비되어 있다. 식사와 쇼핑을 하기 좋은 아웃도어 쇼핑센터, 더 숍스 앳 와일레아The Shops at Wailea까지 있어 해변에 있어야 할 모든 것을 다 갖춘 곳이다. 이 근처의 모든 바다가 선셋 맛집이지만 저녁 해넘이를 볼 때는 너무 외진 곳보다 여행자가 많은 와일레아 비치를 추천한다.

마우이 한정판에 주목!

# 더 숍스 앳 와일레아 The Shops at Wailea

아무리 봐도 더 숍스 앳 와일레아는 꽤 매력적이다. 약 60개 정도의 명품 브랜드와 예쁜 숍들이 구매 욕구를 자극한다. 눈에 띄는 하와이 브랜드인 블루 진저나 피피 앤 부찌Fifi & Bootzie 등을 둘러보자. 구찌나 루이뷔통 등 명품 브랜드 매장도 구경하기 좋다. 명품 마니아들을 위해 마우이 한정판 상품을 판매하기도 한다. 관광객 폭발로 몸살을 앓는 다른 대도시들에 비해 한적하고 여유로운 쇼핑이 가능하다. 쇼핑 마니아들에게 제격.

**Info**
주소 3750 Wailea Alanui Dr. Wailea
운영시간 09:30~21:00(매장마다 다름)
주차정보 무료
주차좌표 MHQ6+33 와일레아 하와이
홈페이지 www.shopsatwailea.com

**테마 핫플**

# 와일레아 지역, 스노클링 호핑은 단연코 최고!

비치타월, 스노클링 장비만 있다면 어디든지 갈 수 있어!

바다 옆에 바다, 작은 바다 옆에 또 작은 바다... 와일레아 지역은 차로 2~3분 거리마다 계속해서 다른 비치가 이어진다. 하와이를 통틀어 가장 맑은 물빛과 가장 많은 스노클링 포인트가 모여 있는 곳이다. 마우이 중에서도 와일레아 지역의 스노클링은 단연 최고이다. 오붓하고 고즈넉한 분위기 속에서 바다거북이와 맞닥뜨릴 때의 짜릿함! 예쁜 산호 숲 사이를 헤엄치는 물고기를 지겹도록 바라볼 수 있는 벅찬 경험! 마우이섬이 소중한 이유다. 단 하나, 바다가 거친 날이 잦고 수심이 깊은 곳도 많다. 수영을 잘 못한다면 마트에서 누들(부력 스틱)이나 부기보드(바디보드)를 미리 준비하자. 훨씬 수월하게 스노클링을 즐길 수 있다. 또 파도가 거친 날은 용암이 있는 비치는 피하자. 안전요원이 없으니 안전은 스스로 지켜야 한다는 걸 명심할 것.

## 파이브 그레이브스 Five Graves

파도가 거칠고 용암이 많다. 초보자가 편하게 스노클링 즐기기는 어렵다. 하지만 스노클링 경험이 많은 사람이라면 밋밋하지 않고 익사이팅하게 바다를 즐길 수 있다. 산호가 가장 많은 바다. 간혹 만타가 출몰한다.

**주차좌표** MH45+C6 키헤이 하와이

## 마케나 랜딩 공원 Makena Landing Park

비치가 작고 모래사장이 많지 않다. 용암이 거친 곳이라 워터 슈즈가 필요하다. 한적해서 주차하기가 편하며 거북이가 가장 많이 출몰하는 곳이다. 거북이를 만나는 게 스노클링의 목적이라면 이곳을 공략해 보자.

**주차좌표** MH35+MC 와일레아-마케나 하와이

## 말루아카 비치 Maluaka Beach

조용하고 한적하다. 주차장이 협소하지만 비치 시설이 좋다. 모래사장이 넓고 수심이 완만해서 초보자도 스노클링하기 좋은 바다다.

**주차좌표** JHV4+JG 키헤이 하와이

하와이 화산 유적지

# 몰로키니섬 Molokini Island

마케나 앞바다에 떠 있는 달모양의 섬. 용암 분출로 인해 분화구가 한쪽 면만 바다에 가라앉으면서 생겨난 화산섬이다. 바다에 가라앉은 반대쪽 분화구는 산호와 열대어가 가득한 하와이의 천연 수족관! 투어로만 갈 수 있다. 세일링하기 적당한 바람과 파도가 있는 지역이라 하와이에서 요트투어를 한다면 몰로키니섬을 추천한다. 세일링을 하며 섬을 돌아보고 몰로키니와 터틀타운에서 두 번의 스노클링, 간식과 식사 칵테일이 포함되어 있다. 운이 좋은 날이면 만타가 등장하니 기대하시라~ 투어는 오전, 오후, 선셋 등 다양한 시간대가 있다.

## Info

### 카이카나니 투어업체

**소요시간** 3~4시간
**투어 장소** 마케나 Gravel Lot - Makena keonoio Road, 무료 주차장 있음, 픽업 서비스 없음
**예약** 카이카나니 Kaikanani - 마우이 남쪽의 유일한 요트투어 업체로 몰로키니와 가장 가까운 말루아카 비치에서 출발한다.
**홈페이지** www.kaikanani.com

용암을 즈려밟고 하이킹

# 아히히-키노 자연보호지역 Ahihi-Kinau Natural Reserve

와일레아를 지나 남쪽 끝까지 내려가면 거대한 라바 필즈가 나온다. 푸른 바다 앞 용암이 끝도 없이 펼쳐진 들판, 뒤쪽으로는 할레아칼라 산 중턱 쿨라의 초록 풍경이 대비되어 무척 이색적이다. 1790년 마지막 마우이 화산 폭발로 생겨난 지형으로 마우이에서는 가장 어린 용암 지대이기도 하다. 모험을 즐기는 사람들에겐 잠깐의 하이킹만으로도 몸에 엔도르핀이 샘솟을 것이다. 왕복 8km 정도 되는 하이킹 코스이지만 조금만 걸어도 할레아칼라와 어우러지는 용암 풍경을 진하게 맛볼 수 있다. 길이 험하니 운동화는 필수.

## Info

**주소** End of the Road, Kanahena/ Keone, Wailea
**운영시간** 24시간
**요금** 무료
**주차정보** 무료
**주차좌표** JH2H+7X 와일레아 하와이 와일레아-마케나

이름값 제대로 하는

# 빅 비치 Big Beach

몸과 마음의 힐링 포인트. 마우이에는 자연 풍광과 휴식을 즐기기 좋은 인기 해변이 많다. 하지만 마케나 주립공원Makena State Park 안에 있는 빅 비치야말로 마우이 남부에서 가장 특별한 비치가 아닐까 싶다. 길이 2.5km에 폭 30m가 넘는, 말 그대로 '빅' 비치다. 금빛 모래와 청록색 바다는 물감을 푼 듯 강렬한 대비를 이룬다. 탁 트인 비치는 보기만 해도 몸과 마음이 절로 힐링되는 기분. 해수욕을 즐기지 않더라도 꼭 한번 찾아볼 만한 곳이다. 바닷속 모래알이 다 보일 정도로 물이 맑고 투명하나, 생각보다 수심이 깊어 주의해야 한다. 해변에는 일광욕을 즐기는 사람들로 가득한데 파라솔을 가져가지 않는 이상 강렬한 태양을 피할 길이 없어 자연스럽게 태닝도 가능하다. 주립공원 입구에 큰 주차장이 있지만 사람이 많아 항상 주차가 힘들다. 되도록 오전 일찍 가는 걸 추천한다. 공영 주차장 요금과 입장료는 직접 키오스크에서 결제한다.

누드 비치에서 추억을 만들자!

# 리틀 비치 Little Beach

마케나 주립공원 안에는 세 개의 비치가 있다. 빅 비치 바로 옆에 위치한 리틀 비치Little Beach가 그중 하나. 이름처럼 자그마한 비치인데 이곳이 유명한 건 바로 누드 비치이기 때문이다. 빅 비치 오른쪽에 있는 커다란 바위를 넘어가면 '비밀스런 장소'인 리틀 비치가 나타난다. 아담과 이브처럼 자유로운 모습으로 손을 잡고 자연스레 산책하는 사람들이 있다. 부끄러움 따윈 벗어던지고 사랑하는 사람과 은밀하고 비밀스러운 둘만의 특별한 추억을 만들어보자. 카메라를 들이대거나, 노골적으로 쳐다보는 매너 없는 행동은 절대 금물! 자발적인 누드 비치이기 때문에 수영복을 입고 있어도 상관없다. 주차료와 입장료는 빅 비치에서 계산한다.

### Info

**주소** 6450 Makena Alanui, Kihei
**운영시간** 06:00~19:45
**요금** 1인당 $5
**주차정보** 유료 $10
**주차좌표** JHM3+Q5 키헤이 하와이
(*빅 비치 주소와 리틀 비치 주소 동일)

여기가 본점

# 마우이 브루잉 컴퍼니 키헤이
Maui Brewing Company Kihei

하와이안 에어라인에서 제공되는 기내식 맥주로 친근한 마우이 맥주. 마우이 키헤이 지역에 있는 브루잉이 본점이다. 36가지 수제 맥주를 넓은 야외 정원, 실내 레스토랑에서 미국식 메뉴와 함께 먹을 수 있고 브루잉 투어도 진행한다. 마우이에 2곳, 오아후에 2곳 총 4곳의 지점이 있는데 본점답게 가장 규모가 크고 여유로운 환경이다. 맥주에 관심이 많다면 1시간 정도 맥주 양조장 투어를 하는 것도 흥미롭겠다. 물론 다양하고 창조적인 맥주를 마시는 것도 즐거운 경험이다. 모든 마우이 여행자의 필수 방문지 중 한 곳. 월~금 오후 3시 30분~4시 30분까지 해피아워를 진행한다.

Info

주소 605 Lipoa Pkwy, Kihei
오픈 11:30~22:00
요금 맥주 $5~ 가이드 투어 $20
주차정보 무료
주차좌표 PHX6+PQ 키헤이 하와이
홈페이지 www.mauibrewingco.com

맛있는 아메리칸 스타일

# 키헤이 카페 Kihei Caffe

아담하고 소박한 레스토랑이지만 조용한 키헤이에서 가장 분주하다. 새벽 6시부터 부지런히 문을 열어 미국식 조식을 즐길 수 있으며, 대부분의 메뉴가 $10~15 정도로 저렴하며 팁도 없다. 정갈하게 서빙되는 음식은 혼자서 다 먹기 힘들 만큼 푸짐하고, 친절한 주인까지 더 바랄 것이 없을 정도다. 프렌치토스트, 팬케이크, 에그 베네딕트 등 어느 것을 시켜도 실패하지 않는다. 라이스 메뉴도 있으니 아메리칸 음식에 싫증이 났다면 로코모코Loco Moco나 프라이드 라이스Fried Rice를 주문하자. 들어가서 대기줄에 선 후 직접 음식을 주문하고 계산을 마친 뒤 셀프로 음료를 받아 착석하면 된다. 대기 인원이 많아도 줄은 빨리 줄어드는 편이다.

Info

주소 1945 S Kihei Rd, Kihei
운영시간 06:00~14:00
요금 식사 $10~, 커피 $3~
주차정보 무료
주차좌표 PGJX+G7 키헤이 하와이
홈페이지 www.kiheicaffe.com

THIRD STEP

천국 같은 드라이브 코스 하나Hana가 있는

# 동부 & 중앙, 공항 근처

카훌루이 공항이 있는 마우이의 중앙 부분이다. 여행자보다는 현지인이 많으며 코스트코, 월마트, 세이프웨이 등 대형 쇼핑몰이 있다. 근처에도 유명 관광지가 많으니 마우이 떠나기 전에 애매하게 시간이 남는다면 공항 근처 관광지를 공략해 볼 것. 마우이 지도의 뒷목부터 등까지 이어지는 동부 드라이브 코스 '하나로 가는 길Way to Hana'이 가장 큰 관광지다. 드라이브의 시작점인 파이아Paia 마을에 들러서 주유와 도시락을 챙겨서 출발하면 좋다.

이름만 들어도 설레는

# 로드 투 하나 드라이브하기
Road to Hana

'하나'는 하와이어로 천국이란 뜻이다. 로드 투 하나는 천국으로 가는 길이다. 전 세계 여러 여행 잡지에서 이 길을 세상에서 가장 아름다운 드라이브 길이라고 칭송한다. 카훌루이 공항에서 36번 도로를 타고 가면 편도 약 세 시간 가량 소요된다. 이 길은 커브가 617개, 계곡과 커브를 잇는 좁은 다리가 56개나 된다. 가다가 차를 돌려서 돌아오기도 어려운 멀고 험한 드라이브 길이다. 간혹 여행 후기를 보면 이렇게 험한 길일 줄 알았다면 안 갔을 거라고는 글도 있다. 노약자가 함께하는 여행이라면 추천하지 않는 코스이기도 하다. 변덕스러운 날씨 탓에 비가 왔다 해가 떴다를 반복하고 좁은 절벽 위로 난 도로 때문에 운전 시 긴장도 많이 하게 된다. 그럼에도 이 길은 마우이에서 사람들이 가장 달리고 싶은 드라이브 길이다.

목적지인 하나 마을은 집 몇 채가 전부인 오래된 시골마을이다. 중요한 건 진짜 목적지가 하나 마을이 아니라는 것. 가는 동안 쉴 새 없이 차를 세우게 만드는 절벽의 풍경, 크고 작은 폭포들, 향긋한 숲의 정취 등등이 이곳으로 가는 목적이자 이유다. 파이아 마을부터 인기 폭포 트윈 폴스 위터폴, 짧은 숲의 트레일 코스, 흑사 해변이 있는 와이아나파나파 주립공원 등 들러야 할 곳이 많다. 도시락을 준비할 것.

THIRD STEP

반짝거리는 바다를 품은

# 와이아나파나파 주립공원
Waianapanapa State Park

아침 일찍 출발했다면 와이아나파나파 주립공원에 도착할 때쯤엔 틀림없이 배가 고파질 것이다. 도시락 까먹기 딱 좋은 시간! 한참 동안 운전하느라 뻐근해진 몸도 풀고, 시원한 나무 그늘에서 도시락도 먹자. 빼어난 자연경관을 구경하며 쉬기에 이곳만큼 좋은 곳이 없다. 한번에 발음하기도 힘든 이름, '와이아나파나파'는 '반짝거리는 물'이라는 뜻. 풍경이 웅장하고 볼거리가 다양하다. 검은 용암과 그 사이로 부서지는 거센 파도는 내려다보기만 해도 아찔하고, 까만 모래가 가득한 흑사해변은 검은 밤하늘의 별처럼 반짝반짝거린다. 어느 여인이 잔인한 남편에 의해 동굴 안에서 죽임을 당한 탓에 동굴 안의 물이 빨갛게 보인다는 전설도 전해진다. 용암 동굴도 볼 수 있고 가볍게 하이킹을 할 수 있는 코스도 있다. 긴 운전 중 휴식을 취할 수 있는 멋진 휴게소 역할을 하는 공원. 피크닉을 즐기기 좋은 테이블도 있으니 충분히 쉬었다 가자.

## Info

**주소** Waianapanapa State Park, Hana
**운영시간** 24시간
**요금** 무료
**주차정보** 무료
**주차좌표** QXPW+RM 하나 하와이
**홈페이지** dlnr.hawaii.gov/dsp/parks/maui/waianapanapa-state-park

---

하나에서 30분

## 키파훌루 Kipahulu

하나에서 30~40분간 더 달리면 할레아칼라 국립공원의 일부인 키파훌루에 도착한다. 짧은 트레킹 코스를 따라 산책하거나, 우기 시즌인 겨울과 봄에 여러 개의 연못이 연결된 천연 수영장 오헤오굴치 Ohe'o Gulch에서 물놀이를 즐길 수 있다. 키파훌루를 지나면 쿨라와 길이 연결되지만 좁은 비포장 도로를 지나야 한다. 이 구간에서 사고가 나면 보험적용이 안 되기 때문에 다시 'Road to Hana'로 되돌아가는 게 좋다.

### tip
**키파훌루의 입장료**
3일간 유효한 할레아칼라 국립공원의 입장권을 가지고 있다면 키파훌루도 무료로 입장할 수 있다.

시간이 멈춘

## 하나 Hana 마을

하나는 평화롭고 한적한 시골 마을이다. 지금도 하와이의 옛 모습을 고스란히 간직하고 있다. 작고 낡고 야트막한 집들이 띄엄띄엄 무심하게 풍경의 한 부분으로 존재하고 있다. 이곳은 100년 이상 사람의 손길이 닿지 않아, 관광지로 개발되기 전의 하와이 모습을 간직하고 있다.

쉬지 않고 밀려드는 파도의 연주

# 호오키파 비치 파크 Ho'okipa Beach Park

파이아 마을 근처에 세계적인 윈드서핑의 메카로 알려진 바다가 있다. 호오키파 비치에는 윈드서핑에 딱 알맞는 파도와 바람이 있다. 태평양에서 불어오는 무역풍이 만들어낸 최고급 파도와 바람이다. 끝자락에는 해변이 한눈에 내려다보이는 호오키파 전망대Hookipa Lookout가 있다. 귓가를 때리는 바람 소리와 끝도 없이 밀려드는 파도가 눈앞에 펼쳐진다. 쉬지 않고 밀려드는 파도의 모습은 넋을 잃을 만큼 드라마틱해 여행자의 혼을 쏙 빼놓는다. 대부분의 사람들은 바다의 압도적인 모습에 놀라 쉽사리 뛰어들지 못하고 그저 바라보는 것을 선택하는 편. 바닷속 암초가 많아 초보 서퍼나 물놀이 여행자에게는 위험할 수 있다. 바다 앞에 오렌지색 깃발이 휘날리고 있다면 입수 금지 표시이니, 전망대에서 바다를 감상하는 걸로 만족하자.

### Info

**주소** 179 Hana Hwy, Paia
**운영시간** 24시간
**요금 입장료** 및 샤워시설 무료, 주차 무료
**주차정보** 무료
**주차좌표** WJPV+4Q 헤이쿠 하와이 헤이쿠-포웰라

현지인 최고의 놀이터

# 발드윈 비치 파크 Baldwin Beach Park

끝이 안 보일 정도로 길고 긴 비치다. 여행자가 많지 않아 평일엔 한산하지만 주말이면 현지인들로 넓은 주차장이 꽉 들어차서 주차난을 겪는다. 그래도 워낙 비치가 넓어 바다는 프라이빗하게 즐길 수 있다. 비치 파티를 할 수 있는 바비큐 시설, 안전 요원 등이 있어 주말이면 현지인들의 파티 공간으로 사용된다. 파도가 험한 곳이라 바디서핑, 부기보딩을 하며 놀기에 적합하다. 해변을 감싼 산의 모습이 광활하고 독특하다. 비치 안쪽으로는 아이들을 데리고 가기 좋은 장소가 숨어 있다. 베이비 비치Baby Beach라고 부르는 천연 수영장인데 파도가 잔잔하고 물이 얕아서 가족 단위로 바다놀이를 즐기기에 딱 좋다.

### Info

**주소** Baldwin Park, Paia
**운영시간** 07:00~20:00
**위치** 파이아 마을 앞에 **위치**
**주차정보** 무료
**주차좌표** WJ75+G4, Paia, HI
mbomaui.com

# 스타일리시한 파이아Paia 마을 걷기

카훌루이에서 하나 방면으로 11km 정도 가다 보면 등장하는 파이아는 생기발랄하고 세련된 마을이다. 한때 사탕수수 농장으로 번영했다가 쇠퇴한 역사가 있다. 1960~70년대 사이에 히피들이 이마을에 정착하기 시작했고, 근처에 윈드서핑으로 유명한 호오키파 비치 파크Hookipa Beach Park에 서퍼들이 찾아오면서 마을은 활기를 되찾게 되었다. 키치하고 올드한 색채의 건물들이 햇빛에 예쁘게 반짝이고, 거리 곳곳에는 개성 넘치는 서퍼들이 활보한다. 낡았지만 아기자기하고 사랑스러운 레스토랑과 상점이 가득하다. 파이아는 하나로 가는 길에 있는 마지막 마을이다. 간단한 도시락과 간식거리를 사고 주유를 하며 잠깐의 여유를 가진 뒤 하나로 출발하자.

카페 맘보Cafe Mambo, 파이아 피시 마켓Paia Fish Market, 파이아 베이 커피Paia Bay Coffee 등 인기 레스토랑, 카페가 이른 아침부터 오픈한다. 마을 안쪽에 작은 무료 주차장이 있다.

**주차정보** 무료, 협소함
**주차좌표** WJ7C+X5 파이아 미국 하와이

© 하와이 관광청 Tor Johnson

그 이름도 유명한
# 마마스 피시 하우스 Mama's Fish House

마우이에서 가장 유명한 레스토랑이다. 5대째 가업으로 이어받아 운영하는 노포다. 역사도 깊고, 야자수가 가득한 프라이빗 비치까지 펼쳐져 있어 분위기가 남다르다. 예약을 안 하고는 입장이 불가할 정도로 인기가 많은데 웬만한 호텔 메뉴 버금가는 높은 식사 비용을 자랑한다. 메뉴는 시푸드가 대부분으로 태평양에서 지역 주민들이 직접 잡아올린 랍스터, 스칼럽, 프라운, 아히(참치) 등 신선한 해산물이 주 메뉴! 계절마다 달라지는 오가닉 제철 식단으로 메뉴도 철에 따라 조금씩 바뀐다. 시푸드 스튜의 일종인 부야베스Bouillabaisse는 소스의 풍미가 일품이고 자연산 도미 스테이크인 오파카파카opakapaka 는 세상 부드러운 생선을 맛볼 수 있다. 독창적인 메뉴와 분위기 서버까지 모두 폴리네시안의 분위기를 담아냈다. 마우이 여행 중 특별한 정찬을 즐기고 싶다면 추천한다. 오픈테이블 어플로 미리 예약할 것.

### Info

**주소** 799 Poho Pl. Paia
**운영시간** 11:00~20:30
**위치** 파이아 마을에서 3분
**주차정보** 무료
**주차좌표** WJHM+H5 파이아 하와이

모든 메뉴가 다 탐나는
# 카페 맘보 Café Mambo

### Info

**주소** 30 Baldwin Ave. Paia
**운영시간** 11:00~20:00
**위치** 파이아 마을에 위치
**주차정보** 무료 (타운 공용 주차장)
**주차좌표** WJ7C+X5 파이아 미국 하와이
**홈페이지** www.cafemambomaui.com

키치한 느낌의 파이아 마을과 너무 잘 어울리는 카페다. 파랑과 노랑 시원한 원색을 사용해 지나는 사람들의 눈길을 사로잡는다. 조식부터 런치, 디너까지 메뉴가 다양하고 독특한 레시피로 만든다. 음식 하나하나에 정성까지 가득가득 담은 티가 역력하여 리뷰 평점이 매우 좋다. 조식으로는 스크램블드 에그가 들어간 퀘사디야Quesadilla, 미국식 브렉퍼스트인 서핑 불 샌드위치Surfing Bull Sandwich가 추천 메뉴. 점심에는 오리고기나 참치가 들어간 독특한 홈메이드 버거도 인기다. 숙소가 파이아 마을과 가깝다면 여러 번을 와도 후회 없는 선택이 될 것이다.

THIRD STEP

가볍게 즐기는 하이킹

# 이아오 밸리 주립 모뉴먼트 Iao Valley State Monument

150만 년간 자연이 만들어낸 예술품. 이아오 밸리 주립공원은 태평양의 요세미티로 불릴 정도로 경관이 수려하다. 이 지역은 하와이에서 가장 비가 많이 오는 곳 중 하나로 연간 강우량이 4,000mm를 넘는다. 하루에도 몇 번씩 비가 내렸다 그치기를 반복하는 곳이다. 비만 오지 않는다면 구름이 자욱한 날의 풍경도 멋지다. 150만 년간 침식작용과 화산활동으로 울룩불룩한 계곡이 크고 깊어 풍경이 독특하다. 1790년 카메하메하 1세가 마우이 군대를 정복한 전투가 벌어진 역사적 장소이기도 하다. 약 20분 가볍게 하이킹을 하면 마우이에서 신성하게 여기는 이아오니들Iao Needle을 볼 수 있다. 10층 건물 높이로 뾰족하게 솟은 모습이 인상적이다. 주립공원으로 예약을 해야 입장 가능하다.

**Info**

주소 54 S High St. Wailuku
운영시간 07:00~18:00
위치 카훌루이 공항에서 15분
주차정보 $10
주차좌표 VFJ3+9W 와이루쿠 하와이
홈페이지
www.hawaiistateparks.org/
parks/maui/'iao-valley-state-
monument

일주일에 단 하루! 토요일 파머스 마켓

# 마우이 스왑 미트 Maui Swap Meet

마우이의 토요일이 기다려지는 이유. 마우이 여러 파머스 마켓 중 가장 크고 볼거리가 많다. 매주 토요일 오전 7시부터 오후 1시까지 딱 6시간. 마우이 대학Maui Collage 옆에서 문을 연다. 12곳의 농장 주인이 직접 가꾼 과일과 채소는 슈퍼마켓 절반 가격에 신선도까지 책임져 마켓의 최고 인기 품목이다. 이 밖에도 한국에 꼭 데려오고 싶은 허브용품, 눈앞에서 짜낸 사탕수수 주스, 홈메이드 빵 등 탐나는 품목이 많다. 일주일에 한 번만 열리는 게 아쉬울 따름이다. 마우이를 담은 마그넷과 액자 등 세상에 하나뿐인 수공예품도 많다. 센스 넘치는 하와이 기념품을 고르기에도 제격이다.

**Info**

주소 310 West Kaahumanu Ave.
Kahului
운영시간 토 07:00~13:00
요금 입장료 $0.75
주차정보 무료
주차좌표 VGRC+PVX 카훌루이 하와이

# 마우이 공항 근처 쇼핑할 곳!

오아후처럼 명품 쇼핑을 할 곳이 많지는 않지만, 슈퍼마켓 쇼핑은 오아후보다 이웃 섬이 오히려 편하다. 오아후만큼 사람이 많지 않고, 대형마트에서 파는 물건들의 종류와 가격은 비슷하다. 여행 일정에 따라 다르겠지만, 마우이가 여행의 마지막 일정이라면 쇼핑은 마우이에서 하는 게 낫다. 첫 번째 섬에서 쇼핑한 물건들을 바리바리 챙겨서 여기저기 옮겨다니는 건 생각보다 번잡스러울 테니. 특히 마우이의 대형 슈퍼마켓은 대부분 공항 근처에 모여 있다. 모든 마트가 공항에서 5~10분 거리다.

코스트코 홀세일이 공항에서 가장 가까우며 저렴하고, 주유소가 붙어 있어 렌터카 반납 전 휘발유를 채우는 것까지 모두 해결할 수 있다. 다만, 코스트코 멤버쉽 카드가 있어야 하며 캐쉬 혹은 Visa 카드로만 결제가 가능하다. 주유소도 멤버쉽 카드가 필요하고 Visa 카드로만 결제가 가능하다.

간단한 기념품이나 먹거리는 타겟Target과 월마트Walmart를 추천한다. 타겟은 슈퍼마켓 포함한 브랜드 아울렛이라 쇼핑 시간이 여유롭다면 들러볼 만하다.

음식 종류만 쇼핑을 한다면 홀푸드마켓Whole Food Market으로 가보자. 차별화된 미국, 하와이 먹거리를 판매하고 있다. 퀄리티 좋은 소스, 팬케이크 가루, 꿀 등을 구입할 수 있다.

**현지인의 쇼핑센터**
## 퀸 카아후마누 센터 Queen Ka'ahumanu Center

카훌루이에 있는 퀸 카아후마누 센터는 총 120여 개의 상점이 밀집해 있고 영화관 시어스Sears와 미국 백화점 브랜드인 메이시스Macy's까지 영업 중이다. 마우이 최고의 쇼핑센터로 손꼽힌다. 애플, 스타벅스, 로스가 있고 로컬 브랜드가 많다. 푸드코트도 이용하기 좋다.

**Info**

**주소** 275 West Kaahumanu Ave. Kahului
**운영시간** 10:00~19:00
**위치** 카훌루이 공항에서 10분
**주차정보** 무료
**주차좌표** VGQF+8J 카훌루이 하와이

# KAUAI

## 카우아이

하와이 제도에서 가장 오래된 섬이자 하와이에서 네 번째로 큰 섬이다. 섬의 약 3%만 개발되었을 정도로 하와이 태초의 모습을 고스란히 간직하고 있다. 절벽, 협곡, 폭포가 어루어진 풍경이 압도적이다. 상상을 초월하는 웅장한 대자연의 모습은 다른 하와이 섬들에 비해서도 독특한 매력을 품고 있다. '정원의 섬Garden Isle'이라는 수식어가 늘 따라다니는 곳이기도 하다.

아름다운 해안 절벽이 이어진 나 팔리 코스트Na pali Coast, 거칠고 험한 칼랄라우 트레일Kalalau Trail 코스, 태평양의 그랜드 캐니언이라 불리는 와이메아 캐니언 Waimea Canyon 등 때묻지 않고 가공되지 않은, 원시의 힘이 고스란히 느껴지는 곳들이 많다. 〈캐리비안의 해적〉, 〈쥬라기 공원〉, 〈킹콩〉, 〈인디아나 존스〉, 〈디센던트〉 등 할리우드 영화 촬영지로도 유명하다.

'태초의 자연'이라는 표현이 어쩌면 식상하게 느껴질 수도 있다. 그러나 이 표현은 카우아이를 말할 수 있는 가장 적절한 말이다. 계곡이나 폭포 어딘가에서 공룡이 슬금슬금 걸어나온다고 해도 이상하지 않을 것 같은 카우아이. 하와이의 그랜드 캐니언이라 불리는 와이메아 캐니언은 카우아이 여행자가 꼭 들러야 할 필수 코스다.

# ■ 어서 와~ 카우아이 공항은 처음이지? ■

카우아이섬 남동쪽에 리휴 Lihue Airport 공항이 있다. 깊은 계곡과 초록이 무성한 풍경 속에 자리했다. 공항이 아담해서 게이트로 나오면 한눈에 다 들어온다. 나와서 바로 보이는 건너편이 주차장인데, 주차장을 지나면 렌터카 영업소가 있다.

## 카우아이 리휴 공항 렌터카 인수 & 반납

캐리어를 찾아 게이트로 나와 길을 건넌 후 본인이 예약한 렌터카 회사의 셔틀버스를 탑승한다. 렌터카 오피스가 매우 가까워서 2분 정도면 충분히 도착한다. 예약한 렌터카 회사 오피스에서 차량 인수증을 받고 주차 번호를 확인한다. 렌터카 오피스와 주차장이 같이 있어 한눈에 보인다. 반납할 때도 같은 주차장으로 돌아오면 된다. 키를 차에 두고 내리면 반납 완료!

### tip

**카우아이 운전 시 주의할 점**
카우아이에는 일차선 도로가 많다. 신호등이 거의 없고 도로가 좁은 일차선 양방 도로다. 교차로도 많지 않다. 차가 없다고 교차로를 그냥 지나치지 않도록 주의하자. 도로 표지판을 주의해서 보고 다닐 것. 특히 다리 위 일차선 도로에서는 반대편의 마주오는 차량에 주의해야 한다.

## 카우아이 공항에서 대중교통 이용하기

### 택시

일반택시 및 우버, 리프트 모두 사용 가능하다. 공항에서 택시를 이용할 때는 택시 승차장에서 탑승하면 되고, 그 외 지역에서 일반택시를 이용할 때는 전화 혹은 홈페이지에서 픽업이 가능하다. 우버와 리프트는 약 10~20% 정도 저렴하다. 버스 등 다른 기타 대중교통은 추천하지 않는다.

### 대략적인 택시 요금
리휴 공항 → 포이푸 지역 $45~55
리휴 공항 → 와일루아 지역 $25~30
리휴 공항 → 프린스빌 지역 $90~120

# 열대우림의 독특한 자연,
# 카우아이 핵심 여행 추천 일정

카우아이는 적어도 1박 2일을 기본으로 여행할 것을 추천한다. 하지만 일정이 짧아 하루만 돌아볼 수 있다면 핵심이 되는 와이메아 캐니언에서 나 팔리 코스트 주립공원까지 드라이브를 해야 한다. 카우아이의 그랜드 캐니언이라고 부르는 거대한 협곡을 꼭 봐야 하기 때문. 1박 2일의 시간이 허락된다면 동부 쪽 비치를 따라 북부의 나 팔리 코스트까지 올라갈 수 있다. 카우아이는 킹콩, 쥬라기공원, 아바타, 혹성탈출 등 많은 영화를 촬영한 곳인데 동부의 하날레이는 조지클루니 주연의 〈디센던트〉와 유명 서퍼 베써니 해밀턴의 〈소울서퍼〉 메인 영화 촬영지이니 꼭 들러갈 것!

## 하루 핵심 코스

최대한 일찍 서둘러서 중북부 와이메아 캐니언 주립공원으로 가자. 그래야 조금이라도 여유 있게 움직일 수 있다. 하루 일정에서는 와이메아 캐니언에서 남부까지 돌아보며 시간을 보내는 방법이 최선이다. 아니면 헬리콥터로 중부에서 북부의 나 팔리 코스트를 돌아보고 차로 동부부터 북부까지 렌터카로 돌아보는 방법도 있다. 하루에 두 가지 다 할 수는 없으니 둘 중 하나의 코스를 선택할 것.

리휴 공항

↓ *50km, 1시간*

와이메아 캐니언 주립 공원부터 칼랄라우 전망대까지 드라이브

↓ *32km, 45분*

쉬림프 스테이션에서 점심 식사

↓ *11km, 14분*

카우아이 커피 컴퍼니

↓ *16km, 18분*

포이푸 비치 파크

↓ *10km, 10분*

트리 터널

↓ *12km, 12분*

리휴 공항

## 1박 2일 기본 코스

카우아이에서 1박 2일은 비치 지역인 동부에서 북부, 남부에서 나 팔리 코스트가 있는 북부까지 하루씩 잡고 움직일 수 있다. 1일차는 바다를 즐길 수 있는 코스인 동부~북부, 2일차는 드라이브를 즐기는 남부~북부 일정을 추천한다. 헬기 투어를 할 예정이라면 날씨 때문에 미뤄질 수 있으니 첫날 이른 시간으로 예약하는 게 좋다.

### 1일차

카우아이 공항

↓ *10km, 10분*

와일루아 폭포 전망대

↓ *20km, 25분*

카파아 마을 돌아보고 브런치 즐기기

↓ *26km 26분*

애니니 비치 스노클링

↓ *10km 17분*

하날레이 베이 룩아웃

↓ *8km 14분*

하날레이 베이 타운 & 비치

↓ *11km, 22분*

터널스 비치 파크

↓ *2.5km, 6분*

케에 비치(예약 필수)

### 2일차

와이메아 캐니언 주립 공원부터 칼랄라우 전망대까지 드라이브

↓ *32km, 45분*

쉬림프 스테이션 런치

↓ *10km, 12분*

하나페페 스윙 브리지

↓ *3.5km, 5분*

카우아이 커피 컴퍼니

↓ *17km, 25분*

스파우팅 호른

↓ *5km, 10분*

포이푸 비치

↓ *10km, 10분*

트리 터널

↓ *12km, 12분*

리휴 공항

원시 대자연 속으로

# 카우아이 중부에서 북부까지

중부에서 북부까지 코스는 와이메아 캐니언과 나 팔리 코스트가 메인이다. 신비한 원시의 풍경이 펼쳐지는 곳! 눈앞에 영화 〈쥬라기 공원〉 속 거대한 공룡이 금방이라도 튀어나올 것만 같다. 컴퓨터 그래픽 속으로 빨려들어간 것처럼 비현실적인 공간 속에서 맘껏 드라이브를 즐겨보자. 사람 손이 닿지 않은 섬이라 도로도 딱 하나뿐이다. 그저 눈앞에 펼쳐진 길을 따라 달리기만 하면 된다.

카우아이 관광 끝판왕

# 나 팔리 코스트

Na Pali Coast

나 팔리 코스트는 자연의 신비로움을 그대로 간직하고 있는 계곡이다. 카우아이의 북서해안을 따라 장장 21km나 펼쳐져 있다. 깎아지른 듯한 절벽과 그 절벽에 부딪혀 하얗게 부서지는 파도, 시시각각 날씨에 따라 다른 모습을 보여주는 하늘이 서로 어우러져 빼어난 절경을 연출한다. 보는 사람을 감동으로 흠뻑 취하게 할 정도다.

나 팔리 코스트를 관광할 수 있는 방법은 제한적이다. 비용과 노력에 따라 여행할 수 있는 범위가 달라진다. 가장 저렴한 방법은 렌터카로 칼랄라우 전망대까지 가는 것. 아쉽지만 협곡의 초입만 볼 수 있다. 조금 더 가까이 협곡을 느끼고 싶다면 트레킹을 할 수 있다. 그러나 기본 체력이 필요하며, 예약을 해야만 가능하다. 원한다고 누구나 다 도전하기는 어렵다. 남은 방법은 헬기 투어와 카타마란 투어이다. 비용은 비싸지만 비싼 만큼 커다란 감동을 얻을 수 있다. 취향에 따라 본인에게 맞는 여행 방법을 골라보자. 중요한 것은 어떤 방법으로든 꼭 보고 와야 후회하지 않는다는 사실!

자동차로 돌아보는

# 와이메아 캐니언 Waimea Canyon

구불구불 산길 사이로 펼쳐지는 경이롭고 웅장한 협곡 풍경. 와이메아 캐니언은 소설가 마크 트웨인이 하와이의 그랜드 캐니언이라 이름 붙인 곳이다. 붉은 빛깔의 계곡들과 초록빛의 울창한 숲이 곳곳에 있고, 드문드문 보이는 물줄기들이 살아 있는 계곡 같다. 하와이의 그랜드 캐니언이라고들 하지만 그랜드 캐니언보다 생동감은 한 수 위다.

와이메아 캐니언 드라이브와 코케에 로드와의 합류 지역부터 약 6km를 더 달리면 오른쪽에 와이메아 캐니언 전망대가 나타나며, 여기서 다시 약 8km를 가면 코케에 주립공원에 닿는다. 이곳에서는 자연역사 박물관 관람과 더불어 허가증 발급(www.hawaiistateparks.org/camping/fees.cfm) 후 캠핑을 즐길 수 있다. 550번 도로가 끝날 때 즈음에는 나 팔리 코스트의 일부가 보이는 칼랄라우 전망대Kalalau Lookout가 나온다. 여기 중간 지점에 있는 푸우 히나히나 전망대Puu Hinahina Lookout까지 섭렵하면, 구불구불한 산길을 넘어온 가치를 깨닫게 될 것이다. 오후에는 계곡에 그늘이 드리워져 사진이 예쁘게 나오지 않으니 오전에 갈 것을 추천한다. 와이메아 캐니언의 드라이브 코스는 왕복 60km 정도이다. 커브와 오르막길이 이어지므로 기름은 넉넉히 채우고 주의하여 운전하는 게 팁이다. 입장료와 주차료는 키오스크에서 셀프로 결제한다. 아래 주차장 중 한 곳에서만 결제하면 된다. 결제 후 받은 영수증을 운전대 위 대시보드에 잘 보이게 올려두면 된다. 여행자 센터가 없지만 관리자가 주차장을 모니터링 하고 있으니 잊지 말고 결제할 것. 신용카드만 결제 가능. 예약을 미리 하지 않아도 된다.

## 키오스크가 있는 주차장
· 와이메아 캐니언 전망대 Waimea Canyon Lookout 주차장
· 푸우 히나히나 전망대 Pu'u Hinahina Lookout 주차장
· 칼랄라우 전망대 Kalalau Lookout 주차장

※ 주차장이 있는 곳이 전망대 위치다.

**Info**

주소 Kokee Rd, Kapa'a
주차정보 $10
주차좌표 5923+FJ Kapa'a, 하와이
홈페이지 www.kokee.org

꿈엔들 잊힐리야, 하늘에서 내려다본 그 광경

# 나 팔리 코스트 헬기투어

나 팔리 코스트를 보는 방법 중 가장 인기 있는 것은 헬리콥터를 타고 하늘에서 보는 것이다. 보통 내륙부터 시작해 한 시간 정도 와이메아 캐니언Waimea Canyon과 나 팔리 코스트를 둘러볼 수 있다. 신들의 정원이라는 카우아이의 진가는 헬기가 이륙하자마자 피부 세포 하나 하나에서 생생히 느껴진다. 웅장하게 깎아지른 듯한 절벽, 가파르고 거대한 초록빛 산 사이사이로 떨어지는 셀 수 없는 계곡과 폭포! 신이 아니라면 인간은 감히 흉내낼 수 없는 풍경이다. 마치 아무도 모르게 신의 영역에 몰래 발을 들여놓은 것처럼 비현실적이다. 비록 비용이 좀 들긴 하지만 카우아이를 여행하는 여행자들이 꼭 감동을 느꼈으면 좋겠다. 돈이 아깝지 않을 것이다.

투어 요금은 온라인 예약 시 1인당 $300~350 정도이고, 대부분 공항 근처인 리휴Lihue에서 출발한다. 섬의 중부를 가로질러 와이메아 캐니언과 나 팔리 코스트를 돌아보는 데 50~55분 정도 걸린다.

## 추천 패키지 업체

• **사파리 헬리콥터스**
Safari Helicopters

Info

주소 3225 Akahi St, Lihue
요금 $309~
홈페이지 www.
safarihelicopters.com

• **블루 하와이안 헬리 콥터스**
Blue hawaiian Heli copters

Info

주소 3730 Ahukini Rd,
Lihue Airport
요금 $349~
홈페이지 www.
bluehawaiian.com

THIRD STEP

신선놀음이 따로 없네!

# 나 팔리 코스트 크루즈 투어

나 팔리 코스트를 즐기는 또 다른 방법은 크루즈 투어다. 따뜻한 햇볕 아래 일렁이는 푸른 태평양을 바라보며 일광욕을 즐기고, 나 팔리 코스트의 해안 동굴을 탐험하거나 스노클링을 하며 꿀 같은 시간을 보낼 수 있다. 해가 저무는 시간에는 선셋 디너 세일링도 인기. 천하 절경이라는 말조차 부족할 만큼 바다도 나 팔리 코스트도 임팩트 있는 모습을 볼 수 있다. 인생에 단 한 번, 허니무너에게 특히 강추다.

헬리콥터보다 저렴한 가격에 긴 시간 나 팔리 코스트를 자세히 볼 수 있다. 거센 파도가 치는 날이면 뱃멀미를 할 수도 있으니 나이 드신 부모님이나 아이들과 함께라면 피하는 게 좋다. 투어에 따라 여러 가지 옵션이 있고, 원하는 시간대와 일정에 따라 예약을 진행한다. 돌고래는 항상 볼 수 있고 10~4월 겨울 시즌에는 혹등고래 보기 일정도 포함된다. 날씨에 따라 취소되거나 미뤄지기도 하니 여행 일정이 넉넉한 여행자에게 추천. 여행 일정 중 가장 빠른 날짜로 예약을 잡아놓는 게 좋다.

원시의 숲 속에서 트레킹하기

# 칼랄라우 트레일 Kalalau Trail

카우아이에는 세상에서 가장 아름다운 등산로가 있다고 소문이 자자하다. 물론 그 뒤에는 가장 힘들고 위험한 등산로라는 말도 빠지지 않고 등장하지만 말이다. 명암이 공존하는 그곳이 바로 칼랄라우 트레일 Kalalau Trail 트레킹 코스이다.

헬리콥터나 배를 타고 보는 것에 뒤지지 않을 만큼 아름다운 풍경을 볼 수 있는 이 칼랄라우 트레일의 길이는 편도 17.8km(11mile)로, 왕복 1박 2일이 소요된다. 등반자를 위한 시설(편의점, 화장실, 대피소 등)이나 제대로 된 등산로조차 없는 원시적인 곳이라 텐트와 이틀간 마실 물과 식량, 조리기구까지 다 짊어지고 올라가야 한다. 산 타는 일을 달갑게 여기지 않는 사람에게는 두려운 코스겠지만 등산 마니아들 사이에선 이미 유명해서 꼭 한번 도전하고 싶은 코스로 손꼽힌다.

짧은 코스도 있다. 0.25mile, 0.5mile, 2mile 등 사이사이에 놓치기 아쉬운 아름다운 뷰 포인트들이 있으니 왕복 세 시간 코스인 하나카피아이 밸리Hanakapiai Valley까지만 '가볍게' 다녀오는 것도 좋은 방법이다. 칼랄라우 트레일은 북쪽 끝의 케에Kee 비치에서 시작한다. 캠핑하는 사람은 반드시 허가를 받아야 하며, 모든 여행자는 입장권과 주차장을 예약해야 한다. 비가 잦고 습한 곳이니 가벼운 산행이라도 방심하지 말고 등산화와 우비, 생수를 꼭 챙겨야 한다.

## 칼랄라우 트레일 트레킹 예약 정보

예약 날짜의 90일 전에 예약창이 오픈된다. 하루에 60명으로 제한된 인원만 예약이 가능해서 빠르게 마감된다.

- 주차장과 입장 예약 www.gohaena.com
- 캠핑 허가받는 곳 www.kalalautrail.com

**❶ 케에 비치 주차+칼랄라우 트레일 입장권 주차료 $10+1인 $5 입장료**

• 케에 비치의 주차장이 협소해서 가장 빨리 마감된다.

• 주차는 다음 세 타임 중 선택 가능

　오전 6시 30분~오후 12시 30분

　오후 12시 30분~오후 5시 30분

　오후 4시 30분~일몰

**❷ 셔틀 버스 + 칼랄라우 트레일 입장권 1인당 $40**

케에 비치 주차권을 예약 못한 여행자를 위해 인근 프린스빌, 하날레이에서 케에 비치로 이동하는 셔틀을 운행한다. 셔틀버스는 06:20~12:10까지 20~40분 간격으로 운행한다.

**❸ 도보로 이동하는 사람을 위한 입장권만 $5**

다음 세 가지 옵션 중 선택해서 예약 가능하다.

• 미리 예약을 하지 못했다면 당일 오전 7~8시에 취소된 티켓 확인이 가능하다.

• 취소는 48시간 이전까지 가능하다. 환불 수수료 10%

**칼랄라우 트레일 시작점 (케에 비치와 동일)**

Info
___

주소 Kuhio Hwy, Hanalei, HI
운영시간 07:00~18:30
주차좌표 6CC8+5W 하날레이 하와이

 tip

비치나 트레킹 코스 입구에 마트가 없다. 물이나 간식은 미리 챙길 것.

 tip

**영화 <퍼펙트 겟어웨이> 속 맛보기**

칼랄라우 트레일을 미리 경험하고 싶은 여행자에겐 영화 <퍼펙트 겟어웨이Perfect Getaway>를 추천한다. 칼랄라우 트레일의 지형이나 구석구석의 모습을 아름답고 웅장하게 보여주는 스릴러 영화이다.

카우아이 남부는 카우아이를 대표하는 바다와 특색 있는 마을, 커피농장까지 다양한 관광지가 오밀조밀 붙어 있다. 이동시간도 길지 않고 볼거리가 많아서 여행하는 재미가 있는 곳이다. 스노클링을 하며 거북이와 바다표범도 볼 수 있으니 해변에서 한갓진 시간을 보내기에도 좋다.

만만한 비치 놀이는 이곳에서!

## 포이푸 비치 파크 Poipu Beach Park

카우아이의 와이키키와도 같은 포이푸 비치는 가족 여행자를 위한 비치다. 초승달 모양의 길고 넓은 모래사장과 잔잔한 파도, 어른의 허리 정도밖에 되지 않는 수심, 그리고 바닷속을 노니는 거북이와 열대어 덕에 아이들과 함께하는 스노클링 스폿으로 주목받고 있다. 피크닉 시설도 잘 갖춰 바닷가로 소풍 온 분위기가 한껏 난다. 멸종위기에 처한 몽크바다표범이 종종 올라와 낮잠을 청하기도 하는 신기한 장소다. 운이 좋다면 눈앞에서 몽크바다표범을 볼 수도 있다. 단, 만나더라도 다가가 만지거나 플래시를 터트리며 사진을 찍어서는 안 된다. 벌금을 물 수 있으니 각별히 주의하자.

### Info

**주소** Poipu Beach Park, Koloa
**운영시간** 24시간
**요금** 무료
**주차정보** 무료
**주차좌표** VGFW+P5 콜로아 미국 하와이
**홈페이지** www.poipubeach.org

마법의 관문

## 트리 터널 Tree Tunnel

포이푸 비치가 있는 카우아이 남부로 들어가는 길에 지나게 되는 나무 숲이다. 백년이 넘은 유칼립투스 나무 500그루 이상이 하늘을 가릴 듯 길게 뻗어 터널을 만들었다. 이 길을 지나면 뭐가 나올까, 여행자의 기대를 자극하는 마법의 관문이다. 좁은 2차선 도로라 차를 세울 수가 없어 내려서 사진을 찍지는 못한다. 어쩌면 그래서 더 소중한 풍경인지도 모르겠다.

### Info

**주소** 520 Maluhia Rd, Koloa
**운영시간** 24시간
**요금** 무료

### Info

**주소** 2100 Hoone Rd. Poipu Beach, Koloa
**운영시간** 11:00~21:00, 일 16:00~21:00
**주차정보** 포이푸 비치 파크 주차장 무료
**주차좌표** VGFW+P5 콜로아 하와이
**홈페이지** www.brenneckes.com

편안하고 부담 없는 식당

## 브레넥스 비치 브로일러 Brennecke's Beach Broiler

카우아이는 리조트를 벗어나면 크고 유명하고 화려한 레스토랑을 찾아보기 힘들다. 그나마 있는 거라곤 사람들이 좀 모이는 자그마한 마을에 작은 레스토랑 몇 개가 전부다. 그런 곳에도 꽤 알려진 맛집이 있으니 바로 포이푸 비치의 브레넥스 비치 브로일러. 해변가에서 가장 먼저 눈에 띄는 목조 건물로, 2층 창 너머 포이푸 비치가 한눈에 다 들어온다. 비치에서 놀다가 비키니 차림으로 들어가도 전혀 부담스럽지 않은 캐주얼 레스토랑이다. 오동통한 흰살 생선이 들어간 피시앤칩스나 햄버거 등을 가볍게 먹기에 좋다.

카우아이 전설 속의 드래곤

# 스파우팅 호른 Spouting Horn

용암 속에 갇힌 도마뱀의 울음소리! 하와이 바닷가에는 용암 구
멍에서 물이 뿜어져 나오는 관광지가 많다. 그중에서도 다른 어
떤 섬의 물기둥보다 특히 크고 강력한 곳이 있다. 포이푸 비치
서쪽으로 약 5km 떨어진 곳에 있는 스파우팅 호른! 예전에는
50m씩 올라오는 이 바닷물 기둥 때문에 근처에 있던 사탕수수
농장이 피해를 입을 정도였다고 한다. 다이너마이트로 용암을
폭파해 겨우 물기둥의 높이를 낮추어 지금의 모습이 되었다고.
스파우팅 호른에서 물기둥이 솟아오를 때는 '뿌우우' 하는 소리
가 들린다. 전설에 따르면, 사람을 잡아먹는 커다란 도마뱀이 수
영하는 사람을 잡아먹기 위해 그 구멍에 들어갔다가 갇혀버렸고,
그때부터 도마뱀이 배 고프고 답답할 때마다 그런 소리를 내는 것
이라고 한다. 하와이의 독특한 풍경이 있는 곳에는 대부분 흥미
로운 전설도 하나씩 전해지기 때문에 알고 가면 더 재미있다.
일출이나 일몰 때 물기둥이 햇살에 반사되면 더 멋져 보이므로,
시간대를 잘 맞춰 가자. 같은 장소에 가더라도 타이밍을 어떻게
맞추느냐에 따라 몇 배 더 근사한 물기둥을 볼 수 있다.

**Info**

**주소** Lawai Rd. Koloa
**요금** 무료
**주차정보** 무료
**주차좌표** VGP4+5F 콜로아 하와이

하와이 커피 이인자

# 카우아이 커피 컴퍼니 Kauai Coffee Company

빅아일랜드에는 코나 커피농장이 있고 카우아이에는 카우아이
커피 농장이 있다. 1800년대 설탕 농장이었던 곳을 1987년부터
커피 농장으로 탈바꿈했다. 이미 세계적으로 유명한 코나 커피를
따라잡기 위한 각고의 연구와 노력으로 짧은 시간 내에 눈부신
발전을 했다. 현재 단일 브랜드로는 미국에서 가장 많은 커피를
수확하는 브랜드로 자리를 잡았다. 커피 재배부터 로스팅, 포장
까지 친환경적인 생산방식인데다가 커피 퀄리티도 높다. 가장 좋
은 것은 코나 커피보다 훨씬 저렴하게 100% 카우아이 커피를 구
입할 수 있다는 것. 무료 농장 투어도 가능하고 커피 시음 및 구
입도 할 수 있다.

**Info**

**주소** 870 Halewili Rd, Kalaheo
**운영시간** 09:00~17:00, 토 · 일 10:00~16:00
**주차정보** 무료
**주차좌표** VCXQ+XH 칼라헤오 하와이
**홈페이지** www.kauaicoffee.com

릴로가 자란 마을입니다

## 하나페페 타운 Hanapepe Town

제 1차 세계대전 때 생겨난 마을이다. 마을이 생겨난 지 110년이 지
났지만 지금까지 그때의 건물이 단 한 채도 변함없이 남아 있다. 디즈
니 애니메이션 〈릴로와 스티치〉에 등장하는 마을의 모티브가 되기도
했다. 릴로가 자란 하와이 마을이 바로 이곳이다. 현재는 아트 갤러리
가 많이 들어서 있고 매주 금요일 오후 5시부터 9시까지 공예가, 조
각가, 화가들의 갤러리와 스튜디오를 개방하는 아트워크가 열린다.
열렬한 디즈니 팬이라면 릴로와 스티치 벽화를 찾아볼 것. 흔들흔들
스릴 넘치는 스윙 브리지를 넘어 북쪽 마을로 연결된다.

### Info

**주소** Hanapepe, HI
**주차정보** 마을 곳곳에 무료 주차장
많음
**주차좌표** WC67+H8 하나페프

유니크한 풍경

## 솔트 폰드 비치 공원 Salt Pond Beach Park

천연 염전이 있는 바다다. 이곳에 있는 염전은 전통 방식 그대로 소금을
제조하고 있다. 판매 목적이 아닌 하와이 전통과 문화를 보호하기 위해
특별히 관리하는 지역이다. 열일곱 개의 현지인 그룹이 각자의 구역에
서만 소금을 생산하고 있으며 외지인이 일할 수 없게 규제하고 있다. 바
다는 동글동글한 베이로 이루어져 파도가 거의 없이 잔잔하다. 아이들
과 함께 가서 시간을 보내기 좋은 곳. 도시락을 싸들고 선셋 시간 피크
닉을 즐기기 최적의 장소이다. 바다표범도 자주 출몰한다.

### Info

**주소** Salt pond Rd, Eleele
**운영시간** 24시간
**요금** 무료
**주차정보** 무료
**주차좌표** W92R+6V 엘릴

섬의 동쪽에서 북쪽으로 56번 도로를 타고 오르면 고대 하와이의 전설이 가득한 주립공원
부터 카우아이 주민이 가장 많이 거주하는 카파아 마을, 다양한 풍경의 해안선을 볼 수 있
다. 동쪽의 잔잔한 풍경으로 시작해서 북쪽으로 오를수록 거칠고 거대한 풍경으로 바뀌어
간다. 중부~북부 드라이브로 만났던 나 팔리 코스트를 이 길 북쪽 끝에서도 볼 수 있다. 와
이키키에서는 상상하지 못한 하와이의 천혜 자연을 볼 수 있다. 깊은 초록이 가득한 풍경이
라서 카우아이는 '정원의 섬'으로 부른다.

THIRD STEP

고대의 신비가 되살아나는 강과 폭포

# 와일루아강 주립공원 Wailua River State Park

길이 32km에 달하는 이곳은 카우아이섬에서 가장 폭이 넓고 긴 강이다. 많은 여행자가 강을 거슬러 오르며 탐험을 즐기는 곳. 미국 전역에서도 가장 강우량이 많은 와이알레알레산Waialeale Mt. 기슭에 자리하고 있어 하루에도 몇 번씩 비가 오락가락 하는 곳이다. 덕분에 전망대에 서면 풍부한 수량의 와일루아강과 폭포를 감상할 수 있다. 27m 높이에서 떨어지는 폭포는 두 줄기로 흘러내려 쌍둥이 폭포라고도 한다. 강 수량이 많을 땐 한 줄기로 합쳐지기도 한다. 고대 하와이 남자들은 자신의 용맹함을 증명하기 위해 물줄기와 함께 뛰어내리기도 했다. 와일루아강을 즐기는 방법은 여러 가지인데 하이킹과 카약이 가장 인기다. 리버크루즈를 타고 강을 탐험할 수도 있다.

앤티크한 농장의 저택

# 킬로하나 Kilohana

킬로하나 농장 저택은 1936년 사탕수수밭을 소유했던 게일로즈 P. 윌콕스Gaylord Parke Wilcox가 세운 저택이다. 넓은 정원과 그 안을 도는 기차만 보아도 얼마나 으리으리한 저택인지 알 수 있다. 이곳은 하와이가 농장으로 번성할 때 지어진 저택 중 가장 훌륭하게 남아 있는 건축물로, 1974년 국립 역사 유적지, 1993년 하와이의 역사적 상징물로 등록되었다. 지금은 관광객을 위해 내부를 레스토랑과 숍으로 리노베이션하였다. 저택의 정원에 위치한 고급 다이닝 레스토랑인 플렌테이션 하우스와 하와이 프리미엄 럼주 콜로아 럼Koloa Rum의 테이스팅 룸을 이용할 수 있다. 거실과 침실은 각각 칵테일 바와 기념품 숍으로 둘러볼 수 있고 정원을 한가로이 거닐며 당나귀와 염소, 말 등의 농장 동물과 시간을 보내도 좋다. 기차를 타고 농장 한 바퀴를 둘러보는 것도 추천. 기차는 인터넷으로 미리 예약하면 10% 할인받을 수 있다.

Info

주소 Kuhio Hwy. Kapaa
주차정보 갓길 주차 무료

오래 머물고 싶은 마을
# 카파아 Kapa'a

어딜 가나 한적하고 호젓한 카우아이지만 카파아는 늘 활기가 넘친다. 리휴 공항에서 북쪽으로 10분 정도 올라가면 나타나는 이곳은 카우아이에서 주민이 가장 많이 사는 마을이다. 또한 동쪽의 관광지로 가는 길목에 위치해 있어 여행자들도 대부분 들러간다. 마을 전체가 파스텔톤 목조 건물로 빈티지한 분위기를 풍긴다. 현지인들만의 고유한 향이 진하게 얹혀져 구경하는 재미가 있다. 한때 배낭여행이 유행할 때엔 호스텔과 게스트하우스가 많아 장기여행자들이 모여들던 동네였다. 현재는 여행 트렌드가 바뀌며 저렴한 호스텔은 사라졌으나 여전히 다른 지역에 비해 호텔이나 에어비앤비의 가격이 싼 편이다.

ABC 스토어를 비롯한 잡화점, 레스토랑, 카페, 작은 기념품 숍 등이 밀집되어 있고 카파아 비치 파크 Kapa'a Beach Park 주변으로 난 자전거 도로에서 자전거를 타거나 공원에서 휴식을 취하는 등 시간 보낼 곳도 많다. 오래 머물수록 매력이 돋보이는 마을이다. 때때로 주민들의 이벤트인 파머스마켓, 아트 페스티벌 등이 열리며 여행자에게 뜻밖의 즐거움을 선사한다.

**tip**

## 카파아의 특별한 하루!

매달 첫 번째 토요일, 카파아의 쿠히오 하이웨이Kuhio Hwy.에서는 오후 6시부터 밤 9시까지 올드 타운 카파아 아트 워크Old Town Kapa'a Art Walk 페스티벌이 열린다. 길거리에 로컬 숍들과 푸드트럭이 모여들고, 거리 공연이 펼쳐지는 흥겨운 분위기 속에서 현지인과 문화 교류를 즐길 수 있다.

카우아이의 NO.1 햄버거집

# 부바 버거 Bubba Burgers

"부바 버거는 먹었니?"

현지인들에게 카우아이에 다녀왔다고 하면 흔히 듣는 질문이다. 부바 버거는 80년 이상 카우아이의 대표 햄버거집 타이틀을 유지해 오고 있는 곳이다. 최근 여러 유명 체인 버거집과 레스토랑이 들어오며 예전만큼의 명성은 아니지만, 그래도 하와이 사람들은 여전히 이곳을 카우아이의 NO.1 맛집으로 꼽는다. 재료는 카우아이산 쇠고기 100%로 만든 패티와 신선한 채소가 전부. 수십 년간 마요네즈와 케첩으로만 맛을 낸 옛날식 버거를 고집해 왔으나, 최근 데리야키 버거나 빅 버거, 핫도그 등 여러 종류의 소스를 추가한 새 메뉴가 개발되었다. 하지만 역시나 얇고 자그마한 오리지널 부바 버거Bubba Burger는 부동의 인기를 자랑 중! 건강하고 촉촉한 햄버거에 단맛이 좋은 카우아이산 어니언링의 바삭한 식감이 무척 잘 어울린다.

## Info

**주소** 4-1421 Kuhio Hwy, Kapa'a
**운영시간** 10:30~20:00
**위치** 카파아 마을에 위치
**주차정보** 무료
**주차좌표** 3MGM+W5 Kapa'a, 하와이
**홈페이지** www.bubbaburger.com

## Info

**주소** Princeville, HI
**운영시간** 24시간
**요금** 무료
**주차정보** 무료
**주차좌표** 6GC3+JF 프린스빌 하와이

럭셔리 스멜 폴폴~

# 프린스빌 Princeville

절벽 위에 자리한 럭셔리 리조트와 골프클럽 단지이다. 리조트 단지이지만 마을처럼 형성이 되어 있어 누구나 렌터카로 출입이 가능한데 잘 가꾸어 놓은 조경과 절벽에서 보는 풍경 덕분에 차로 드라이브만 해도 눈호강을 톡톡히 할 수 있다. 북쪽으로 드라이브 하는 길에 위치해 있으니 빼먹지 말고 목적지에 추가하도록 하자. 프린스빌 끝까지 차를 타고 달리며 풍경을 감상한 후 근처 비치에 들르는 것도 좋다. 프린스빌 안에 숨겨진 해변은 아는 사람들만 아는 곳이다. 하이드어웨이 비치Hideaways Beach나 여왕의 목욕터 Queen's Bath라는 이름이 붙은 천연 용암 욕조에서 스노클링도 즐길 수 있다. 두 비치를 갈 땐 절벽 아래로 내려가는 길이라 약간의 체력을 요한다. 카우아이에서 가장 근사한 뷰를 차지한 리조트 단지이니 기대하고 가시길.

**Info**

**주소** Anini Beach, Kalihiwai
**운영시간** 24시간
**요금** 무료
**주차정보** 무료
**주차좌표** 6HF3+M9 킬라우에야
하와이
**홈페이지** www.kauai.gov

이름조차 사랑스러워

# 애니니 비치 Anini Beach

낮은 수심, 잔잔한 파도, 해변에 늘어선 나무로 늘 많은 사람들에게 즐거움과 평화로움을 선물해 주는 곳이다. 무엇보다 현지인에게 사랑을 듬뿍 받는 해변! 비치의 모래사장이 짧아 바다에 들락거리기 편하고 해변 가까이 낮은 나무가 가득해서 그늘도 넉넉하다. 또한 얕은 바다 앞에 산호초가 있어 누구나 스노클링을 쉽게 할 수 있기 때문이다. 여행자가 많지 않은 곳이고 비치가 길어서 사람보다 열대어, 거북이의 수가 압도적으로 많은 곳. 아직 한 번도 스노클링을 해보지 않은 사람이라면 이곳을 추천한다. '스노클링이 세상에서 가장 쉬웠어요!' 라는 말이 절로 나올 것이다. 캠핑장도 있다. 캠핑장 이용 시에는 사이트에서 퍼밋을 받아야 한다.

하와이 최북단!

# 킬라우에아 등대 Kilauea Lighthouse

꼭 가봐야 할 카우아이 인기 명소다. 카우아이 홍보 사진으로 자주 등장하는 이곳은 빨간 지붕의 등대와 함께 국립 야생동물 보호지역으로 유명하다. 일 년에 50만 명 이상의 방문객이 다녀갈 정도다. 거센 파도에 깎인 용암 절벽과 그 끝에 당당하게 선 등대, 야생 조류들이 날아다니는 모습은 엽서 속 그림처럼 찬란하게 빛난다. 운이 좋다면 겨울에 혹등고래를 볼 수도 있고, 절벽 아래 놓인 모쿠아에아에Mokuaeae라는 바위 섬에서는 가끔 멸종위기에 처한 몽크바다표범도 쉬어간다. 55m 높이의 빨간 지붕 등대는 세워진 지 백여 년이 넘어 더 이상 등대의 기능을 하지 않지만, 그림 같은 풍경을 자아내기에 인증샷 촬영 명소로 사랑받는다. 입장을 하지 않아도 밖에서 등대와 바다 풍경을 충분히 볼 수 있다.

**Info**

**주소** 3580 Kilauea Rd, Kilauea
**운영시간** 10:00~16:00, 일·월·화
휴무
**요금** $10, 16세 이하 무료
**주차정보** 무료
**주차좌표** 6HJX+M6 킬라우에야
하와이
**홈페이지** www.kilaueapoint.org

THIRD STEP

소박하고 평온한 마을
# 하날레이 비치 Hanalei Beach

영화 〈디센던트〉와 〈소울 서퍼〉의 배경이 된 곳. 항상 안개가 자욱하게 끼어 있는 카우아이 북쪽 산기슭 아래에는 푸르른 토란밭이 눈을 편안하게 정화해 준다. 하와이 전통 음식 포이Poi의 주재료인 토란 대부분이 하날레이에서 생산된다. 국립 야생생물 보호구역이기도 한 하날레이의 토란밭을 가로지르는 하날레이강을 건너면 자그마한 하날레이 마을이 나온다. 생긴 지 백 년이 훌쩍 넘은 이 마을은 카우아이에 사는 사람들에겐 만남의 장소로 통한다. 56번 도로 끝에 위치한 쇼핑센터 칭영 빌리지Ching Young Village, 목조 건물이 인상적인 하날레이 인Inn을 비롯해 자그마한 호텔과 B&B들도 있어 하루쯤 머물며 쉬어가기에 좋다. 주택가를 지나면 카우아이 최대 규모인 하날레이 베이와 비치가 펼쳐지는데, 이곳이 바로 영화 〈디센던트(2011)〉와 〈소울서퍼(2011)〉의 주 촬영지이다.

## Info

**주소** Hanalei Beach
**주차정보** 무료
**주차좌표** 6G73+5G 하날레이 하와이
(하날레이 베이)
**홈페이지** www.hanaleiinn.com

---

**tip**

**하날레이 즐기는 방법**
**첫째,** 도로가 하나뿐인 북쪽 케에 비치 Ke'e로 가는 길에 하날레이 밸리 전망대에서 풍경 감상하기
**둘째,** 칭영 빌리지에서 간단하게 식사한 후 케에 비치까지 갔다오기
**셋째,** 돌아오는 길에 하날레이 비치에서 선셋 보기
이 정도의 일정을 잡으면 가장 멋진 하날레이를 즐길 수 있다.

---

달콤하게 쉬는 시간
# 조조스 쉐이브 아이스 Jojo's Shave Ice

빨강, 노랑, 파랑 보기만 해도 입맛 당기는 하와이 아이스크림을 사진으로라도 본 적이 있을까? 색이 곱고 탐스러운 조조스 쉐이브 아이스는 누가 봐도 한 번쯤은 꼭 먹어보고 싶게 생겼다. 딸기맛, 바나나맛, 바닐라맛 등 색마다 다른 맛의 시럽을 뿌려주며, 프루티스페셜을 주문하면 모든 맛이 섞인 화려한 색상의 아이스크림이 나온다. 쉐이브 아이스 가게마다 모두 다른 레시피를 가지고 있는데, 조조스는 얼음 아래 숨겨 놓은 마카다미아 아이스크림이 포인트다.

## Info

**주소** 5-5190 Kuhio Hwy, Hanalei
**운영시간** 11:00~20:00
**위치** 하날레이 칭영빌리지
**주차정보** 무료
**주차좌표** 6G33+53 하날레이 하와이
**홈페이지** www.jojosshaveice.com

나 팔리 코스트가 펼쳐진

# 케에 비치 파크 Ke'e Beach Park

북쪽 끝 막다른 길에 위치한 카우아이의 필수 코스다. 비치뿐 아니라 칼랄라우 트레일 코스의 시작점이다. 모래사장은 좁은 편이지만 비치의 좌측으로 장엄한 나 팔리 코스트가 펼쳐져 있고, 스노클링을 통해 용암 사이에 살고 있는 열대어도 만날 수 있다. 단, 파도가 거센 날이 많아 바다에선 항상 주의해야 한다. 케에 비치 파크는 예전부터 칼랄라우 트레일과 바다 이용자들이 많아 주차난이 심각했다. 그 때문에 현재는 주차와 입장이 예약제로 바뀌었다.

### Info

**주소** End of Rte. 560, Hanalei
**운영시간** 07:00~20:00
**요금** 무료
**주차정보** 칼랄라우 트레일 입장과 주차장
예약으로만 가능
**주차좌표** 6CCC+9MJ Wainiha
**홈페이지** www.gohaena.com (주차장과
입장 예약)

카우아이의 거대한 스노클링 포인트

# 터널스 비치 & 하에나 비치 파크
Tunnels Beach & Haena Beach Park

두 비치가 경계선 없이 이어져 있다. 물빛도 경치도 서로 비슷하다. 다만 하에나 비치 파크는 주차장과 샤워시설을 갖춰 여유롭게 수영을 즐기기 편하고, 터널스 비치는 거대한 산호초로 둘러싸여 있어 스노클링은 물론 다이빙 장소로도 유명하다. 터널스 비치의 바닷속에는 거대한 용암이 만든 동굴이 있고, 그 안엔 상어와 몽크바다표범, 거북이와 같은 다양한 생명체가 있다. 두 비치는 도보로 20~30분 해변을 따라 걸으면 닿는다.

### Info

**주소** 5-7652 Kuhio Hwy, Hanalei
**운영시간** 06:00~20:00
**요금** 무료
**주차정보** 무료 협소함
**주차좌표** 6C9M+X9 Kapa'a, 하와이

### 동굴 탐험 즐기기

하에나 비치 파크와 터널스 비치 사이에 '습한 동굴과 건조한 동굴 Wet and Dry Caves'이 있다. 각기 다른 개성이 있는 특별한 동굴 탐험을 즐길 수 있다. 입장료는 무료이고 자유롭게 드나들 수 있다.

FUU PEHE | KEAHIAKAWELO | FOUR SEASONS REASORT | LANAI CITY

# LANAI

## 라나이

부자들의 휴양지다. 값비싼 특급 리조트 포시즌스 호텔 두 곳 외에는 3,000명 정도의 라나이 현지인을 위한 마을 하나가 전부다. 미국 IT 업체 오라클의 CEO 래리 엘리슨이 라나이 땅의 지분 98%를, 하와이주가 2%를 소유하고 있는 특이한 섬이다. 흔히 '은둔의 섬'이라고도 불린다. 사유지처럼 섬 전체가 조용하기 때문에 붙여진 별명이다. 1994년 빌게이츠가 이 섬을 통째로 빌려 초호화 극비 결혼식을 하면서 세간에 큰 화제가 되었다. 지금도 꿈의 웨딩 플레이스로 손꼽힌다. 전 세계 리치 피플의 럭셔리한 휴양지로도 소문이 자자한 곳. 프라이빗한 라나이에서 격이 다른 럭셔리를 제대로 맛보자.

## ■ 어서 와~ 라나이 공항은 처음이지? ■

라나이는 오아후 혹은 마우이에서 항공으로 오가기도 하지만, 마우이에서는 페리로 이동할 수도 있다. 라나이 여행자의 대부분은 포시즌스 리조트 숙박을 위해서 이 섬에 간다. 물론 포시즌스 리조트에 숙박하지 않아도 여행은 가능하지만 이는 특별한 경우에 속할 정도다. 때문에 공항 시설이나 섬 내에서의 교통 등 여행에 필요한 거의 모든 것을 포시즌스 리조트에서 핸들링하고 있다. 포시즌스 리조트에 머물지 않는다면 택시 혹은 마을의 하나뿐인 달러 렌터카에서 차량 렌트가 가능하다.

### 라나이 공항

라나이 공항은 게이트도 출국장도 하나뿐이다. 포시즌스 리조트 숙박객을 위해 비행기가 착륙할 때마다 리조트에서 픽업을 온다.

### 라나이 교통

포시즌스에 투숙한다면 공항에서 리조트로 이동하거나 리조트에서 골프장 또는 시티로 가는 셔틀을 모두 무료로 이용한다. 필요할 때마다 셔틀을 요청하면 된다. 숙박객이 아니라면 교통이 필요할 때마다 택시를 예약해야 한다. 우버는 운행하지 않는다.

**택시 예약**
홈페이지 www.lanai96763.com
전화 808- 649-0808

### 라나이 렌터카

리조트 내에서 지프jeep 차량 렌트가 가능하다. 시티에서 렌트를 해도 지프차를 렌트해야 한다. 섬의 도로 반 이상이 비포장도로이다. 하루만 차량을 빌리면 섬 안의 관광지 대부분을 돌아볼 수 있다.

**Info**

**주소** Puu Pehe, Lanai
**운영시간** 24시간
**요금** 무료
**위치** 홀로포에 비치에서 도보 10분

못다 이룬 사랑의 조각

# 푸우페헤 Puupehe (스윗하트 락 Sweetheart Rock)

라나이의 랜드마크 푸우페헤를 거닐어 볼까. 포시즌스 리조트 앳 마넬레 베이에서 이어지는 산책로를 따라
가면 라나이의 랜드마크인 하트 모양의 바위 푸우페헤를 볼 수 있다. 약 25m 정도 높이의 절벽을 슬슬 걸
어오르면 마우이와 푸우페헤의 장엄한 풍경이 한눈에 들어온다. 페헤라는 여인과 사랑에 빠진 라나이 전
사는 그녀와 절벽 동굴에서 숨어 지냈는데, 어느 날 페헤가 큰 파도에 휩쓸려 죽고 말았다. 그러자 페헤를
바위 절벽에 묻어주고 자신도 바다에 몸을 던졌다. 비극적인 전설이 남겨진 장소 푸우페헤는 스윗하트 락
Sweetheart Rock이라고도 부른다

신들의 불장난이 만들어낸

# 케아히아카웰로 Keahiakawelo

황량함과 신비로움 사이, 신들의 정원 같은 곳이다. 오렌지 빛깔의 흙, 그 위로 무심한 듯 아무렇게나 늘어
선 바위들, 그리고 서 있기조차 힘든 거센 바람. 이 황량한 풍경이 케아히아카웰로의 첫인상이다. 라나이의
서쪽, 고지대에서 수 세기에 걸쳐 침식작용으로 형성된 이 땅에는 신들이 손을 댄 듯 천상의 신비로움이 깃
들어 있다. '신들의 정원Garden of the Gods'이란 애칭으로도 불린다. 실제 원주민들 사이에서는 먼 옛날
몰로카이섬의 신과 '오래 불 피우기 대결'을 벌인 라나이섬의 신이, 더 이상 태울 것이 없어지자 이 땅까지
몽땅 태워버려 불모지로 만들었다는 전설이 전해 내려온다. 사륜구동 차량만 오를 수 있다.

**Info**

**주소** Keahiakawelo, Lanai
**운영시간** 24시간
**요금** 무료
**위치** 라나이 시티에서 약 40분

THIRD STEP

**Info**

**주소** Hulopoe Beach, Lanai
**운영시간** 24시간
**요금** 입장 및 샤워시설 무료
**위치** 포시즌스 리조트 라나이 앳 마넬레 베이에 위치

그저 아름답다는 말만으론 부족한

# 훌로포에 비치 Hulopoe Beach

파란색 물감을 은은하게 풀어놓은 것 같은 바다빛. '전미 최고의 비치', '베스트 하와이 비치'로 자주 선정되는 이력을 가지고 있다. 진주처럼 새하얀 백사장에 수정처럼 맑은 물빛이 보물과도 같은 곳이다. 스노클 마스크에 파란 필터를 끼워놓은 것만 같다. 바닷속을 들여다보면, 정말이지 본 적 없는 물빛에 감탄사가 절로 나온다. 포시즌스 리조트 라나이 앳 마넬레 베이의 소유이지만, 투숙객이 아니어도 누구나 이용할 수 있다. 바다 왼쪽으로는 푸우페헤로 향하는 길을 따라 화산암이 펼쳐져 있다. 화산암은 바닷속에서 천연 수영장을 만들어냈고, 그 안에는 형형색색 열대어와 바다생물이 가득하다. 한번 발을 들이면 다시 나가고 싶지 않을 정도다. 게다가 훌로포에 앞바다는 돌고래가 자주 출몰하고, 겨울이면 혹등고래를 만날 확률도 높다. 라나이섬에 왔다면 '갈까 말까' 고민할 게 아니 무조건 가야 한다.

### 포시즌스 리조트 투숙객이라면?!
포시즌스 리조트 라나이 앳 마넬레 베이에 묵는다면 수영복만 입고 비치로 나가면 된다. 스노클링 장비는 물론 비치 파라솔, 수건, 선크림까지 비치에서 모두 무료로 대여해 준다.

### Info

**주소** 1 Challenge Dr, Lanai
**요금** 방문 무료
**위치** 포시즌스 리조트 라나이 앳 마넬레
베이에서 훌로포에 드라이브를 따라 약 5분
**홈페이지** www.fourseasons.com

깎아지른 용암 절벽 위 짜릿한 골퍼들의 성지

# 마날레 골프 코스 Manale Golf Coursee

빌 게이츠가 선택한 웨딩 장소! 세계적으로 유명한 골퍼들에게도 성지로 불리는 이곳은 1993년 골프 황제 잭 니클라우스의 설계로 지어졌다. 골프 클럽이 왜 관광 코스인가 싶겠지만, 약 45m 높이 마넬레 베이 용암 절벽 위의 수려한 경치가 그 자체로 빛을 발하는 곳. 바라만 봐도 아찔한 절벽 위에 어떻게 이런 골프 클럽을 설계했을까 싶다. 코발트색 남태평양 바다와 그림 같이 어우러진 뭉게구름의 조합은 보고만 있어도 온몸을 짜릿하게 한다. 게다가 1994년 라나이섬을 통째로 빌린 빌 게이츠가 웨딩 마치를 올린 곳이 바로 이 골프 클럽. 그 뒤로 재벌들의 결혼식과 각종 파티 장소로도 사랑받고 있다.

포시즌스 리조트에서 운영하는 골프 클럽이라 원하는 시간을 예약한 뒤 무료 셔틀로 이동 가능하며, 골프를 치지 않아도 골프 클럽을 둘러보며 산책을 즐길 수 있다. 이름처럼 뷰가 근사한 클럽 하우스의 레스토랑 뷰에서 시간을 보내는 것도 좋다.

**tip**

### 특급 바다 뷰를 향해 샷을 날려보자!

18홀 모두 바다를 향해 샷을 날릴 수 있는 드라마틱한 전망을 제공한다. 5개의 티 로케이션 중 자신의 수준에 맞는 티샷을 골라 즐길 수 있으며, 호텔 예약 시에 홈페이지 혹은 호텔 체크인 시 리셉션에서 바로 예약할 수 있다. 투숙객은 연습장이 무료이다. 골프 클럽 무료 대여, 개인 골프 클럽 무료 배송, 연습공조차 타이틀 리스트 V1을 제공하는 등 서비스까지 명품이다.

## 라나이에서 맛보는 럭셔리의 정수

# 포시즌스 리조트
## Four Seasons Resort

라나이섬을 차지한 두 개의 포시즌스 리조트는 무엇을 상상하든 '상상 그 이상'이다. 그중 포시즌스 리조트 앳 마넬레 베이는 최고의 호텔에만 주어지는 AAA 다이아몬드 다섯 개를 수상하고, 미국의 유명 여행잡지 〈콘데 나스트 트래블러Conde Nast Traveller〉에서 '리더스 초이스 어워드 베스트 리조트'로 선정된 바 있다. 낮에는 극진한 대접을 받고, 밤에는 24시간 개방된 풀장에서 쏟아지는 은하수를 만끽하며 수영을 즐길 수 있는 곳이다. 천국도 이런 천국이 또 있을까? 남들과 다르게 좀 더 고급스럽고, 좀 더 비밀스러운 장소를 찾는 여행자들에게 꼭 추천하고 싶은 리조트다.

천국 같다는 게 바로 이런 것

## 포시즌스 리조트 라나이 앳 마넬레 베이
Four Seasons Resort Lanai at Manele Bay

훌로포에 비치를 끼고 있는 리조트. 라나이섬의 자연을 생생하게 느끼며 휴식과 세일링 다이빙, 승마까지 모험을 동시에 즐길 수 있다. 또한 하와이 최고의 스노클링 포인트로 소문난 훌로포에 바다를 프라이빗하게 이용할 수 있다. 종일 바다를 바라보며 수영장에서 어슬렁거려도, 바다에 첨벙 뛰어들어 스노클링을 즐겨도 좋다. 1mm의 오차도 없이 반듯하게 정리된 호텔 로비와 객실, 손님 하나하나 식성에 맞춰 준비되는 식사와 서비스, 침구까지 모두 최상급이다. 럭셔리의 진수를 확실히 체험할 수 있는 리조트로, 10~2월 앞바다에 출몰하는 혹등고래도 선베드에 누워 우아하게 볼 수 있으니 기대해도 좋다.

### Info

주소 1 Manele Bay Rd. Lanai City
전화 808-565-2000
위치 라나이 공항에서 440번 도로를 타고 약 20분
홈페이지 www.fourseasons.com/kr/lanai

완벽한 힐링의 공간 속으로

## 센세이 라나이 포시즌스 리조트 Sensei Lanai Fourr Seasons Resort

힐링과 테라피가 메인 테마인 리조트이다. '경이롭다' 라는 말은 광활한 자연을 볼 때만 나오는 말이라고 생각했는데 이곳 리조트에서도 '경이롭다' 라는 방언이 저절로 터진다. 지금껏 경험해 본 적 없는 극강의 힐링 서비스를 받을 때면 그야말로 감탄사 연발! 다양한 웰빙 클래스와 강의, 스파 트리트먼트 등의 리조트 프로그램이 있는데 웰니스 상담을 통해 투숙객 한 명 한 명에게 맞춤 서비스를 진행한다. 96개의 객실, 10개의 프라이빗 스파 공간, 풍경과 어우러진 프리즈 장식으로 영혼까지 쉴 수 있는 고요한 시간을 가질 수 있다. 라나이까지의 왕복, 이동 서비스 또한 모두 포함되어 있어, 예약한 순간부터 이미 황홀한 여행 준비가 끝난다. 물론 그만큼 숙박 비용도 높지만 비용의 가치를 모두 충족시키는 초럭셔리 호텔이다. 비싼 이용료만큼 다양한 서비스를 제공하니, 미리미리 객실 이용자를 위한 여러 가지 혜택을 확인하여 아낌없이 누리자.

### Info

위치 라나이 공항에서 440번 도로를 타고 약 12분
홈페이지 www.fourseasons.com/koele

# 포시즌스 리조트에서 즐길 수 있는 액티비티

리조트에만 머무는 여행은 지루할 것 같다? No~ 포시즌스 리조트에서 운영하는 다양한 액티비티와 함께면 하루가 훌쩍 흘러 1분 1초가 아깝다. 숙박만큼이나 고급스러운 액티비티를 경험해볼 수 있는 기회이다. 모든 액티비티는 리조트에서 직접 예약 가능하다.

### 선셋 크루즈

선셋 시간에 맞춰 하얀 돛이 근사하게 올라간 카타마란Catamaran을 타고 푸우페헤 앞바다를 약 3시간 동안 세일링하는 액티비티다. 마넬레 보트 하버Manele Boat Harbor에서 출발하며, 고급 샴페인과 칵테일, 와인과 파티 음식 등을 제공한다.

### 클레이 사격과 양궁

리조트에서 약 10분 정도 떨어진 리조트 어드벤처 센터에는 소나무가 늘어선 숲, 광활한 벌판, 깊은 협곡까지 모든 드라마틱한 풍광을 갖춘 사격장과 양궁장이 있다. 전문 사격 자격증을 가진 강사에게 강습을 받은 뒤 하늘로 날아오르는 클레이를 사격하며 스트레스를 날려보자. 양궁 역시 입문 레슨을 받은 후 하와이 전통 표적을 맞춰볼 수 있다.

### ATV 오프로드 드라이빙

대부분 길이 비포장도로인 라나이를 가장 생생하게 체험할 수 있는 방법. ATV로 흙먼지 폴폴 날리며 오르락내리락 낮은 산등성이를 달리는 코스. 숲 향기를 맡으며 라나이의 속살을 체험하기에 좋다.

### 승마

라나이 시티 근처에는 포시즌스 리조트의 승마장이 위치해 있다. 숲이 우거진 언덕과 골짜기를 따라 다양한 코스가 있는데 모든 연령대와 초보자부터 숙련자까지 수준에 맞게 이용할 수 있다.

영화 세트장 속을 거니는 듯

# 라나이 시티 Lanai City

라나이의 오직 하나뿐인 마을이다. 1900년대 초반, 라나이섬이
돌Dole 사의 파인애플 농장으로 이용됐던 시기에 생겨난 마을이
다. 고지대에 위치한 덕분에 항상 선선하고 건조한 날씨를 유지
한다. 라나이섬 주민 약 3,000명 대부분이 이곳에 모여 살고 있
다. 하늘을 찌를 듯한 파인 쿡 트리에 파스텔톤의 주택이 둘러싸
여 언젠가 한 번쯤 영화에서 본 듯한 이국적인 풍경이다. 평생 아
무 일도 일어나지 않을 것 같은 다소 심심한 분위기이지만 여행
자에겐 그 자체로 힐링이 되는 곳이다. 라나이섬에서 하루 묵고
싶은데 포시즌스 리조트의 숙박비용이 부담된다면 라나이 시티
에 머무는 것도 좋다. 작은 B&B 두 곳과 렌터카 업체 등 필요한
건 다 있다. 넉넉히 두어 시간이면 다 돌아볼 수 있는 작은 마을
에서 현지 분위기를 즐겨보는 것만으로도 충분히 만족스럽다.

**Info**

**주소** Lanai City
**위치** 포시즌스 리조트 라나이 앳 마넬레
베이에서 18분
**주차정보** 무료 마을 곳곳에 주차장 있음
**주차좌표** R3FH+RV 라나이 시티

tip

## 파인 쿡 트리, 뾰쪽뾰쪽 라나이를 둘러싼 나무

땅이 건조해 식물이 자라기 힘든 라나이섬에선 키가 큰 소나무과의 파인 쿡 트리Pine Cook Tree가 유
독 자주 보인다. 파인 쿡 트리가 수분 저장 능력이 뛰어나 섬 사람들이 계속해서 식목을 하고 있기 때문
이다. 파인 쿡 트리의 뾰쪽한 잎은 공기 중의 수분을 빨아들여 땅을 습하게 만들어준다. 주변 식물이 살
아갈 수 있는 환경을 마련하는 데 중요한 역할을 톡톡히 해낸다.